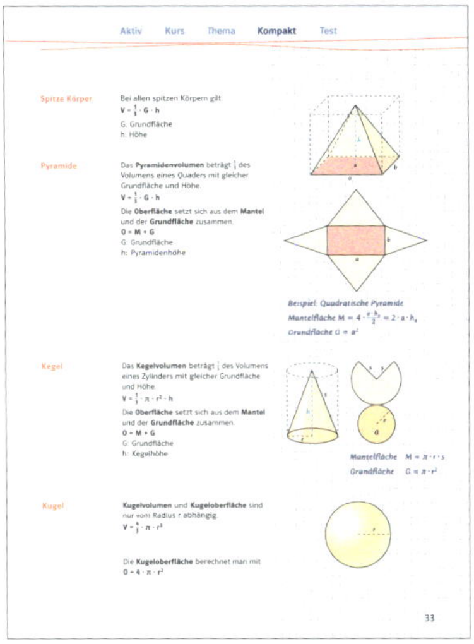

Am Ende jedes Kapitels kannst du auf der **Kompakt-Seite** noch einmal das Wichtigste im Überblick nachlesen.

Die **Kurs-Seiten** vermitteln die mathematischen Inhalte.
In der Fußzeile stehen Querverweise z. B. zur **Formelsammlung** oder **Mathematischen Werkstatt**.

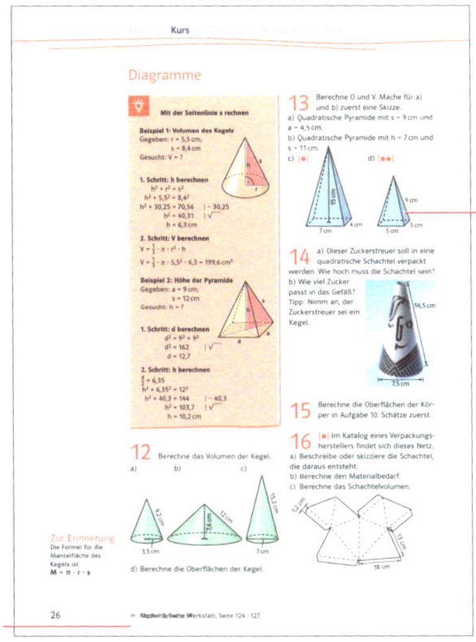

Die **Test-Seite** bietet dir Aufgaben mit unterschiedlichem Niveau. Je nachdem wie sicher du dich fühlst, kannst du auch von einer Spalte in eine andere wechseln. In den dazugehörigen **Lösungen** findest du Hilfestellungen und Tipps.

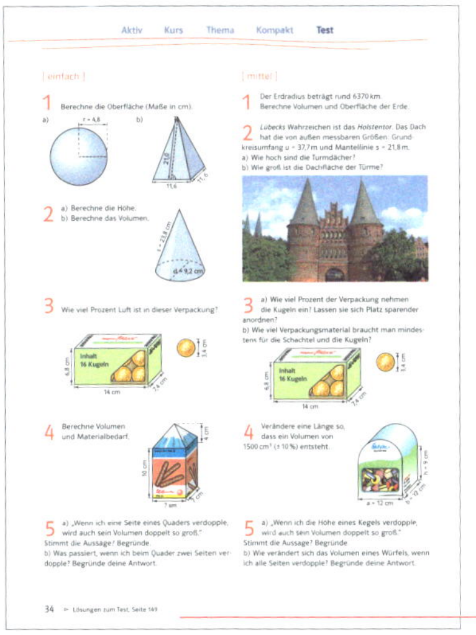

Die **roten Kästen** zeigen dir verschiedene Tipps und Methoden die du brauchst, um Aufgaben zu lösen:

- Diskutieren, argumentieren und präsentieren.
- Eigene Wege finden, Ergebnisse vergleichen, Probleme lösen.
- Mathematische Modelle entwickeln und für die Problemlösung nutzen.
- Werkzeuge wie Geodreieck, Computer, Bücher u.a. verwenden.

Das Kapitel **Querbeet – fit in Mathe** enthält Aufgaben zur Abschlussprüfung. Deine bisher erworbenen Kenntnisse und Fähigkeiten kannst du anhand von Basisaufgaben und komplexen Aufgaben prüfen und mithilfe der Lösungen kontrollieren.

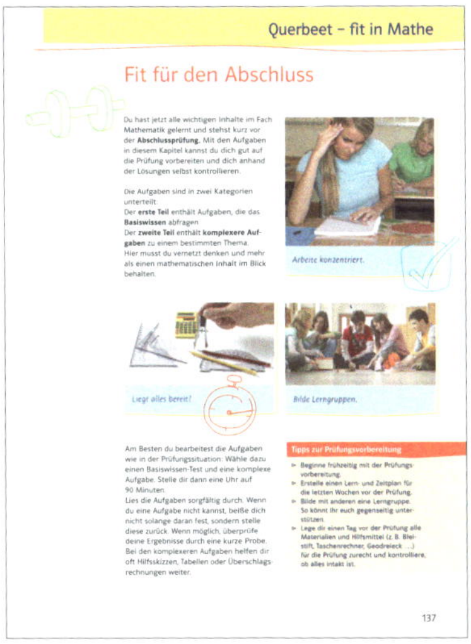

Grundkurs 10

mathe live

Mathematik für Sekundarstufe I

Heinz Böer
Sabine Kliemann
Ingo Lämmerhirt
Regina Puscher
Wolfram Schmidt
Rüdiger Vernay

Ernst Klett Verlag
Stuttgart · Leipzig

mathe live 10 G, Mathematik für Sekundarstufe I

Begleitmaterial
Arbeitsheft mit zahlreichen Übungen plus Lösungsheft und Lernsoftware (ISBN: 978-3-12-720365-3)
Arbeitsheft mit zahlreichen Übungen plus Lösungsheft (ISBN: 978-3-12-720364-6)
Lehrerband mit Lösungen und Kopiervorlagen; CD-ROM mit editierbaren Kopiervorlagen und interaktiven Arbeitsblättern (ISBN: 978-3-12-720383-7)
Kompakt, Klasse 9/10, die wichtigsten Formeln und Merksätze mit Beispielen (ISBN: 978-3-12-720382-0)
Kompetenztest 3, Klasse 9/10, Arbeitsheft zur Vorbereitung auf zentrale Prüfungen (ISBN: 978-3-12-740407-4)

1. Auflage 1 7 6 5 | 2015

Alle Drucke dieser Auflage sind unverändert und können im Unterricht nebeneinander verwendet werden. Die letzten Zahlen bezeichnen jeweils die Auflage und das Jahr des Druckes.

Autorinnen und Autoren: Heinz Böer, Sabine Kliemann, Ingo Lämmerhirt, Regina Puscher, Wolfram Schmidt, Rüdiger Vernay
Am Gesamtwerk weiterhin beteiligt: Rainer Pongs, Udo Kietzmann, Hartmut Wellstein

Redaktion: Sonja Orf, Claudia Gritzbach
Herstellung: Nadine Yeşil

Umschlaggestaltung: KOMA AMOK, Stuttgart
Grundkonzeption Layout: KOMA AMOK, Stuttgart
Illustrationen: Rudolf Hungreder, Leinfelden; Uwe Alfer, Waldbreitbach
Satz: topset, Nürtingen
Reproduktion: Meyle + Müller, Pforzheim
Druck: PHOENIX PRINT GmbH, Würzburg

Printed in Germany
ISBN 978-3-12-720380-6

9 783127 203806

Kompetenzentwicklung im Mathematikunterricht

Ein Wort an die Lehrerinnen und Lehrer und interessierte Eltern

Die Kernlehrpläne betonen, dass eine umfassende mathematische Grundbildung nur dann erreicht wird, wenn neben den inhaltlichen (fachmathematischen) Kompetenzen auch personale und soziale Kompetenzen entwickelt werden. Diese werden unter dem Stichwort „prozessbezogene Kompetenzen“ subsumiert.
Diese prozessbezogenen Kompetenzen können nicht isoliert behandelt und geübt werden, sondern entwickeln sich erst in der aktiven Auseinandersetzung mit konkreten inhaltlichen Fragen der Mathematik. Dies geschieht in hohem Maß vor allem auf den aktiv-Seiten. Umgekehrt werden sich die inhaltsbezogenen Kompetenzen nur dann entfalten, wenn übergreifende, prozessbezogene Kompetenzen aktiviert werden können.
Deswegen sind in mathe live die inhalts- und die prozessbezogenen Kompetenzen eng miteinander verwoben. So werden in den Aufgaben immer wieder Fähigkeiten der vier prozessbezogenen Kompetenzbereiche aufgegriffen und geübt. Zusätzlich wurden rot hinterlegte Kästen geschaffen, die den Schülerinnen und Schülern situationsgebunden eine Kompetenz näher erläutern. Die Zuordnung zum Kompetenzbereich erfolgte je nach Schwerpunktsetzung der angesprochenen Kompetenzen.

Daneben enthält das Unterrichtswerk drei Kapitel, die im hohen Maße eine prozessbezogene Kompetenzentwicklung fördern. Aus ihnen sollte die Lehrkraft eine geeignete Auswahl treffen. In „Mathematik aus der Zeitung“ findet durch die Arbeit mit authentischen Zeitungsartikeln eine ständige Vernetzung von inhaltsbezogenen und prozessbezogenen Kompetenzen statt. Die Kapitel „Mathematik im Beruf“ und „Was kostet das Leben?“ bieten viele Beispiele für mathematische Sachverhalte aus der Lebens- und Arbeitswelt. Auf diese Weise kann eine Weiterentwicklung der bereits erworbenen Kompetenzen kontextgebunden statt finden. Das Kapitel „Querbett“ enthält eine reichhaltige Auswahl von Aufgaben, die zur Vorbereitung auf die Abschlussprüfung eingesetzt werden können.

Die folgende Aufstellung beschreibt die den Kompetenzen untergeordneten Fähigkeiten und verweist auf die im Buch auftretenden prozessbezogenen Kästen:

Argumentieren und Kommunizieren	Problemlösen	Modellieren	Werkzeuge
Die Schülerinnen und Schüler …			
teilen mathematische Sachverhalte zutreffend und verständlich mit und nutzen sie als Begründung für Behauptungen und Schlussfolgerungen.	strukturieren und lösen inner- und außermathematische Problemsituationen, in denen ein Lösungsweg nicht unmittelbar erkennbar ist.	nutzen Mathematik als Werkzeug zum Erfassen von Phänomenen der realen Welt.	setzen klassische mathematische und elektronische Werkzeuge sowie Medien situationsangemessen ein.
Werkstatt: Seite 131 – 136	**Kap. 1:** Seite 26, 27	**Kap. 2:** Seite 52	**Kap. 3:** Seite 63, 66
	Kap. 4: Seite 84		**Kap. 4:** Seite 85
	Kap. 5: Seite 98, 101		**Werkstatt:** Seite 128 – 130

Inhaltsverzeichnis

Mathematik im Beruf

1 Verpackungen

Was kostet das Leben?

2 Ganz groß – ganz klein

3 Parabelbögen

Mathematik aus der Zeitung

4 Messen im Gelände*

5 Wachstum

Mathematische Werkstatt

Querbeet – fit in Mathe

* Dieser Inhalt ist in der Gesamtschule in Nordrhein-Westfalen fakultativ

Mathematik im Beruf

Viele von euch werden nach der 10. Klasse in eine Berufsausbildung wechseln. Daher, ist es sinnvoll zu wissen, was an Mathematik in einzelnen Berufen gebraucht wird. In diesem Kapitel werden, wie in Band 9, einzelne Berufsfelder vorgestellt und typische Mathematikaufgaben aus diesen Berufen gezeigt. Um sie lösen zu können, müsst ihr euer mathematisches Wissen aus den vergangenen Jahren anwenden. Zusätzlich lernt ihr einige Fachbegriffe aus den vorgestellten Berufen.

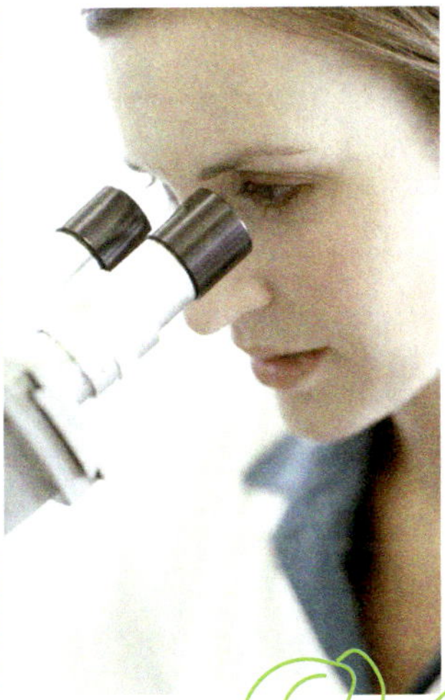

Ihr könnt euch ein Berufsfeld aussuchen und den anderen vorstellen. Dazu ist es nötig, weitere Fakten zu den Berufen zu recherchieren und die zugehörigen Aufgaben zu lösen.

In diesem Kapitel lernt ihr,

- mathematische Inhalte aus vergangenen Jahren in neuen Problemstellungen anzuwenden.
- eure Arbeit in Gruppen zu organisieren.
- weitgehend selbstständig einen ganzen Themenkomplex zu bearbeiten.
- eure Ergebnisse anderen verständlich und anschaulich vorzustellen.
- folgende Berufsfelder kennen:
  - Holzbearbeitung
  - Metallbau
  - Gartenbau
  - Warentransport (Logistik)
  - Laborassistenz

Wir erkunden Berufe

In diesem Kapitel wird kein neues mathematisches Thema begonnen. Hier geht es vielmehr darum, dass ihr euch im Team ausgewählten Berufsgruppen zuwendet. Dazu zählt das Rechnen von berufsspezifischen Aufgaben, das Beschaffen von Informationen und das Präsentieren vor der Klasse.

1 So findest du dein Thema

– Auf den folgenden Seiten sind fünf Berufsgruppen vorgestellt. Blättere die Seiten durch. Vielleicht interessiert dich ein Thema auf den ersten Blick.
– Hast du schon überlegt, wo du dein Praktikum machst?
– Gibt es schon Überlegungen, welchen Beruf du nach Klasse 10 ergreifen willst?
– Kannst du über Eltern, Verwandte, Bekannte, Nachbarn leicht Kontakt zu einer Berufsgruppe herstellen?
Bildet nun Arbeitsteams, die jeweils gemeinsam eine Berufsgruppe untersuchen.

2 So kann euer Arbeitsergebnis aussehen

– Rechnet alle Aufgaben zu dem Beruf.
– Recherchiert typische Fragestellungen.
– Stellt die wichtigsten Informationen zu dem Beruf zusammen.
– Legt eure Ergebnisse in einer **Arbeitsmappe** ab.
– Präsentiert eure Ergebnisse vor der Klasse (z. B. als Mappe, PowerPoint-Präsentation oder Plakat).

3 So arbeitet ihr in der Gruppe gut zusammen

– Macht einen **Zeitplan** für die insgesamt zur Verfügung stehenden Tage, die eure Berufserkundung umfasst. Dazu zählen die Unterrichtsstunden, die Arbeiten außerhalb der Schule und die Zeiten für die Informationsbeschaffung.
– Bestimmt einen **Terminwächter**, der auf die Einhaltung der Arbeiten achtet, Änderungen anregt und festhält.

Zeitplan	
1.9.	Unterricht: Plan erstellen
2.9.	Frank fragt Vater, Elvira Nachbarn, als Hausaufgabe S. XXX Nr. X
3.9.	Infos eintragen – Treffen bei Frank
4.9.	Unterricht: Lösungen abklären, ordentlich notieren
…	

– Bestimmt für die Arbeiten im Team einen **Zeitwächter**, der darauf achtet, dass die abgesprochenen Arbeitsabfolgen, z. B. in einer Unterrichtsstunde eingehalten werden.
– Bestimmt für gemeinsame Arbeiten im Team einen **Moderator**, der dafür sorgt, dass nicht alle durcheinander reden und jeder und jede etwas sagen kann.
– Aber: rechnen und überlegen muss jede und jeder!

4 So beschafft ihr Informationen

- Bei jeder Berufsgruppe werdet ihr auf Wörter stoßen, die ihr nicht kennt. Legt euch für die Ausarbeitung eine **Fachwortliste** an.
- Beschafft aus dem Internet, aus dem Lexikon oder aus Interviews mit Experten die Bedeutung der Wörter und notiert sie.
- Fragt und sucht nach weiteren Aufgabenstellungen aus diesem Berufsfeld, die mathematisches Wissen erfordern.

5 So findet ihr Rechenformeln und Rechengesetze

- Schaut in einer **Formelsammlung** oder einer **Kurzzusammenfassung** nach.
- Sucht in der **Mathematischen Werkstatt** am Ende des Buches.
- Fragt jemanden, der sich damit auskennt.

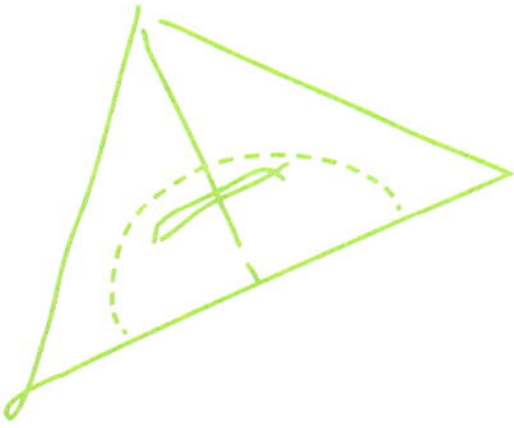

Aufbau einer Arbeitsmappe

Plakat zu einer typischen Aufgabe

Holzbearbeitung

Maria ist Auszubildende im **Tischlerhandwerk**. Eine Tischlerin entwirft, gestaltet, konstruiert Einrichtungen aus Holz und stellt sie her, z. B. für Wohnungen oder Gaststätten. Sie stellt Möbel in Serie her, aber auch individuell gestaltete Einzelmöbel. Die Tischlerin beschäftigt sich auch mit Energieeinsparung und Schallschutz. Maria muss sicher mit Flächen- und Volumenberechnungen umgehen.

Übrigens

Das Gewicht des getrockneten Holzes nennt der Fachmann **Darrgewicht**. Darren ist ein Trocknungsvorgang.

1 Aus einem Brett möchte Maria sechs Leisten schneiden. Das Brett ist 250 cm lang und 24 cm breit. Die Leisten sollen 72 cm lang und 7,5 cm breit sein. Wie lassen sich die sechs Leisten aus dem Brett schneiden?
Wie groß ist der *Verschnitt* (übrige Holzmenge nach dem Zuschneiden) in Prozent?

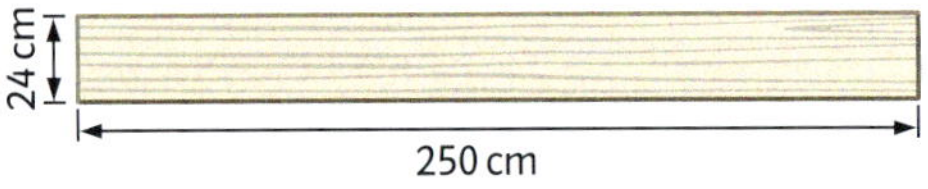

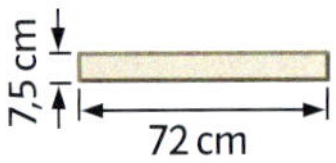

2 Eine Kundin bestellt eine Tischplatte der Größe 160 cm × 120 cm.
a) Was kostet die Platte, wenn das Holz für 69 € pro m^2 verkauft wird?
b) Maria hat drei Platten zur Auswahl:
1) 205 cm × 130 cm
2) 183 cm × 140 cm
3) 190 cm × 150 cm
Welche sollte sie wählen? Warum?
c) Wie groß ist der Verschnitt (in %) bei der ausgewählten Platte?

3 Für ein Restaurant werden 16 quadratische Tischplatten benötigt.
Tischgröße: 80 cm × 80 cm;
Plattendicke: 38 mm.
a) Wie viel Holz (in m^2) wird insgesamt benötigt?
b) Wie groß ist das Holzvolumen?

4 Maria lernt, dass zwischen *Feuchte-* und *Trockenmaß* des Holzes unterschieden wird. Bei der Trocknung schrumpft das Holz. Wird es nass, dehnt es sich wieder aus. Die Differenz zwischen beiden Maßen nennt man *Schwindmaß* (in mm) oder *Schwund* (in %).
a) Ein Brett hatte vor dem Trocknen eine Breite von 420 mm, nach dem Trocknen aber nur noch 399 mm.
Wie groß ist der Unterschied in mm? Ist das Ergebnis das Schwindmaß oder der Schwund?
Gib die Veränderung in Prozent an.
b) Maria ermittelt, wie hoch die Holzfeuchte der letzten Holzlieferung ist. Dazu sucht sie ein Probestück aus und wiegt es. Die Waage zeigt 52 g an. Als sie das Holzstück nach der Trocknung wieder wiegt, beträgt das Gewicht nur 43 g.
Wie viel Prozent wurde das Holz leichter?

5 [●] In einem Dachgeschoss sollen zwei trapezförmige Wände mit Holz verkleidet werden. Die Wand ist 2,51 m hoch, unten 7,27 m und oben 2,43 m breit.
a) Wie viel Holz (in m^2) wird benötigt?
b) Wie viele Platten der Größe 240 cm × 120 cm müssen bestellt werden?
c) Wie viel Prozent Verschnitt entsteht?

▻ Mathematische Werkstatt, Seite 112/113, 123 und 126

6 Wie viel m² Spanplatten werden als Verkleidung für diesen Treppenabgang gebraucht?

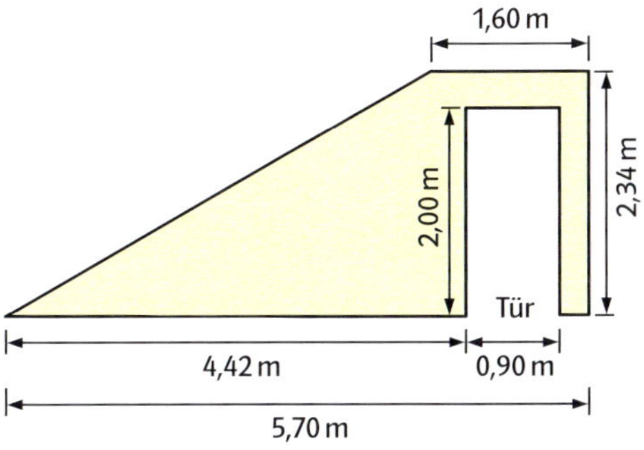

7 Im Rahmen der Ausbildung muss sich Maria auch mit *Wärmedämmung* befassen. In der Berufschule bekommt sie die Aufgabe, einem Kunden den Text und das Bild unten anschaulich zu erklären. Maria macht sich dazu Beispiele mit den angegebenen Zahlen im Text und den Prozentangaben im Bild.
Verfasse eine anschauliche Erklärung.

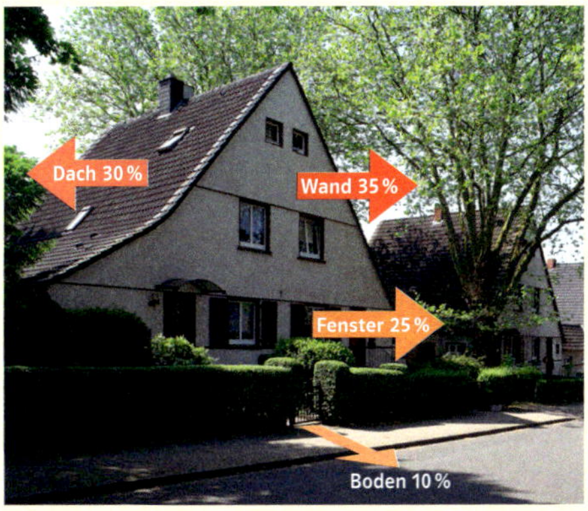

Etwa zwei Drittel der Wärme entweichen bei einem nicht gedämmten Einfamilienhaus ungenutzt über den Boden, durch die Außenwände und durch das Dach. Für ein typisches Haus aus den sechziger Jahren entspricht dies rund 2000 Liter Heizöl pro Jahr. Durch Dämmmaßnahmen können zwei Drittel dieser Wärmeverluste verhindert werden. Die Heizkostenersparnis bei heutigen Energiepreisen: fast 1000 Euro jährlich!

8 [●] Ein Treppengeländer soll zugeschnitten werden.
a) Wie groß muss das Brett sein, aus dem das Geländerteil geschnitten werden kann?
b) Wie viel Verschnitt (in m²) entsteht?

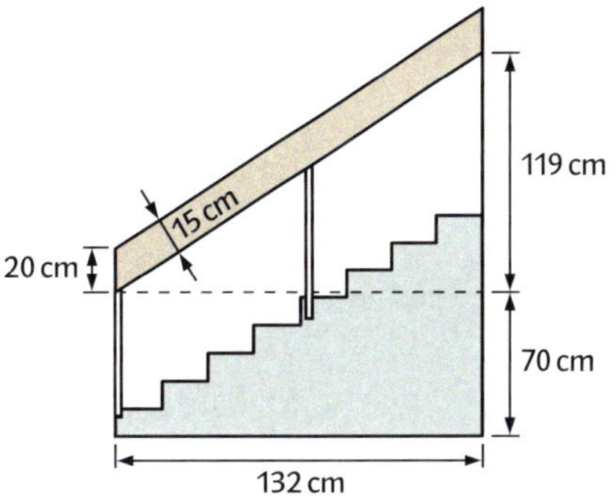

9 Im Holzgewerbe werden auch *Harze* verarbeitet. Sie bilden den Glanz bzw. Matteffekt auf der Holzoberfläche. *Härter* sorgen für ein *Auskondensieren* der Harze. Beim *Zweikomponentenlack* müssen Harze und Härter gemischt werden.
a) Ein Geselle bereitet eine gebrauchsfertige Lackmenge von 14 Litern vor. Der Lack enthält 10 % Härter.
Wie viele Liter Lack und Härter werden benötigt?
b) Bei anderer Gelegenheit muss er Farbe mischen. Auf der Packung steht 1 : 10.
Gemeint ist, dass auf 1 Teil Volltonfarbe 10 Teile weiße Farbe kommen.
Wie viel Liter von jeder Farbe braucht man, um insgesamt 8 Liter Farbe herzustellen?

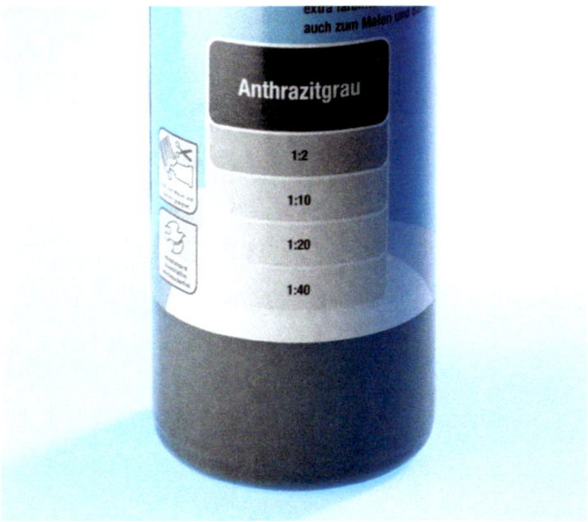

▻ Mathematische Werkstatt, Seite 112/113, 123 und 126

Metallbearbeitung

Tarek will ins **Metallhandwerk**. Er informiert sich im Internet:
„Metallbauer fertigen beispielsweise Türen, Treppen, Podeste, geschweißte Stahlkonstruktionen, Förderanlagen und kunstvolle Arbeiten aus Schmiedeeisen. Sie produzieren aber auch Karosserien und Fahrzeugrahmen, die sie auch in Stand setzen … **Feinmechaniker** stellen Werkstücke her, die mindestens auf Zehntel Millimeter genau sind."
Im Metallhandwerk braucht man geometrische Kenntnisse, Prozentrechnung und räumliches Vorstellungsvermögen.

Bei bestimmten Bauteilen muss sehr genau gearbeitet werden, damit die Teile zusammen passen. Die Bauteile dürfen nur sehr geringe Maßabweichungen (*Toleranzen*) aufweisen. Man gibt daher für jedes exakte Maß (*Nenn*maß) ein oberes und unteres *Abmaß* an. D. h., dass die Abmessungen des Werkstücks zwischen einem *Höchst*maß und einem *Mindest*maß liegen müssen.

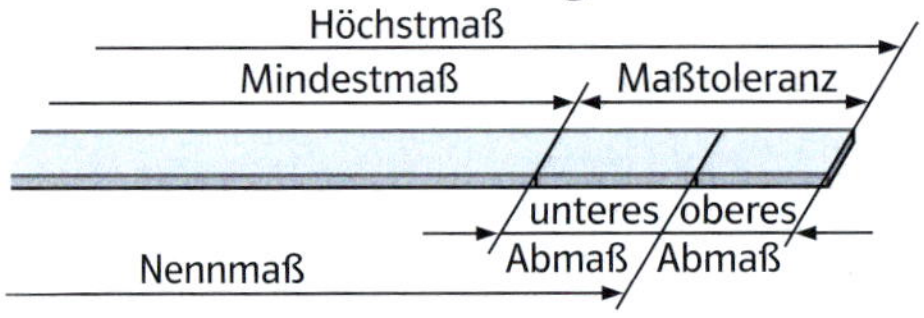

Nennmaß 26 $^{+0{,}1 \text{ oberes Abmaß}}_{-0{,}2 \text{ unteres Abmaß}}$
Höchstmaß: 26 mm + 0,1 mm = 26,1 mm
Mindestmaß: 26 mm − 0,2 mm = 25,8 mm
Toleranz: 26,1 mm − 25,8 mm = 0,3 mm
oder: 0,1 mm − (− 0,2 mm) = 0,3 mm

1 Berechne wie im Beispiel Höchstmaß, Mindestmaß und Toleranz.
a) $56^{+0{,}184}_{-0{,}055}$ b) $80^{+0{,}12}_{-0{,}08}$ c) $28^{\pm 0}_{-0{,}25}$

2 Ergänze die fehlenden Maße in der Tabelle.

	a)	b)	c)
Abmaße in mm	+ 0,012 − 0,004	? − 0,009	+ 0,047 ?
Toleranz in mm	?	0,016	0,160

3 Wie viel wiegt ein 1,27 m langer Profilstab aus Stahl?
Stahl wiegt 7,85 kg/dm³.

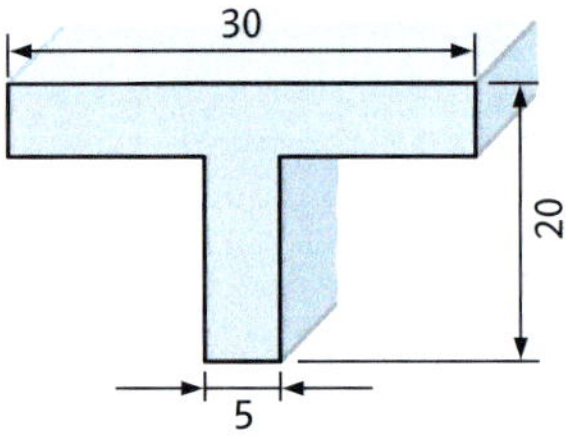

(Angaben in cm)

4 Bei Werkstücken wird manchmal der *Verschnitt* (Abfall) berechnet. Er wird meist in Prozent angegeben.
a) Berechne den Verschnitt.

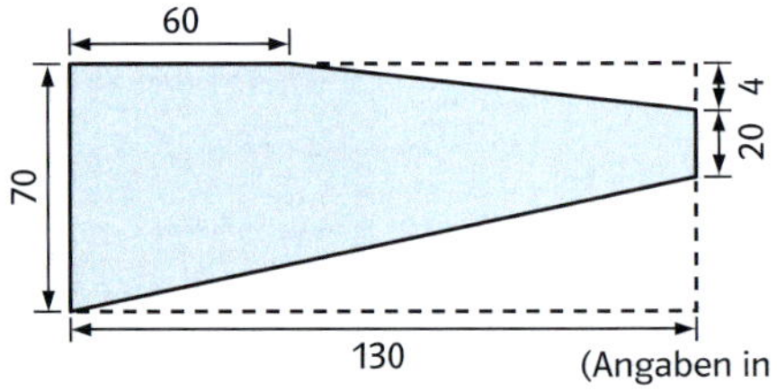

(Angaben in cm)

b) Aus einem 800 mm langen und 25 mm breiten Blechstreifen sollen Trapeze ausgestanzt werden. Zwischen zwei Teilen muss ein Abstand von 2 mm bleiben.
Ordne die Trapeze möglichst günstig an. Wie viel Verschnitt entsteht?

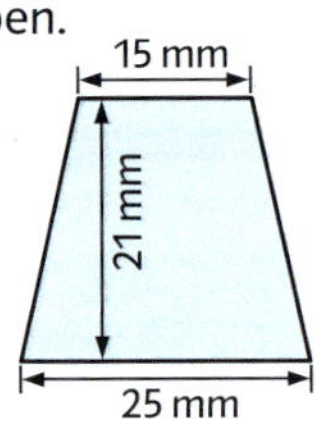

▻ Mathematische Werkstatt, Seite 123 und 126

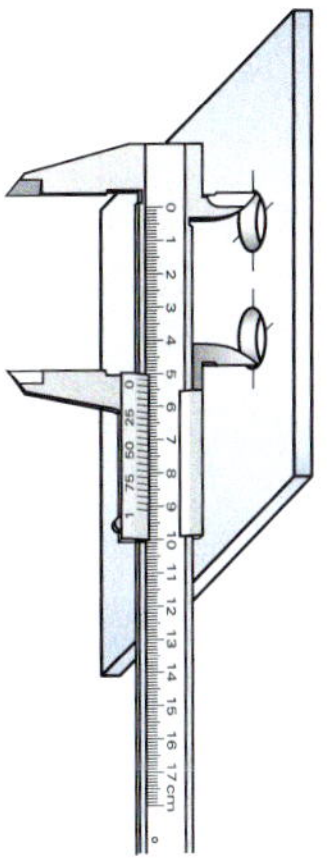

Messschieber

5 Um die Genauigkeit von Bohrungen zu überprüfen, werden so genannte *Prüfmaße* angegeben. Sie werden mit einem *Messschieber* nachgemessen. Bestimme das Prüfmaß l. (Angaben in mm)

a)

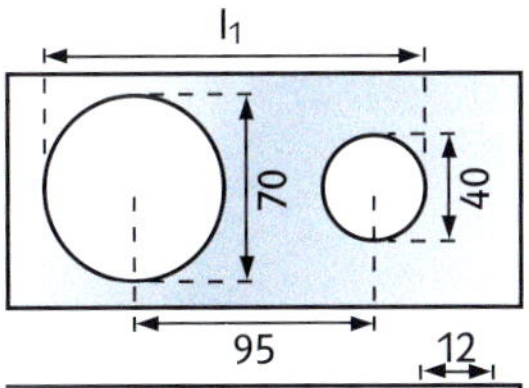

b)

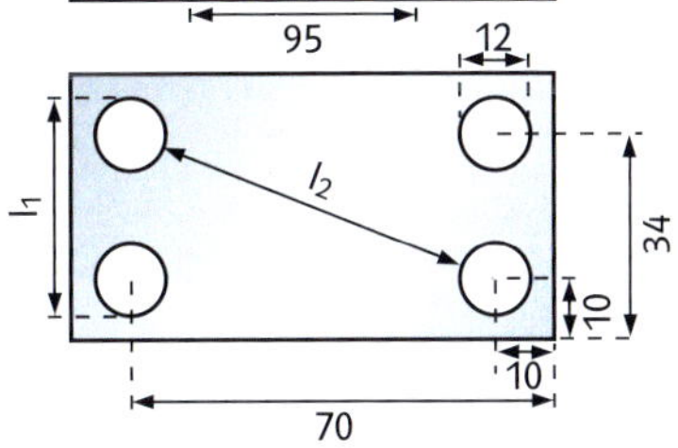

c) [●]

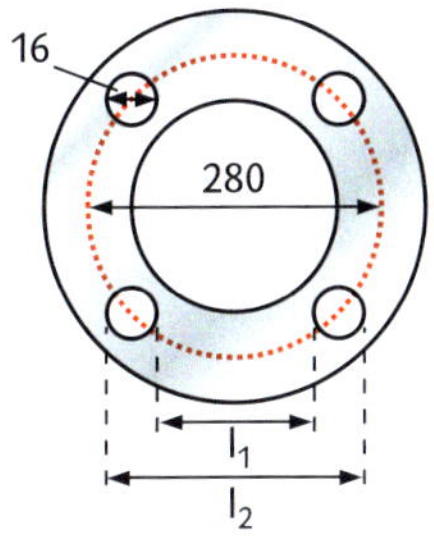

6 Metallbauer müssen mit Formeln umgehen können. Berechne mit den Formeln das Volumen.

a) Kegelstumpf

$$V = \frac{\pi \cdot h}{12}(D^2 + d^2 + D \cdot d)$$

b) [●] Pyramidenstumpf

$$V = \frac{a_1 \cdot H}{3} - \frac{a_2 \cdot (H - h)}{3}$$

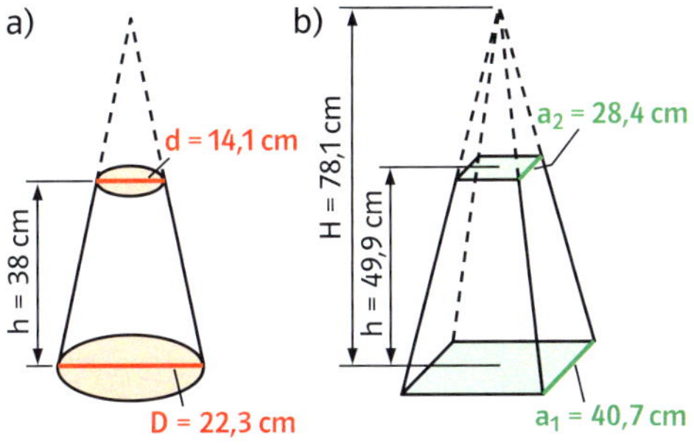

Kegelstumpf

Pyramidenstumpf

Wie bei vielen Handwerksberufen ist neben technischem Verständnis die Fähigkeit zu räumlichem Denken wichtig.

7 a) Welche Mantelfläche der Körper 1) bis 3) lässt sich aus der Faltvorlage falten?

Faltvorlage

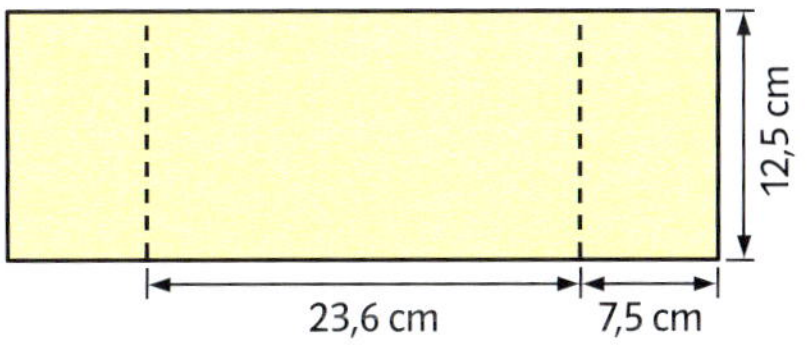

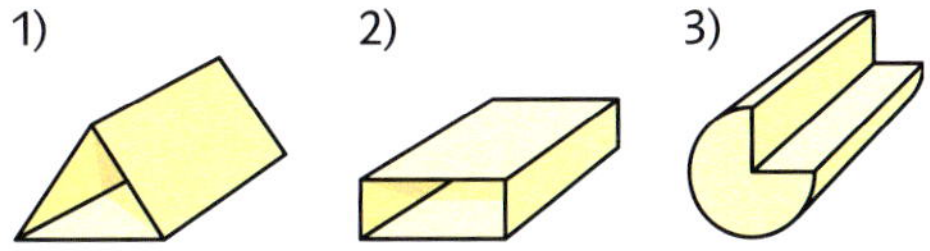

b) Wie viele Flächen haben die abgebildeten Körper jeweils?

c) Wie groß ist die Mantelfläche des Körpers, der aus der Faltvorlage entsteht?

d) Nimm an, der Körper ist massiv. Welches Volumen hätte er dann?

8 Welche Abwicklung gehört zu dem abgebildeten Pyramidenstumpf?

Pyramidenstumpf

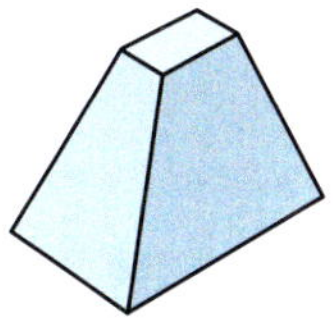

Abwicklungen

a)

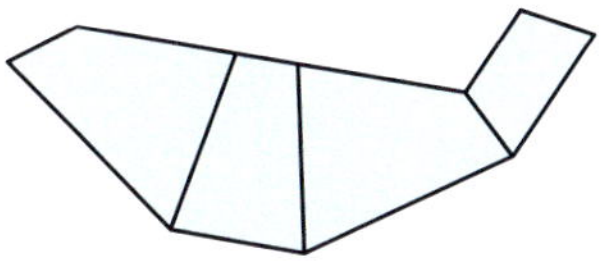

b)

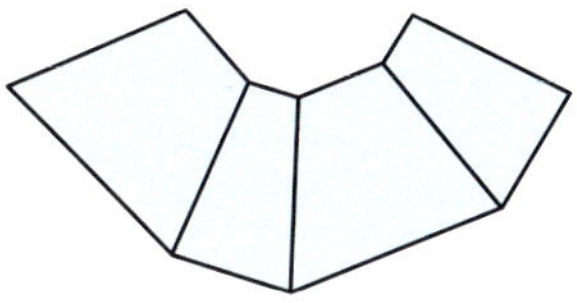

c)

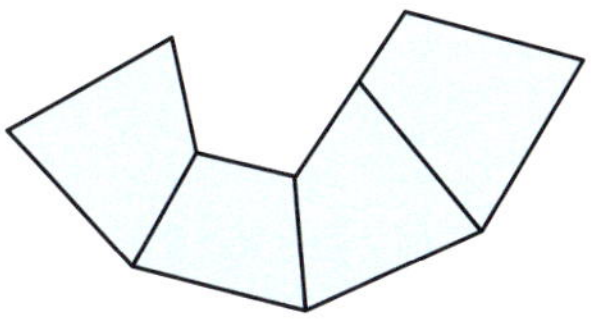

▻ Mathematische Werkstatt, Seite 123 – 127

Gartenbau

Paula Meisner hat einen Gartenbaubetrieb. Sie beschreibt ihren Beruf so: „Wir planen, erstellen und pflegen Gartenanlagen, abgestimmt auf die Wünsche und Bedürfnisse der Kunden. Die Gartenräume mit gesunden Pflanzen und reicher Blumenpracht sollen das ganze Jahr Freude bereiten."

Landschaftsgärtner legen öffentliche Grünflächen und Privatgärten an. Zu ihren Tätigkeiten zählen u.a. Rodungen, Bodenaufbereitungen, Pflaster- und Pflanzarbeiten und die anschließende Pflege der Grünflächen.

Dazu müssen sie Flächenberechnungen und Preiskalkulationen erstellen.

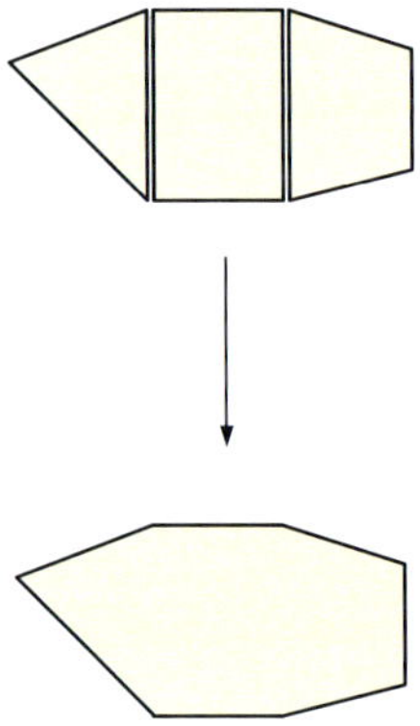

1 Im Gartenbau müssen oft Flächeninhalte abgeschätzt oder berechnet werden.

- Setze, wie in der Grafik links, auf weißem Papier Dreiecke, Rechtecke, Trapeze oder Parallelogramme zu neuen Flächen zusammen.
- Zeichne bei der neuen Figur nur die Umrisse. Lasse deinen Nachbarn oder deine Nachbarin die Figur zerlegen.
- Berechnet gemeinsam den gesamten Flächeninhalt in cm^2.

2 Die Terrasse soll mit Platten ausgelegt werden. Die Gärtnerei berechnet für $1\,m^2$ einen Preis von 35 Euro.
Berechne den Preis für diese Arbeit.

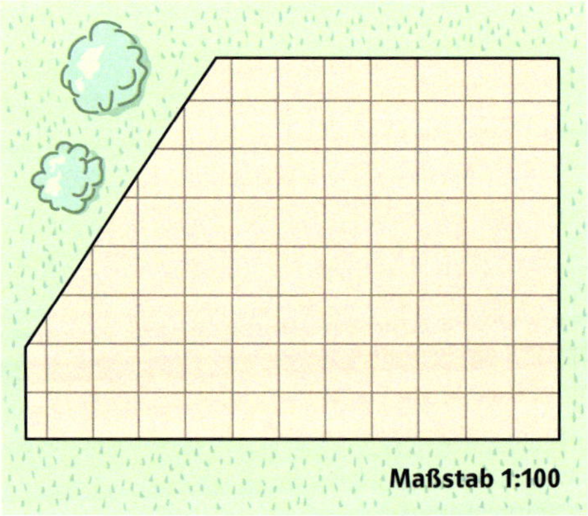

3 Familie Meier will an ihrer Garagenwand einen Gartenteich anlegen.
Für das Auslegen des Teiches (Boden ausheben, Folie, Pflanzen, Arbeitslohn, …) berechnet die Gärtnerei pro $1\,m^2$ einen Preis von 58 Euro.
Überlege dir eine passende Fragestellung und berechne.

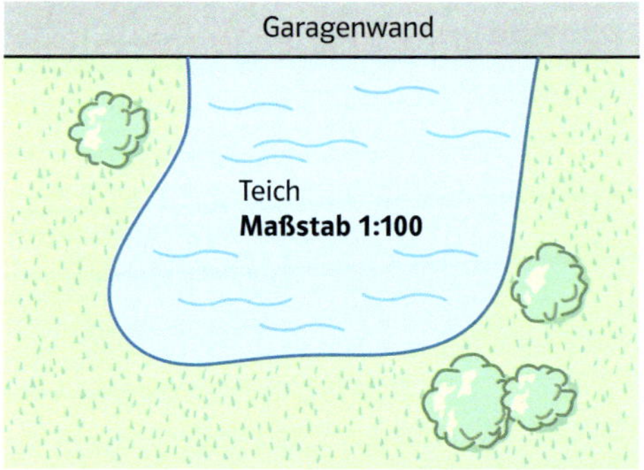

4 Beim Pflanzen von Blumen und Sträuchern müssen bestimmte Pflanzabstände berücksichtigt werden.
Eine Fläche von $4\,m \times 2{,}50\,m$ soll bepflanzt werden:
a) mit „Fleißiges Lieschen" (Pflanzabstand 20 cm)
b) mit Stauden (Pflanzabstand 80 cm)
Wie viele Pflanzen werden jeweils benötigt?

▷ Mathematische Werkstatt, Seite 123 und 126

Gartenbaubetreiber
Grüne Hand

Rasen vorbereiten und einsäen:
4,80 €/m²

Terasse pflastern incl. Vorbereitungsarbeiten:
78,00 €/m²

Teich ausheben, Folie verlegen:
62,00 €/m² Teichfläche

Pflanzen:
Stauden 26,00 € (Pflanzabstand 50 cm)
Blumen 2,20 € (Pflanzabstand 20 cm)
Kräuter 4,00 € / Sorte
Bäume 35 € /Stück

Arbeitslohn: 35,00 €/Stunde

5 [💻] Ein Kunde möchte seinen Garten umgestalten lassen. Schreibe mithilfe des Computers ein Angebot für den Kunden. Wähle ein geeignetes Programm. Berücksichtige auch den Arbeitslohn für das Bepflanzen. In einer Stunde werden rund 5 m² vorbereitet und bepflanzt.

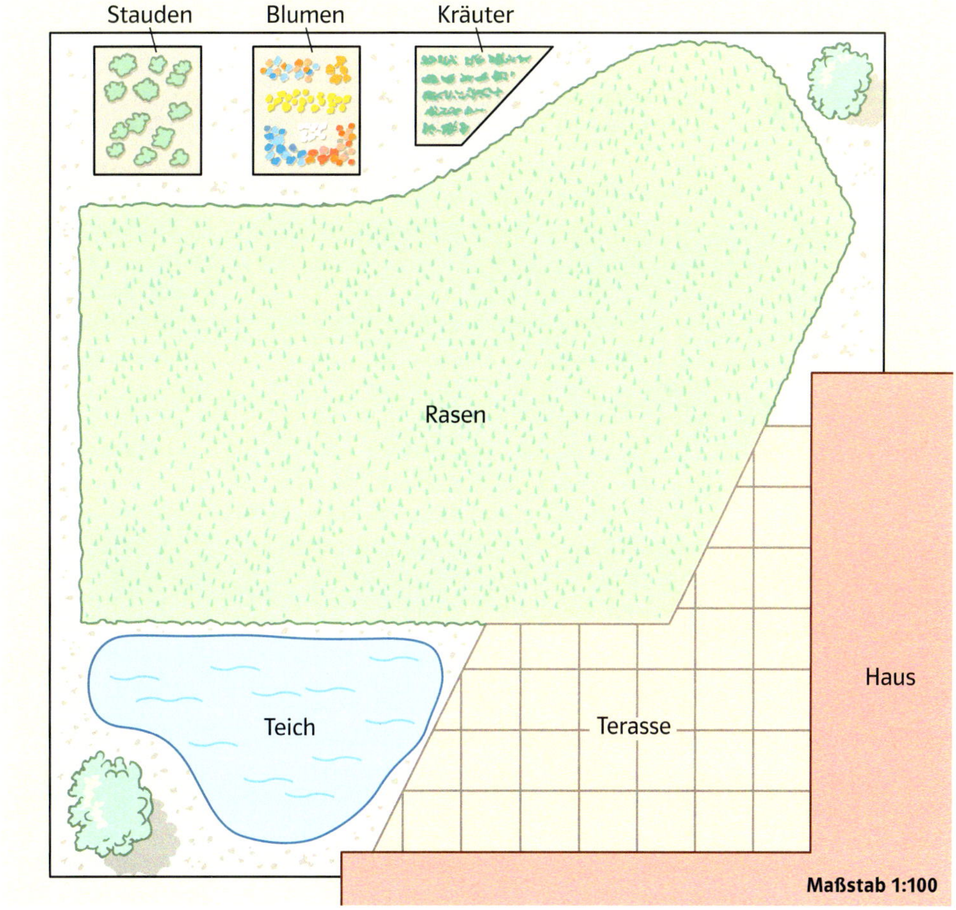

Warentransport

Rebecca Schmitz arbeitet in der Logistikabteilung eines Versandunternehmens. Als Logistikerin muss sie unter anderem kostengünstige Versandwege für Transporte in Europa finden. Aufgabe einer **Logistikerin** ist es, die richtige Menge (Güter, Personen, Energie, Informationen), am richtigen Ort, zum richtigen Zeitpunkt, in der richtigen Qualität, zu den richtigen Kosten bereitzustellen.

Dazu braucht man einen sicheren Umgang mit Grundrechenarten und Prozenten. Gute EDV-Kenntnisse sind hilfreich.

Für die folgenden Aufgaben brauchst du jeweils weitere Informationen. Diese findest du in den Kästen auf der Seite 17. Bei einigen Aufgaben steht, welchen Kasten du verwenden sollst.

1 a) Wie viele Kilometer sind es von Stuttgart nach Zürich? Entnimm der Karte auf S. 17 die Entfernungen.
b) Wie lange braucht ein LKW von Stuttgart nach Zürich, wenn er im Durchschnitt 60 km/h fährt?

2 Wie weit kommt ein LKW an einem Tag maximal?
Verwende die Kästen „Ruheregelung" und „Geschwindigkeit".

3 [@] Eine Spedition soll Waren mit einem Sattelschlepper von Hamburg nach Köln transportieren. Welche Kosten entstehen?
Verwende die Kästen „Spedition" und „Maut".

4 Was kostet die Strecke von München nach Stuttgart für den Spediteur
a) an Treibstoff?
b) an Maut?
Hierfür musst du die Kästen „Treibstoffpreise", „Maut" und „Speditionskosten" nutzen.

5 Der Laderaum eines Sattelschleppers hat folgende Maße:
Länge: 12,20 m, Breite: 2,44 m, Höhe: 2,59 m.
Wie viel Kubikmeter Ladung kann er maximal laden?

6 [@] a) 90 m^3 Fracht sollen von Frankfurt nach Heidelberg transportiert werden. Was kostet der Transport nach Heidelberg?
b) Nachdem die Fracht ausgeladen wurde, sollen 32 m^3 Ladung von Heidelberg nach Baden-Baden befördert werden.
- Überlege, wie viel m^3 Ladung ein Sattelschlepper transportieren kann (siehe Aufgabe 5).
- Wie muss der Spediteur für die Fracht nach Baden-Baden planen? Was kostet dieser Transport?

▷ Mathematische Werkstatt, Seite 117/118

7 [●] Stellt euch vor, ihr seid Mitarbeiter einer Münchner Speditionsfirma. Ihr sollt für die rechts aufgeführten Transporte einen möglichst kostengünstigen Plan ausarbeiten. Wenn ihr möchtet, könnt ihr dazu ein Tabellenkalkulationsprogramm benutzen.
Stellt euch eure Ergebnisse gegenseitig vor.

1) Transport von 40 m³ Fracht von Stuttgart nach Innsbruck.
2) Transport von 60 m³ Fracht von München nach Zürich.
3) Transport von 30 m³ Fracht von Innsbruck nach München.
4) Transport von 10 m³ Fracht von Innsbruck nach Zürich.
5) Transport von 30 m³ Fracht von Zürich nach Innsbruck.
6) Transport von 45 m³ Fracht von Zürich nach Stuttgart.

Treibstoffpreise (Diesel)
Deutschland: 1,05 €
Schweiz: 1,12 €
Österreich: 0,95 €

Zoll
Für die Zollformalitäten beim Grenzübergang EU-Schweiz benötigt man ca. 2 Stunden.

Ruheregelung (EU)
Die Lenkzeit darf an fünf Tagen pro Woche nicht mehr als 9 Stunden pro Tag betragen.
Die Gesamtlenkzeit darf in der Woche nicht mehr als 56 Stunden ergeben.
Nach $4\frac{1}{2}$ Stunden muss eine Pause von 45 Minuten eingelegt werden.
Nach einer Tagesfahrt muss die Ruhezeit 11 Stunden betragen.

Be- und Entladezeit
Für das Be- und Endladen benötigt man ca. 1 Stunde.

Speditionskosten Sattelschlepper
Festkosten pro Tag: 230 €
Variable Kosten:
Kosten pro km: 0,30 €
Verbrauch: 33 l/100 km
Tankinhalt: 850 l

Tankstopp
Für einen Tankstopp rechnet man ca. 20 Minuten.

Geschwindigkeit LKW
60 km/h (im Durchschnitt)

Maut pro km:
Deutschland: 0,15 €
Schweiz: 0,55 €
Österreich: 0,30 €

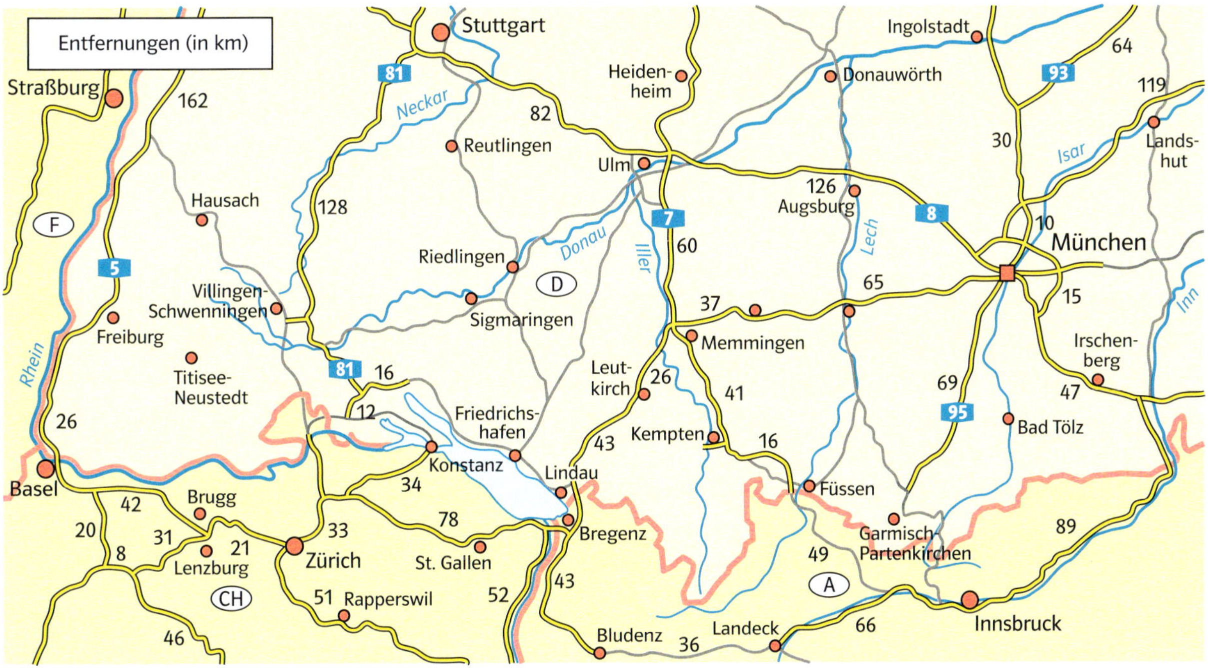

▻ Mathematische Werkstatt, Seite 128 und 130

Laborarbeit

Pjotr macht eine Ausbildung zum **Chemielaboranten**. Er bereitet Versuche und Untersuchungen vor und führt sie durch. Die Ergebnisse werden protokolliert und ausgewertet. Dazu muss er mit statistischen Daten umgehen können.
Darüber hinaus stellt er chemische Substanzen her. Dazu benötigt er Kenntnisse der Prozent- und Bruchrechnung.
Chemielaboranten arbeiten z. B. in der chemischen und pharmazeutischen Industrie, bei Nahrungsmittelfirmen oder in Umweltämtern.

1 a) Lies alle markierten Werte im Diagramm ab. Was bedeuten sie?
b) Bei welcher Temperatur werden 2 g pro Liter gelöst?
c) Wie viel CO_2 wird bei 37 °C gelöst?

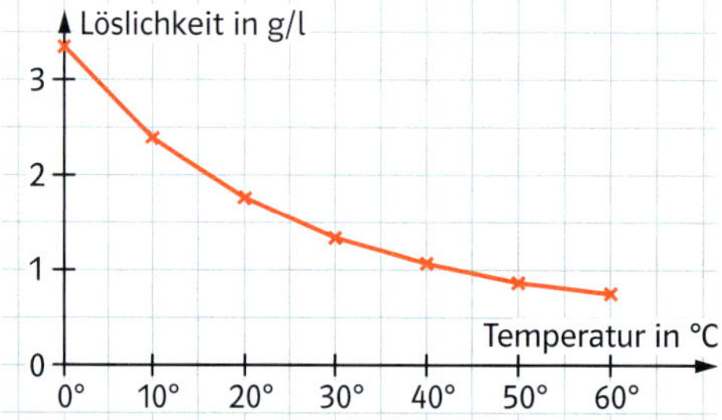

Löslichkeit von Kohlenstoffdioxid (CO_2) in Wasser

2 a) Stelle die Messwerte der Größe nach in einem Säulendiagramm dar.
b) [💻] Stelle die Messwerte mit dem Computer dar. Wähle zwei verschiedene Diagramm-Darstellungen.

Online Link
720380-0181

In 100 cm³ menschlichem Blut enthalten:	
Glucose	90 mg
Harnstoff	15 mg
Natrium	190 mg
Calcium	7 mg
Eisen	48 mg
Milchsäure	15 mg
Cholesterin	175 mg

3 a) Bei manchen Messreihen gibt es sogenannte *Ausreißer*. Welcher Wert ist das bei den Messreihen unten?
b) Bestimme Mittelwert und Spannweite jeder Messreihe einmal mit allen Werten, ein zweites Mal ohne den Ausreißer.
Messreihe 1: 13,3; 24,5; 19,7; 20,3; 23,6; 17,9; 19,9; 33,8
Messreihe 2: 117,6; 154,1; 144,0; 97,3; 198,5; 99,8; 123,4; 109,7
Messreihe 3: 0,765; 0,897; 1,005;1,101; 1,024; 0,521; 0,886; 1,203

4 [●] Oft müssen Säuren gemischt werden, um die notwendige *Konzentration* zu erhalten.
In welchem Massenverhältnis ist eine 70 %ige Phosphorsäure mit einer 93 %igen Phosphorsäure zu mischen, um 82 %ige Phosphorsäure zu erhalten?
Verwende das Mischungskreuz.

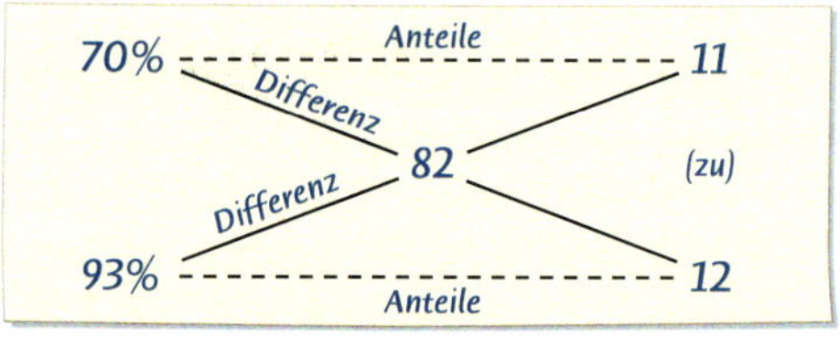

Die Säuren müssen im Verhältnis 11 : 12 gemischt werden.
a) Stelle aus einer 65 %igen und einer 84 %igen Säure eine neue Säure mit der Konzentration 75 % her.
b) Überlege dir eine ähnliche Aufgabe.

▻ Mathematische Werkstatt, Seite 119 – 120

Verpackungen

Am Anfang gab es Tonkrüge und Weidenkörbe, um Waren zu transportieren. Dann kam das Fass (eine Erfindung der Gallier). Man konnte nun auch feuchtigkeitsempfindliche Dinge lagern.
In den ärmeren Ländern gibt es auch heute noch Lebensmittel meistens lose, gelagert in Kisten und Schubladen, Kannen und Fässern. Mit den Supermärkten in den Industrieländern setzte sich immer mehr die Verpackung in haushaltsüblichen (kleineren) Mengen durch.
Die Verpackungsmaterialien sind meist aus Karton, Folien und anderen Kunststoffen, da diese leicht sind.
Der Wettbewerb brachte die Verpackung als Blickfang ins Spiel und auch Verpackungen von Verpackungen.

Mit dem steigenden Umweltbewusstsein begann teilweise auch ein Umdenken, den Verpackungsmüll zu reduzieren. Manche Firmen wollen aber auch nur Kosten sparen. Verpackungen werden minimiert, optimiert.
Überall? Verschafft euch selbst einen Überblick!

In diesem Kapitel lernt ihr,

- was bei der Planung von Verpackungen beachtet werden sollte.
- wie man das Volumen einer Pyramide berechnet.
- wie man das Volumen eines Kegels berechnet.
- wie man die Oberfläche und das Volumen einer Kugel berechnet.

Check-in

Über diese Dinge solltest du Bescheid wissen, bevor du dich mit dem Thema „Verpackungen“ beschäftigst. Lege ein Blatt auf die Buchseite und kreuze an, wie du dich einschätzt.
Mit den Aufgaben auf der rechten Seite kannst du deine Einschätzung überprüfen. Wenn du nach dieser Überprüfung noch Kreuzchen in der dritten oder vierten Spalte hast, findest du in der Mathematischen Werkstatt am Ende des Buches Zusammenfassungen und Übungsaufgaben zu vielen Themen. Du kannst aber auch Mathe-Bücher aus den vorherigen Schuljahren oder die Formelsammlung benutzen oder jemanden fragen, der sich damit auskennt.

Checkliste	Kann ich schon	Da bin ich fast sicher	Ich bin noch unsicher	Kann ich noch nicht
1 *Ich kenne die Eigenschaften von Quadern, Prismen und Zylindern.*	☐	☐	☐	☐
2 *Ich kenne die Einheiten für Oberfläche und Volumen und kann sie umrechnen.*	☐	☐	☐	☐
3 *Ich kann passende Größen in Formeln einsetzen und fehlende Größen berechnen.*	☐	☐	☐	☐
4 *Ich kann den Satz des Pythagoras anwenden.*	☐	☐	☐	☐
5 *Ich kann das Volumen von Quadern, Prismen und Zylindern berechnen.*	☐	☐	☐	☐
6 *Ich kann die Oberfläche und die Mantelfläche von Quadern, Prismen und Zylindern berechnen.*	☐	☐	☐	☐

In der Mathematischen Werkstatt findet Ihr:

▹ Längen und Flächen, Seite 123/124 und 126
▹ Körper, Seite 125 und 127

Aufgaben zur Checkliste

1 Eigenschaften von Körpern

a) Welche Körper werden hier beschrieben?

1) Der Körper hat sieben Flächen; die Seitenflächen sind Rechtecke und stehen senkrecht auf der Grundfläche; Grundfläche und Deckfläche sind parallel zueinander.

2) Die Grundfläche des Körpers ist quadratisch; seine Seitenflächen sind Dreiecke; der Körper hat fünf Ecken und acht Kanten.

b) Gib die Eigenschaften der Körper an.

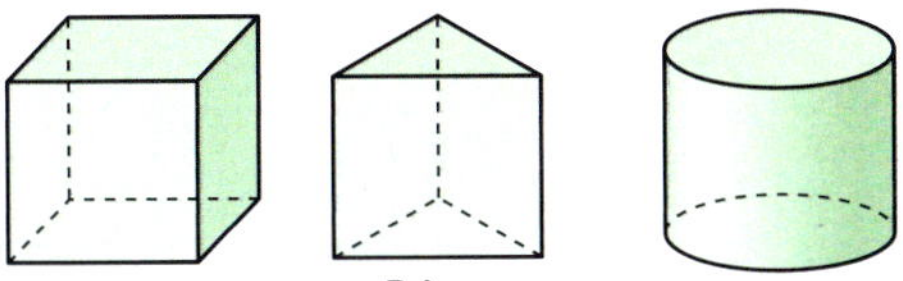

Würfel | Prisma (dreieckige Grundfläche) | Zylinder

2 Mit Größen umgehen

a) Welche Einheiten gehören zu Flächen, welche zu Volumen?

m^2; cm; dm^3; ha; kg; km^2; l; mm; mm^3; cm^2

b) Wandle in die angegebene Einheit um:

1) 24 cm^2 in mm^2 (dm^2; m^2)
2) 0,57 dm^3 in cm^3 (mm^3; m^3)
3) 124,86 m^2 in cm^2 (ha; mm^2)

c) Welche Umwandlungen sind falsch? Verbessere diese.

1) 35 cm^2 = 0,35 dm^2
2) 35 cm^2 = 0,035 m^2
3) 35 cm^3 = 0,035 dm^3
4) 35 cm^2 = 3500 mm^2
5) 35 cm^3 = 35 000 dm^3
6) 35 dm^3 = 35 l
7) 35 cm^3 = 3,5 l

3 Formeln benutzen

Berechne die fehlende Größe. Überlege auch, zu welcher geometrischen Figur oder zu welchem Körper die Formel gehört.

a) $A = \frac{g \cdot h}{2}$; g = 5,7 cm; h = 173 mm

b) u = 2 a + 2 b; u = 42 cm; b = 7,3 cm

c) $V = \pi \cdot r^2 \cdot h$; r = 3,5 cm; h = 1,23 dm

d) $V = a^3$; a = 1,5 m

e) $A = a \cdot h$; A = 54,3 dm^2; h = 2,3 m

4 Satz des Pythagoras

Berechne die fehlende Seitenlänge. Maße in cm.

a)

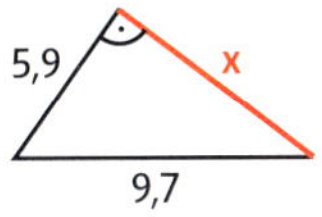

b)

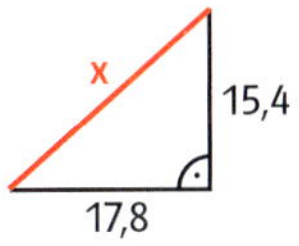

c)

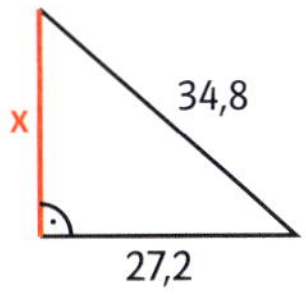

d)

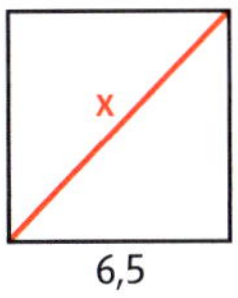

5 Volumen berechnen

a) Berechne das Volumen der Körper. Maße in cm.

1)

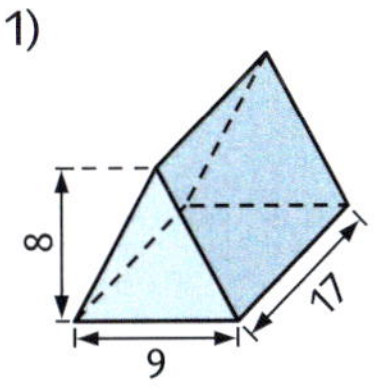

2)

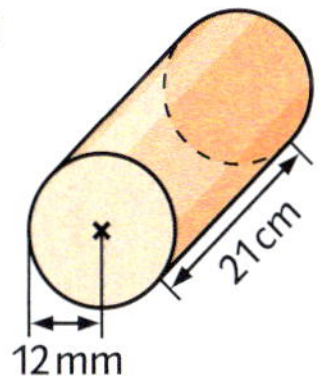

b) Ein Quader hat ein Volumen von 98 cm^3. Die Grundfläche ist ein Quadrat mit der Seitenlänge a = 3,5 cm. Wie hoch ist der Quader?

6 Oberflächen berechnen

a) Berechne die Oberfläche der Körper. Maße in cm.

1)

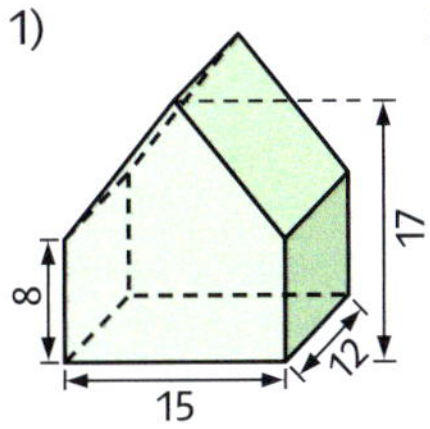

2)

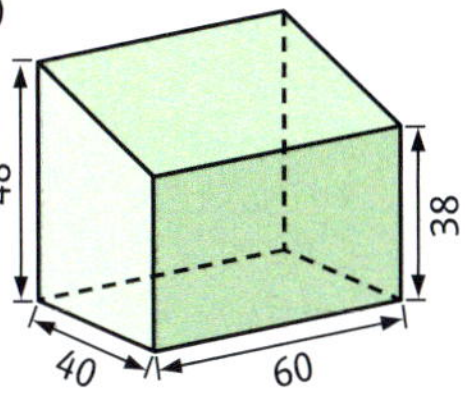

b) Berechne die Mantel- und die Oberfläche des Zylinders: d = 2,2 m; h = 1,45 m.

c) Überlege dir Maße für drei verschiedene Quader, die jeweils ein Volumen von 36 cm^3 haben. Haben die Quader dann auch dieselben Oberflächeninhalte?

▻ Lösungen, Seite 146

Projekt: Verpackungen

Prismen $V = G \cdot h$ $O = 2G + M$

quadratisch	*dreiseitig, regelmäßig*
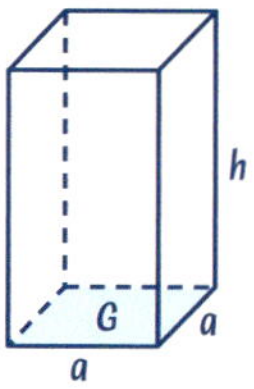	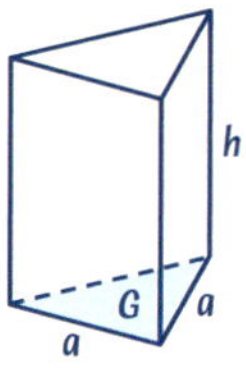
$V = a^2 \cdot h$	$V = \frac{a^2}{4}\sqrt{3} \cdot h$
$M = 4a \cdot h$	$M = 3a \cdot h$
$O = 2a(a + 2h)$	$O = \frac{a}{2}(a\sqrt{3} + 6h)$

Tipp

Bearbeitet die Aufgaben in einer arbeitsteiligen Gruppenarbeit. (siehe S. 132 – 134)

1 Stellt möglichst viele Verpackungen mit verschiedenen Formen zusammen. Ordnet die entsprechenden geometrischen Körper zu.

2 Welche Aufgaben müssen Verpackungen erfüllen? Stellt ein ansprechendes Plakat dazu her.
Macht euch Gedanken, welche Vorteile Verpackungen bieten, überlegt gleichzeitig, welche Probleme auftauchen.

3 Skizziert die Netze verschiedener Verpackungen. Vergleicht sie mit den Netzen der zugehörigen geometrischen Körper. Welche Aufgaben haben die Teile, die nicht übereinstimmen?

4 [@] Um den Materialbedarf bei Verpackungen berechnen zu können, benötigt ihr die entsprechenden Formeln. Tragt die Formeln für die Oberflächenberechnungen zusammen. Versucht die herzuleiten, an die ihr euch nicht mehr erinnern könnt. Listet die Formeln auf. Schlagt fehlende Formeln nach. Nutzt Formelsammlungen und die Mathematische Werkstatt in diesem Buch.

5 Stellt alle bekannten Volumenformeln übersichtlich dar.
Von Pyramide, Kegel und Kugel kennt ihr die Formeln noch nicht. Wie unterscheiden sich diese Körper von denen, die ihr bisher kennengelernt habt?

Projekt: Reisverpackung herstellen

- Entwirf eine Kartonverpackung für 1 kg Reis. Es soll eine auffällige und ansprechende Verpackung sein.
- Zeichne deine Verpackung als Körpernetz in Originalgröße oder maßstäblich verkleinert.
- Weise durch Berechnung nach, dass deine Verpackung nach dem Befüllen mit 1 kg Reis nicht mehr als 15 % Luft enthält. Prüfe vorher: Welches Volumen hat 1 kg Reis?
- Nimm an, deine Verpackung soll in großer Stückzahl hergestellt werden. Dazu ist es sinnvoll, dass möglichst wenig Abfall bleibt. Ordne die Körpernetze deiner Verpackung Platz sparend auf einem DIN-A0-Bogen an. Fertige dazu eine Zeichnung oder eine ordentliche Skizze an. Berechne, wie viel Prozent Abfall bei deiner Anordnung entsteht.

Übrigens

Jede Reisverpackung aus Karton enthält oben Luft, weil sich der Reis nach dem Einfüllen noch setzt.

Wie man diese Projektidee gut umsetzt

Projektplanung

- Überlege zunächst, welche Form deine Verpackung haben soll.
- Berücksichtige dabei, dass du sie auch berechnen musst. Beachte auch, dass sie nicht zu kompliziert zu basteln ist.
- Mache einen Entwurf und besprich ihn mit deiner Lehrerin oder deinem Lehrer.
- Schätze schon beim Entwurf die Größe der Schachtel ab.
- Erstelle einen realistischen Zeitplan.

Projektarbeit

- Wähle die Pappe aus: Sie muss sich leicht bearbeiten lassen, darf aber nicht zu dünn sein.
- Die Teile sollen exakt zusammen passen.

Projektergebnis

- Stellt die Rechnungen übersichtlich und leicht nachvollziehbar dar.
- Achte auf eine ansprechende äußere Form bei der Darstellung!

Volumen und Oberfläche von Pyramide und Kegel

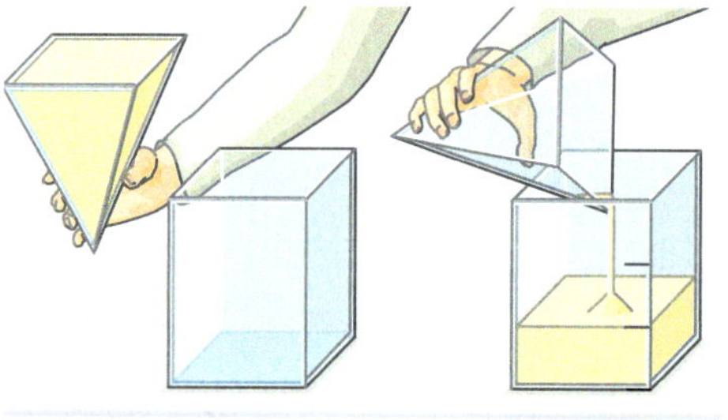

a) Fülle eine offene Pyramide vollständig mit Sand und schütte den Inhalt dann in einen Quader. Beide Körper sollen dieselbe Grundfläche und Höhe haben. Welches Quadervolumen nimmt der Sand ein?
b) Mache den entsprechenden Versuch mit einem Kegel und einem Zylinder.

Für alle spitzen Körper gilt:
$V = \frac{1}{3} \cdot G \cdot h$

G: Grundfläche h: Höhe

M: Mantelfläche

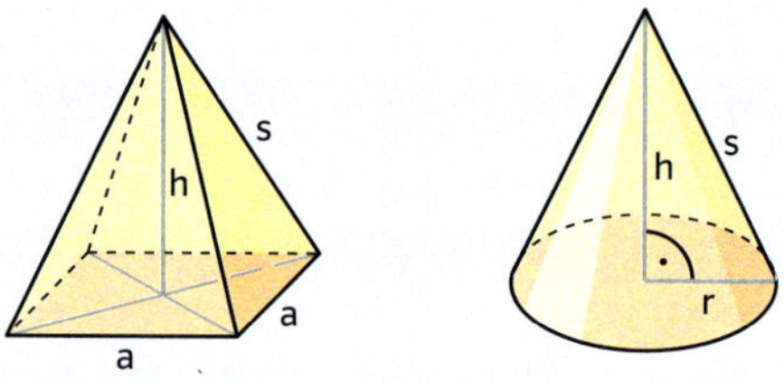

Beispiele

a) Gegeben: Rechteckpyramide mit
$a = 8\,cm$; $b = 5{,}2\,cm$; $h = 14{,}5\,cm$
Gesucht: V

$V = \frac{1}{3} \cdot G \cdot h = \frac{1}{3} \cdot a \cdot b \cdot h$, weil $G = a \cdot b$

$V = \frac{8 \cdot 5{,}2 \cdot 14{,}5}{3} \approx 201{,}1\,cm^3$

b) Gegeben: Kegel
$r = 4{,}2\,cm$; $h = 136\,mm$
Gesucht: V

$V = \frac{1}{3} \cdot G \cdot h = \frac{1}{3} \cdot \pi \cdot r^2 \cdot h$, weil $G = \pi \cdot r^2$

h in cm umrechnen: $h = 13{,}6\,cm$

$V = \frac{1}{3} \cdot \pi \cdot 4{,}2^2 \cdot 13{,}6 \approx 251{,}23\,cm^3$

Tipp

Führe die Berechnungen erst ohne Einheiten durch. Vergiss nicht im Ergebnis die Einheit zu schreiben.

Übrigens

Mit der Formel $V = \frac{1}{3} \cdot G \cdot h$ kann man bei Pyramiden und Kegeln auch a, h oder r berechnen.

c) Gegeben: Kegel mit $V = 2000\,cm^3$;
$r = 4{,}2\,cm$
Gesucht: h

$V = \frac{1}{3} \cdot G \cdot h = \frac{1}{3} \cdot \pi \cdot r^2 \cdot h$, weil $G = \pi \cdot r^2$

Formel umgekehrt aufschreiben, damit h links steht:

$\frac{1}{3} \cdot \pi \cdot r^2 \cdot h = V$

$\frac{1}{3} \cdot \pi \cdot 4{,}2^2 \cdot h = 2000$

$18{,}47 \cdot h = 2000 \quad | : 18{,}47$

$h \approx 108{,}3\,cm$

d) Gegeben: Rechteckpyramide mit
$V = 2000\,cm^3$; $a = 14{,}2\,cm$; $b = 8\,cm$
Gesucht: h

$V = \frac{1}{3} \cdot G \cdot h = \frac{1}{3} \cdot a \cdot b \cdot h$, weil $G = a \cdot b$

Formel umgekehrt aufschreiben:

$\frac{1}{3} \cdot a \cdot b \cdot h = V$

$\frac{1}{3} \cdot 14{,}2 \cdot 8 \cdot h = 2000$

$37{,}87 \cdot h = 2000 \quad | : 37{,}87$

$h \approx 52{,}8\,cm$

e) Gegeben: Kegel mit $V = 127\,cm^3$; $h = 5{,}8\,cm$
Gesucht: r

$\frac{1}{3} \cdot \pi \cdot r^2 \cdot h = V$

$\frac{1}{3} \cdot \pi \cdot r^2 \cdot 5{,}8 = 127 \quad \left(\frac{1}{3} \cdot \pi \cdot 5{,}8 \text{ ausrechnen}\right)$

$6{,}07 \cdot r^2 = 127 \quad | : 6{,}07$

$r^2 \approx 20{,}91 \quad | \sqrt{}$

$r \approx 4{,}6\,cm$

f) Gegeben: quadratische Pyramide mit
$V = 312\,dm^3$; $h = 63\,cm$
Gesucht: a

$\frac{1}{3} \cdot a^2 \cdot h = V$

$\frac{1}{3} \cdot a^2 \cdot 6{,}3 = 312 \quad \left(6{,}3 \cdot \frac{1}{3} \text{ ausrechnen}\right)$

$2{,}1 \cdot a^2 = 312 \quad | : 2{,}1$

$a^2 = 148{,}6 \quad | \sqrt{}$

$a \approx 12{,}2\,dm$

▷ Mathematische Werkstatt, Seite 125 und 127

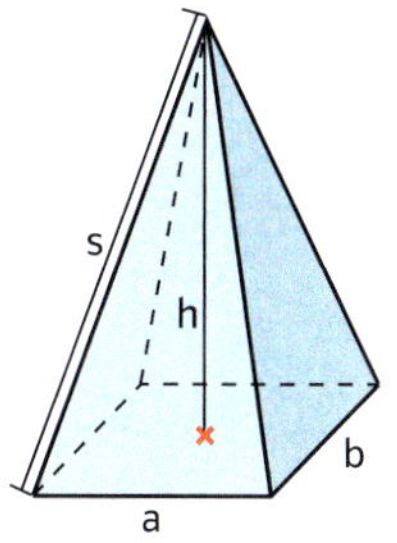

1 Berechne das Volumen der quadratischen Pyramide.

a) $a = 6\,cm$, $h = 12\,cm$ b) $a = 12\,cm$, $h = 12\,cm$ c) $a = 6\,cm$, $h = 24\,cm$

d) Was fällt bei den Ergebnissen in den Teilaufgaben a) bis c) auf?
Warum ist das so?

2 Berechne das Volumen der rechteckigen Pyramide.

a) $a = 5{,}5\,cm$; $b = 7{,}7\,cm$; $h = 9{,}9\,cm$

b) $a = 5{,}5\,cm$; $b = 7{,}7\,cm$; $s = 9{,}9\,cm$

3 Berechne das Volumen des Kegels.

a) $r = 6\,cm$, $h = 8\,cm$ b) $r = 6\,cm$, $s = 10\,cm$

c) $r = 6\,cm$, $h = 16\,cm$ d) $r = 12\,cm$, $h = 16\,cm$

4 Berechne die Grundseite a der quadratischen Pyramide.

a) $V = 1200\,cm^3$; $h = 32\,cm$

b) $V = 2400\,cm^3$; $h = 32\,cm$

c) $V = 4800\,cm^3$; $h = 32\,cm$

5 Berechne den Radius r des Kegels.

a) $V = 1200\,cm^3$; $h = 32\,cm$

b) $V = 2400\,cm^3$; $h = 24\,cm$

c) $V = 240\,cm^3$; $h = 24\,cm$

6 Berechne die fehlende Grundseite a oder b bei der rechteckigen Pyramide.

a) $V = 1200\,cm^3$; $h = 32\,cm$; $a = 4\,cm$

b) $V = 120\,cm^3$; $h = 3{,}2\,cm$; $b = 4\,cm$

7 [👥] So könnt ihr eine umfangreiche Aufgabenkartei zur Übung und Wiederholung anlegen:
Überlegt euch ähnliche Aufgaben wie die Aufgaben 1 bis 6 zu Kegel und Pyramide. Schreibt jeweils eine Aufgabe auf eine Karteikarte und den Lösungsweg auf die Rückseite.
Tauscht die Karten aus und überprüft sie gegenseitig.

8 Berechne h bzw. a der quadratischen Pyramide.

a) $V = 510\,cm^3$, $a = 9{,}5\,cm$ b) $V = 2000\,cm^3$, $h = 14\,cm$

c) $G = 64\,cm^2$, $h = 7{,}5\,cm$ d) $d = 19\,cm$, $V = 1000\,cm^3$

9 Welche Höhe h müsste das rechte Glas haben, wenn genau so viel hineinpassen soll wie in das linke Glas?

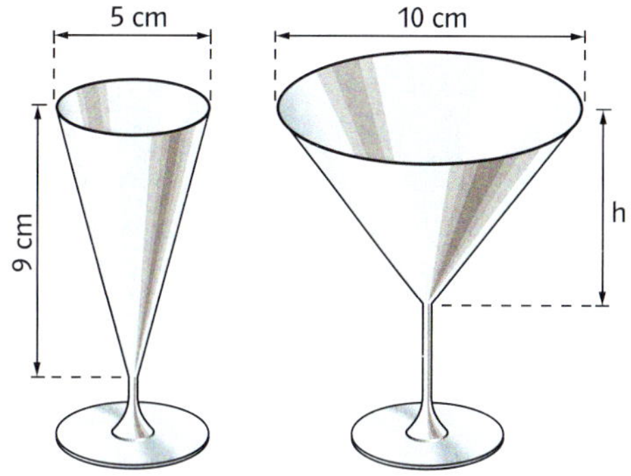

10 Ordne die Körper nach ihrem Volumen. Schätze zuerst und überprüfe durch Überschlagsrechnung.

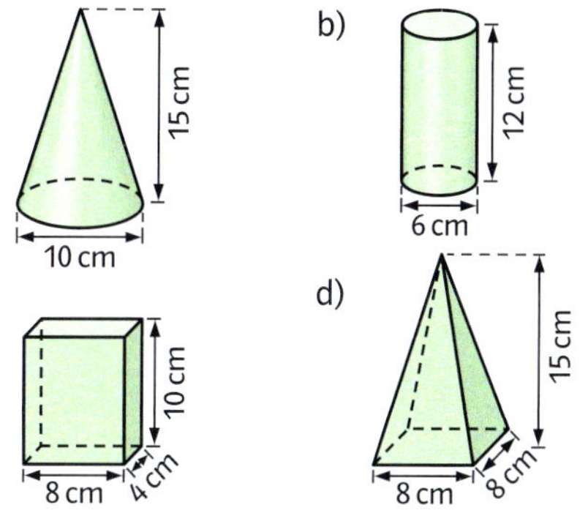

11 Vergleiche die Volumina der blauen Körper. Schätze zuerst und begründe deine Schätzung.

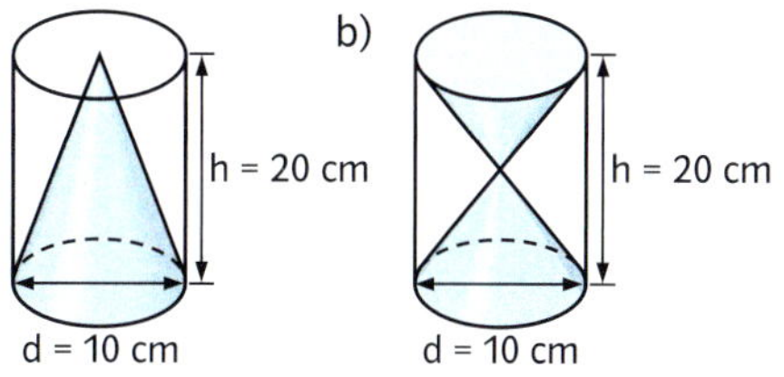

Mit der Seitenlinie s rechnen

Beispiel 1: Volumen des Kegels

Gegeben: $r = 5{,}5\,\text{cm}$; $s = 8{,}4\,\text{cm}$

Gesucht: $V = ?$

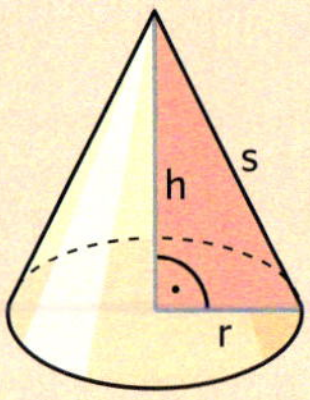

1. Schritt: h berechnen

$h^2 + r^2 = s^2$

$h^2 + 5{,}5^2 = 8{,}4^2$

$h^2 + 30{,}25 = 70{,}56 \quad | -30{,}25$

$h^2 = 40{,}31 \quad | \sqrt{\;}$

$h = 6{,}3\,\text{cm}$

2. Schritt: V berechnen

$V = \frac{1}{3} \cdot \pi \cdot r^2 \cdot h$

$V = \frac{1}{3} \cdot \pi \cdot 5{,}5^2 \cdot 6{,}3 = 199{,}6\,\text{cm}^3$

Beispiel 2: Höhe der Pyramide

Gegeben: $a = 9\,\text{cm}$; $s = 12\,\text{cm}$

Gesucht: $h = ?$

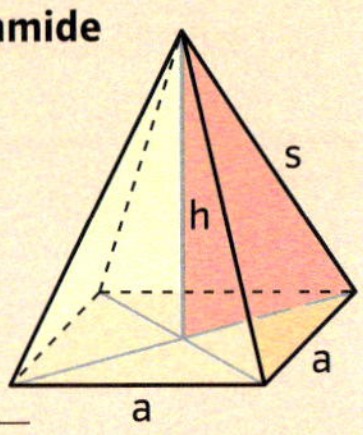

1. Schritt: d berechnen

$d^2 = 9^2 + 9^2$

$d^2 = 162 \quad | \sqrt{\;}$

$d = 12{,}7$

2. Schritt: h berechnen

$\frac{d}{2} = 6{,}35$

$h^2 + 6{,}35^2 = 12^2$

$h^2 + 40{,}3 = 144 \quad | -40{,}3$

$h^2 = 103{,}7 \quad | \sqrt{\;}$

$h = 10{,}2\,\text{cm}$

12 Berechne das Volumen der Kegel.

a) b) c)

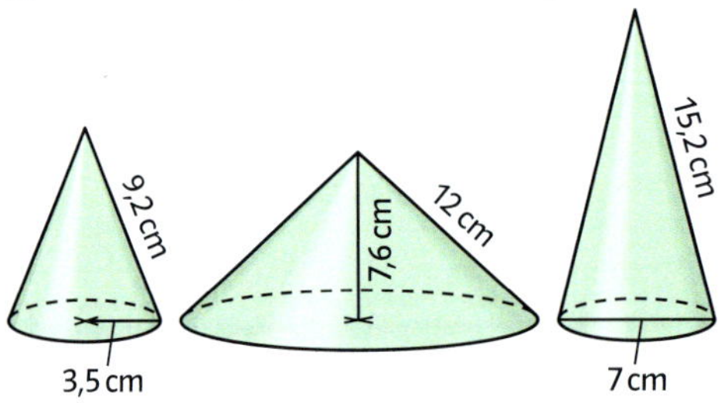

d) Berechne die Oberflächen der Kegel.

Zur Erinnerung
Die Formel für die Mantelfläche des Kegels ist
M = π · r · s

13 Berechne O und V. Mache für a) und b) zuerst eine Skizze.

a) Quadratische Pyramide mit $s = 9\,\text{cm}$ und $a = 4{,}5\,\text{cm}$.

b) Quadratische Pyramide mit $h = 7\,\text{cm}$ und $s = 11\,\text{cm}$.

c) [●]

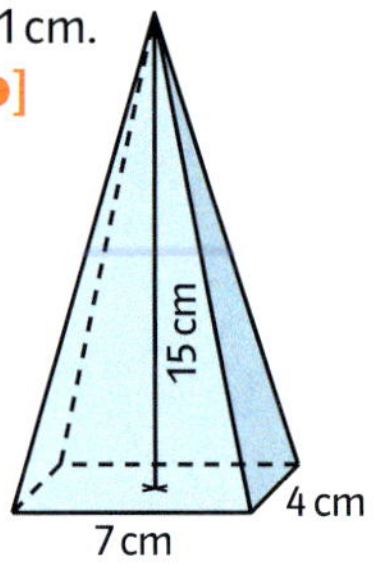

d) [●●]

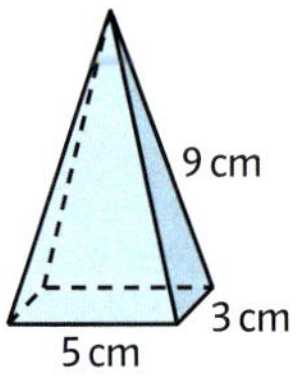

14 a) Dieser Zuckerstreuer soll in eine quadratische Schachtel verpackt werden. Wie hoch muss die Schachtel sein?

b) Wie viel Zucker passt in das Gefäß? Tipp: Nimm an, der Zuckerstreuer sei ein Kegel.

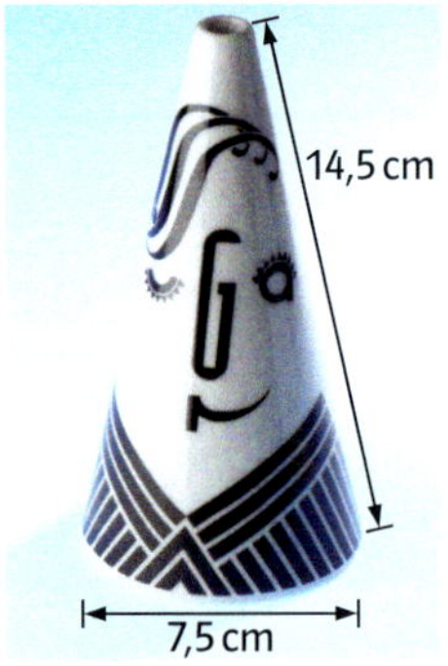

15 Berechne die Oberflächen der Körper in Aufgabe 10. Schätze zuerst.

16 [●] Im Katalog eines Verpackungsherstellers findet sich dieses Netz.

a) Beschreibe oder skizziere die Schachtel, die daraus entsteht.

b) Berechne den Materialbedarf.

c) Berechne das Schachtelvolumen.

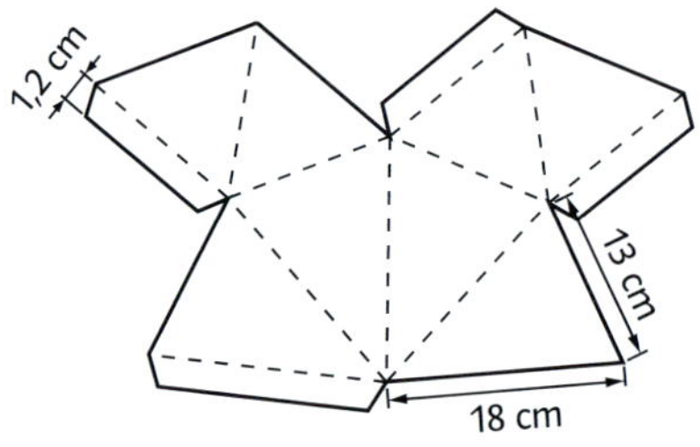

▻ Mathematische Werkstatt, Seite 124 – 127

Materialbedarf und Inhalt

1 Auf dieser Seite sind einige Verpackungen von Schülerinnen und Schülern abgebildet. In jede soll 1 kg Reis passen (1 kg Reis hat ein Volumen von 1140 cm^3). Es darf zusätzlich maximal 15 % Luft in der Packung sein. Einige Verpackungen sind aber zu groß oder zu klein.
- Wie viel cm^3 darf das Schachtelvolumen maximal sein, wenn man zusätzlich 15 % Luft berücksichtigt?
- Berechne mit den Angaben an den Verpackungen (Maße in cm) das Volumen.
- Welche sind zu groß? Welche zu klein?

2 a) Berechnet die Oberfläche der Schachteln.
b) Zeichnet das Körpernetz mit einem Geometrieprogramm auf dem Computer.

Tipps für Berechnungen an komplexeren Körpern

- Zerlege die Körper in Teilkörper.
- Achte beim Aufschreiben der Rechnungen auf übersichtliche Anordnung und Zwischenüberschriften.
- Erstelle Zeichnungen mit Hilfsdreiecken für die Verwendung des Pythagoras.
- Wenn dir eine Formel fehlt, schaue in der Mathematischen Werkstatt oder in einer Formelsammlung nach.

1

2
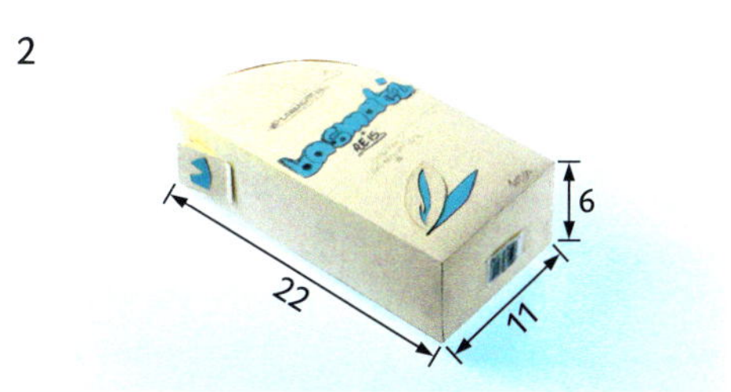

3

4
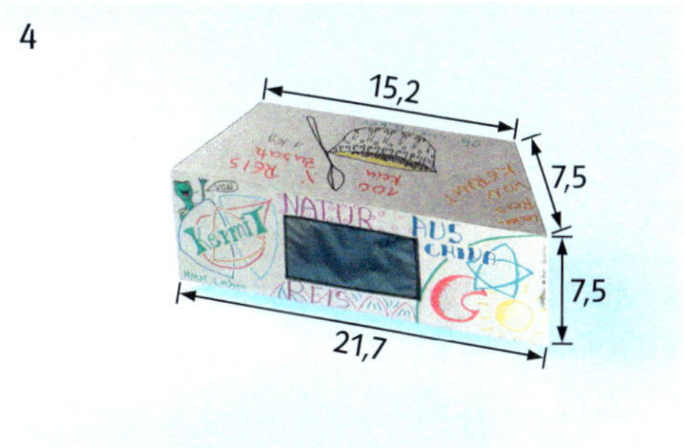

5
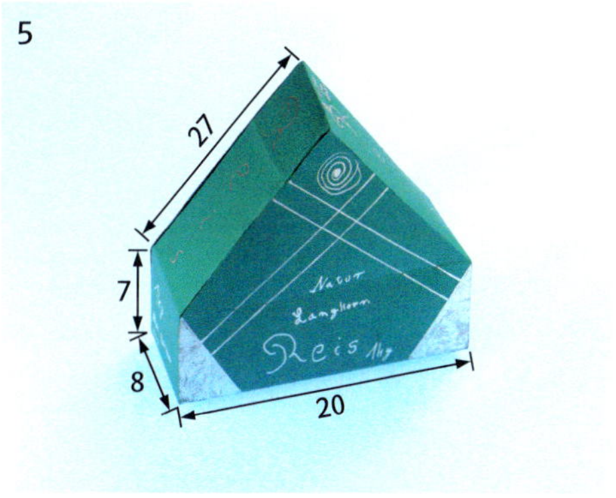

6
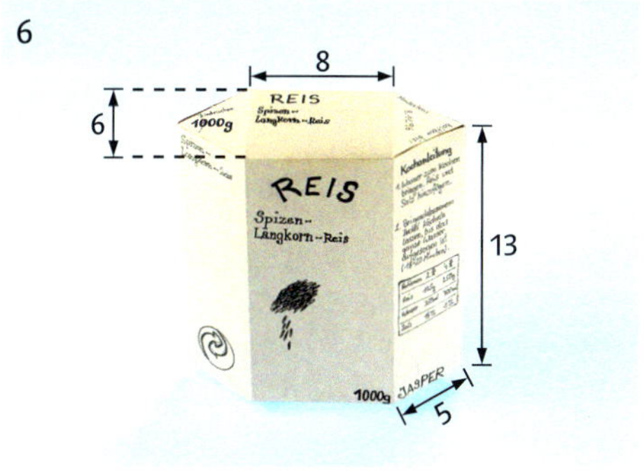

Wenn das Volumen einer Verpackung vorgegeben ist, müssen Längen entsprechend angepasst werden. Die richtigen Längen kann man durch Probieren herausfinden. Schneller geht es meistens mit einer geschickten Rechnung. Man gibt sich alle Längen bis auf eine vor. Dann enthält die Formel für das Volumen nur eine unbekannte Größe. Nach Umstellung der Formel, kann man die fehlende Länge berechnen.

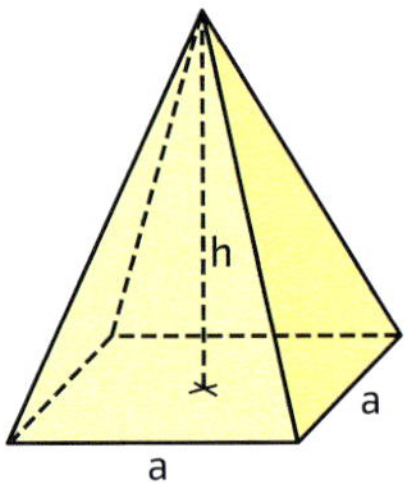

a = 12 cm; h = 15 cm

3 Alle Kantenlängen eines Würfels (a = 10 cm) werden um 20 % vergrößert. Wie ändert sich sein Volumen?

4 Die Pyramide links soll ein Volumen von etwa 500 cm³ haben. Verändere a oder h entsprechend.

5 Die Volumina dieser Schachteln sind zu groß geraten. (alle Maße in cm)

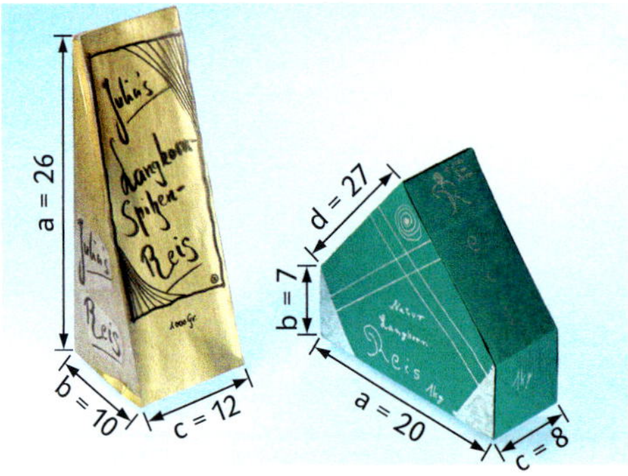

a) Verändere jeweils c, um möglichst nahe an ein Volumen von 1200 cm³ zu kommen.
b) Verändere bei der linken Schachtel a oder b, um das gewünschte Volumen zu erreichen.

6 [●] Wähle die Strecke x so, dass ein Volumen von 600 cm³ entsteht.

Will man Schachteln in größerer Anzahl herstellen, werden sie aus großen Pappen ausgestanzt. Aus Kostengründen ordnet man die **Körpernetze** so an, dass möglichst wenig Abfall entsteht. Zwischen den Netzen müssen schmale Stege stehen bleiben.

7 Skizziere unterschiedliche Körpernetze eines Tetraeders. Versuche möglichst viele auf einem DIN-A4-Blatt unterzubringen. Wer schafft die beste Anordnung?

8 a) Würfelnetze sollen einen rechteckigen Bogen Papier Abfall sparend füllen. Es gibt elf verschiedene Würfelnetze. Suche möglichst viele und bewerte sie.
b) Für Würfelnetze, deren Einzelflächen 10 cm × 10 cm groß sind, soll ein geeignetes Papierformat gefunden werden, bei dem möglichst wenig Abfall entsteht. Gib zwei Möglichkeiten an und berechne den Abfall in Prozent.

9 Der Mantel einer quadratischen Pyramide besteht aus gleichseitigen Dreiecken. Finde eine Material sparende Anordnung für die Pyramidennetze. Welches Netz eignet sich gut, welches Papierformat ist günstig?

10 Ordne das Netz des Kartons möglichst gut auf einem Blatt der Größe 50 cm × 70 cm an.
a) Zeichne die Anordnung maßstäblich verkleinert (Maßstab angeben).
b) Wie viel Prozent Abfall entsteht?

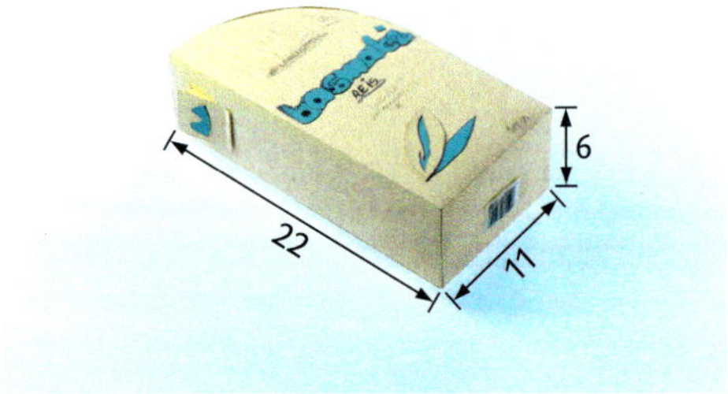

Volumen und Oberfläche der Kugel

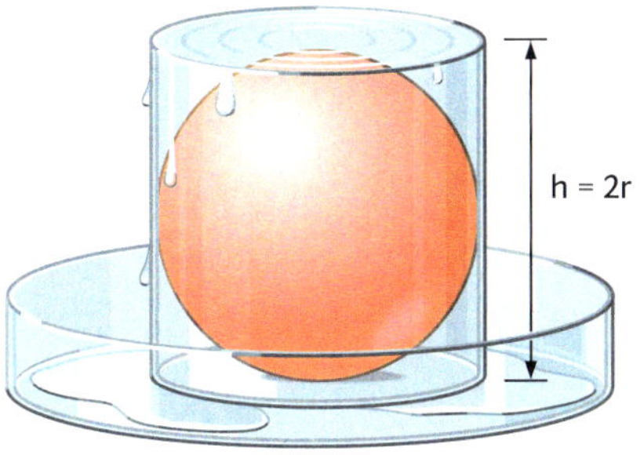

Tauche eine Kugel in einen mit Wasser gefüllten Zylinder.
Kugel und Zylinder haben den gleichen Durchmesser. Die Höhe des Zylinders ist gleich dem Durchmesser.
Welcher Wasseranteil wird verdrängt?
Wie lautet vermutlich die Formel für das Volumen einer Kugel?

Kugelvolumen und Kugeloberfläche sind nur vom Radius r abhängig:

Kugelvolumen: $V = \frac{4}{3} \cdot \pi \cdot r^3$

Kugeloberfläche: $O = 4 \cdot \pi \cdot r^2$

Beispiele

a) Aus r = 7,4 cm lassen sich Kugelvolumen und Oberfläche berechnen.

Volumen:

$V = \frac{4}{3} \cdot \pi \cdot r^3$

$V = \frac{4 \cdot \pi \cdot 7{,}4^3}{3} \approx 1697{,}4$

$V \approx 1697{,}4\,\text{cm}^3$

Oberfläche:

$O = 4 \cdot \pi \cdot r^2$

$O = 4 \cdot \pi \cdot 7{,}4^2 \approx 688{,}1$

$O \approx 688{,}1\,\text{cm}^2$

b) Aus der Oberfläche O soll der Radius berechnet werden.

Gegeben: $O = 1017{,}9\,\text{cm}^2$; Gesucht: r

$4 \cdot \pi \cdot r^2 = O$

$4 \cdot \pi \cdot r^2 = 1017{,}9 \quad | : 4\pi$

$r^2 \approx 81 \quad | : \sqrt{}$

$r \approx 9\,\text{cm}$

c) Aus dem Kugelvolumen soll der Radius berechnet werden.

Gegeben: $V = 4000\,\text{m}^3$; Gesucht: r

$\frac{4}{3} \cdot \pi \cdot r^3 = V$

$\frac{4}{3} \cdot \pi \cdot r^3 = 4000 \quad \left(\frac{4}{3} \cdot \pi \text{ ausrechnen}\right)$

$4{,}19 \cdot r^3 = 4000 \quad | : 4{,}19$

$r^3 \approx 954{,}65$

*Der Kugelgasometer in **Wuppertal** hat ein Volumen von etwa 55 000 m³.*

Um von r^3 zu r zu kommen, sucht man eine Zahl, deren **3. Potenz** 954,65 ergibt. Man muss die Wurzel ziehen, in diesem Fall die sogenannte **3. Wurzel**.

Man schreibt das so: $r = \sqrt[3]{954{,}65}$

Der Taschenrechner liefert: $r \approx 9{,}8\,\text{m}$.

1 Berechne O und V einer Kugel.

a) r = 12 cm
b) r = 24 mm
c) d = 1 m
d) d = 9,6 cm
e) r = 7,8 dm
f) d = 3,5 m
g) u = 7,8 dm
h) u = 0,09 m

2 Wie groß ist der Kugelradius?

a) O = 10 cm^2
O = 100 cm^2
O = 1000 cm^2

b) V = 10 cm^3
V = 100 cm^3
V = 1000 cm^3

3 Berechne die fehlenden Größen.

	r	O	V
a)	70 cm		
b)		70 cm^2	
c)			70 cm^3

4 a) Wie viele Kugeln enthält jede Packung? Welchen Radius haben die Kugeln?
b) Berechne für jede Kugelpackung die Oberfläche aller Kugeln.
c) Nimm an, es seien Korkkugeln (Dichte: 0,2 g pro cm^3). Was wiegen die Kugeln?

1)
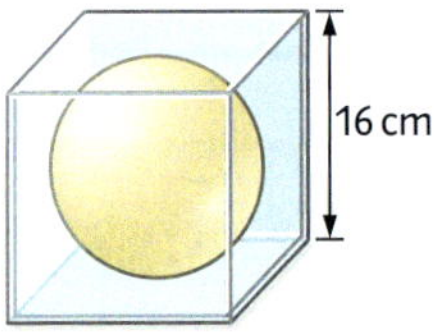

2)
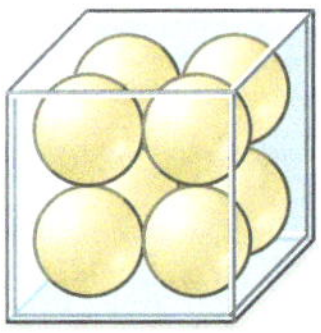

5 Schätze zuerst und rechne dann nach.
a) Welches Volumen hat eine Kugel mit r = 5 cm?
b) Wie verändert sich das Volumen, wenn r doppelt so groß ist?
c) Wie verändert sich das Volumen, wenn r dreimal so groß ist?
d) Wie groß ist der Kugelradius, wenn das Volumen 1000 cm^3 beträgt?

6 Berechne Volumen und Oberfläche.

a)
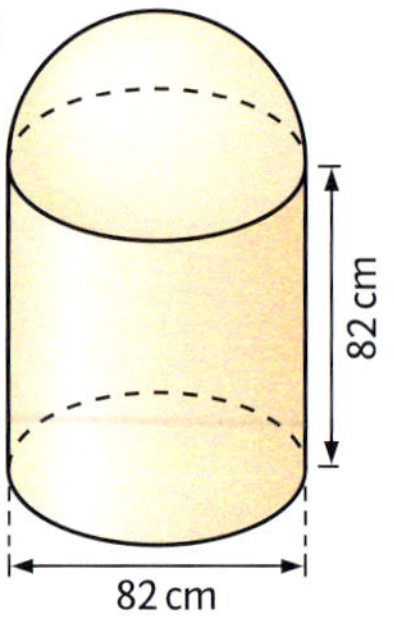

b)
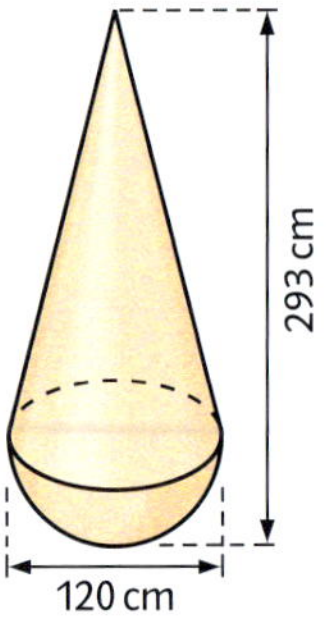

7 Beim Kugelstoßen werden je nach Alter und Geschlecht unterschiedlich schwere Kugeln verwendet. Sie sind aus einer Eisenmischung hergestellt, die 7,9 g pro cm^3 wiegt.
a) Kugeln für Jungen haben einen Durchmesser von 10,7 cm, für Mädchen 9 cm. Wie schwer sind die Kugeln?
b) Im Wettkampfsport verwenden Männer 16 pound schwere Kugeln (1 pound = 453,6 g). Frauenkugeln müssen genau 4 kg wiegen. Berechne den Durchmesser.

8 [●●] **Es war einmal ...**
Im Märchen *Der Froschkönig* spielt die Königstochter mit einer goldenen Kugel, die in einen Brunnen fällt und vom Frosch wieder herausgeholt wird.

a) Wie groß war die Kugel wohl? Wie viel hat sie also gewogen? 1 cm^3 Gold wiegt 19,3 g.
b) Ziemlich schwer! Vielleicht war sie ja innen hohl. Berechne das Gewicht für eine Kugel, die eine 0,5 cm dicke Hülle hat.
c) [ooo] Immer noch zu schwer? Überlegt euch, wie ihr weiter vorgehen könnt. Wie dick muss die Wandstärke der Kugel sein, damit man mit ihr spielen kann?

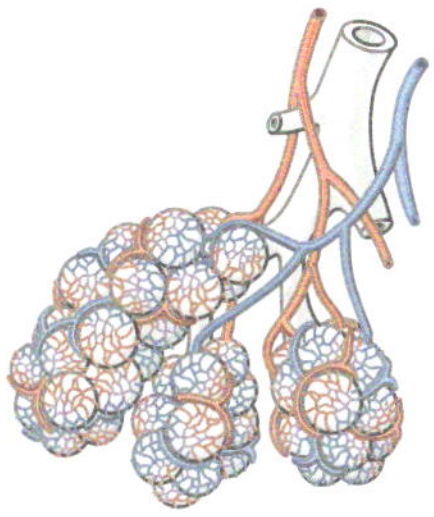

Tipp
Diese Aufgaben eignen sich gut für ein Gruppenpuzzle.

9 Die Lungenbläschen sorgen für den Austausch von Sauerstoff und Kohlenstoffdioxid. Jedes der rund 300 Millionen Lungenbläschen hat einen Durchmesser von etwa 0,2 mm.
Berechne die gesamte Lungenoberfläche.

10 Der Architekt *James Sterling* entwarf dieses Bürogebäude in *Melsungen*, einen auf Stelzen stehenden Halbrundbau.
Schätze das Volumen der Stelzen.

11 a) Welchen Durchmesser hat der Ballon etwa?
b) Kann es stimmen, dass er ein Volumen von 3500 m^3 hat?

12 a) Wähle dir einen der abgebildeten Gegenstände aus.
Bestimme das ungefähre Volumen dieser Gegenstände.
Beschreibe deine Vorgehensweise.

b) Suche dir selbst unregelmäßig geformte Objekte und schätze deren Volumen.

13 [●] Nach ihrer Fertigstellung hatte die *Cheops-Pyramide* eine Seitenlänge von 229 m und eine Höhe von 146,5 m. Bis heute ist die Seitenlänge auf 227,5 m geschrumpft, die Höhe beträgt nur noch 136,5 m.
Um etwa wie viel Prozent hat sich das Volumen verringert?

▻ Mathematische Werkstatt, Seite 125 und 127

Recycling von Verpackungen*

Mehr verwertet als lizenziert

Durch DSD 2007 verwertete Verpackungen

	Verwertungsmengen in Tonnen	Lizenzmengen in Tonnen
Glas	1.344.552	1.336.882
PPK	981.530	687.641
Aluminium	29.779	21.989
Weißblech	187.808	174.617
Kunststoffe	599.953	496.432
Verbunde	178.892	211.936
	3.322.514	2.929.497

Quelle: Duales System Deutschland GmbH, Juni 2008

Übrigens

Lizenzierte Menge bedeutet: Menge aller Verpackungen, die einen „grünen Punkt" haben.

1 [@] a) Wie viel kg Verpackungen wurden 2007 durchschnittlich pro Person recycelt? Recherchiere, wie viele Einwohner Deutschland hat.
b) Wie viel Kilogramm pro Person wären es bei den einzelnen Verpackungsarten?
c) [ ] Stelle die Ergebnisse grafisch dar. Wähle ein geeignetes Computerprogramm.
d) Veranschauliche den entsprechenden Pro-Kopf-Verbrauch:
- Wie viele Glasflaschen sind das?
- Wie viele Zeitungen sind das?
- Wie viele Milchkartons, Konservendosen und andere Verpackungen sind das?

Übrigens

Güterwagen: Fassungsvermögen 14 t, Länge 14 m.

2 Würde man allen Verpackungsmüll mit dem „grünen Punkt" in Güterwagen laden, wie lang wäre dieser Zug?

3 [ ] a) Wie hoch waren die Verwertungsquoten 2007, d.h. der Anteil der eingesammelten Verpackungen an der Menge der lizenzierten Verpackungen in %? Verwende die Zahlen aus der Tabelle oben.
b) Stelle die geforderten Quoten und die 2007 erreichten Quoten in einem Balkendiagramm dar.

Duale Systeme

Seit dem Jahr 1991 schreibt der Gesetzgeber vor, dass u.a. Verkaufsverpackungen zurückgenommen und entweder neu verwendet oder verwertet werden. Damit nicht jeder Hersteller oder Vertreiber diese Aufgabe einzeln für sich regeln muss, gründeten sich mehrere sogenannte **duale Systeme**. Das älteste und bekannteste System ist **„Der Grüne Punkt** - Duales System Deutschland GmbH".
Die dualen Systeme sammeln über die gelben Säcke oder Tonnen, Papier- und Glascontainer gebrauchte Verpackungen ein, sortieren sie nach verschiedenen Wertstoffen und führen sie dem **Recycling** zu. Finanziert werden diese Systeme von den Herstellern oder Vertreiber, die für die Verpackungen ihrer Produkte Entgelte an die dualen Systeme zahlen. Die Systeme müssen flächendeckend arbeiten, d.h. jeder Verbraucher muss die Möglichkeit haben, Sammelsysteme in seiner Nähe zu nutzen. Der Gesetzgeber hat außerdem festgelegt, wie viel Prozent der einzelnen Verpackungsmaterialien gesammelt und verwertet werden müssen:

Glas	75 %
Papier/Pappe/Karton	70 %
Weißblech	70 %
Kunststoffe	60 %
Aluminium	60 %
Verbundmaterialien	60 %

4 [ ] Macht in eurem Jahrgang eine Umfrage und präsentiert sie der Klasse.
- Bei wie vielen wird zu Hause konsequent der Müll getrennt?
- Bei wie vielen nicht immer?
- Wie viele trennen gar nicht?

5 Nimm an, in eurem Klassenraum würde der Müll nicht weggeräumt. Wie lange dauert es, bis der Papierkorb voll ist? Wie lange würde es dauern, bis der Raum randvoll mit Müll wäre?

Spitze Körper

Bei allen spitzen Körpern gilt:

$\mathbf{V = \frac{1}{3} \cdot G \cdot h}$

G: Grundfläche
h: Höhe

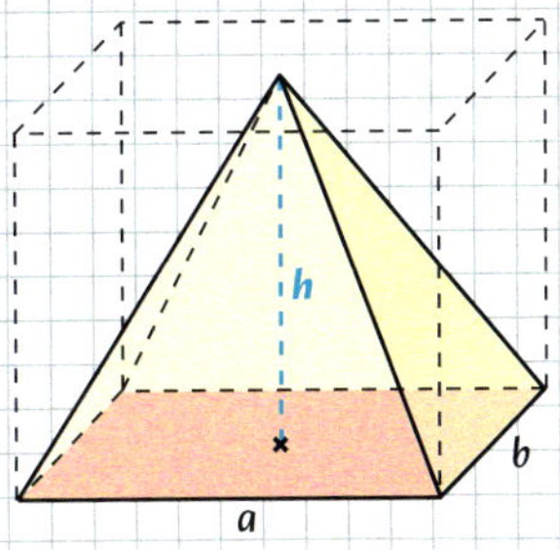

Pyramide

Das **Pyramidenvolumen** beträgt $\frac{1}{3}$ des Volumens eines Quaders mit gleicher Grundfläche und Höhe.

$\mathbf{V = \frac{1}{3} \cdot G \cdot h}$

Die **Oberfläche** setzt sich aus dem **Mantel** und der **Grundfläche** zusammen.

$\mathbf{O = M + G}$

G: Grundfläche
h: Pyramidenhöhe

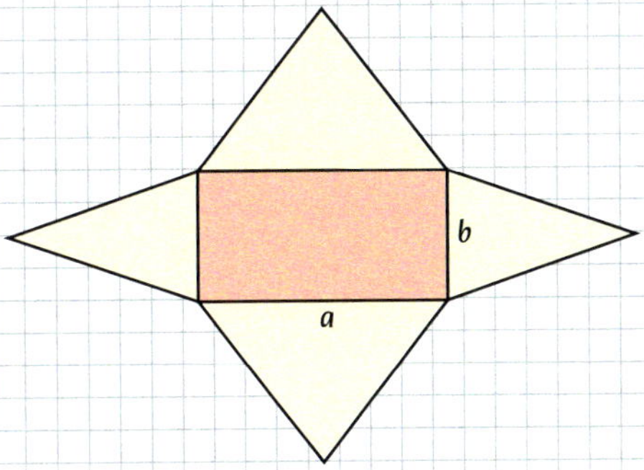

Beispiel: Quadratische Pyramide

Mantelfläche $M = 4 \cdot \frac{a \cdot h_a}{2} = 2 \cdot a \cdot h_a$

Grundfläche $G = a^2$

Kegel

Das **Kegelvolumen** beträgt $\frac{1}{3}$ des Volumens eines Zylinders mit gleicher Grundfläche und Höhe.

$\mathbf{V = \frac{1}{3} \cdot \pi \cdot r^2 \cdot h}$

Die **Oberfläche** setzt sich aus dem **Mantel** und der **Grundfläche** zusammen.

$\mathbf{O = M + G}$

G: Grundfläche
h: Kegelhöhe

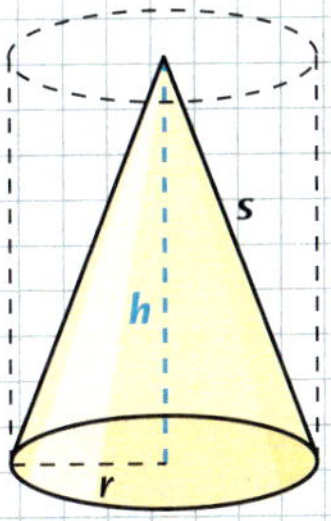

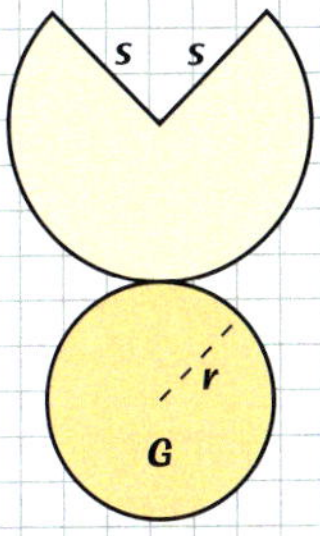

Mantelfläche $M = \pi \cdot r \cdot s$

Grundfläche $G = \pi \cdot r^2$

Kugel

Kugelvolumen und **Kugeloberfläche** sind nur vom Radius r abhängig.

$\mathbf{V = \frac{4}{3} \cdot \pi \cdot r^3}$

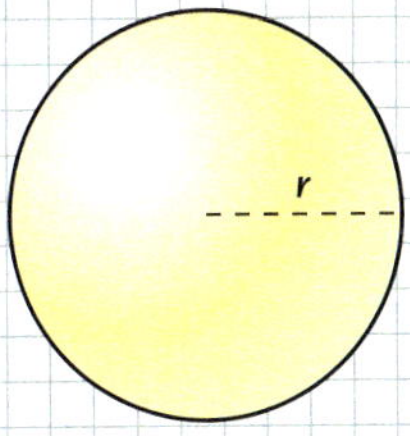

Die **Kugeloberfläche** berechnet man mit

$\mathbf{O = 4 \cdot \pi \cdot r^2}$

[einfach]

1 Berechne die Oberfläche (Maße in cm).

a)

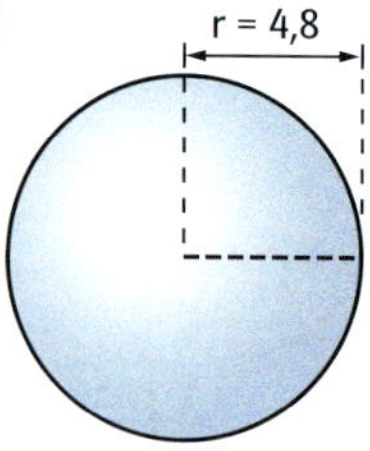

b)

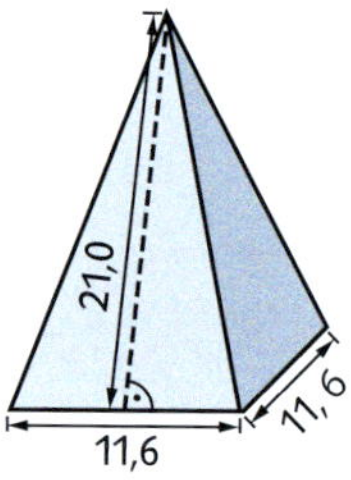

2 a) Berechne die Höhe.
b) Berechne das Volumen.

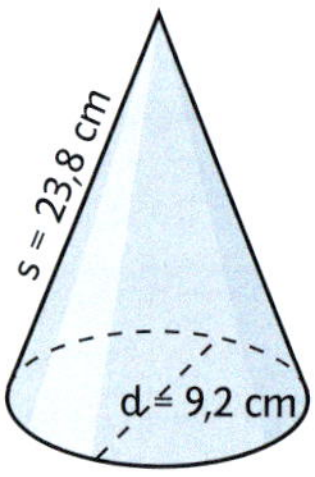

3 Wie viel Prozent Luft ist in dieser Verpackung?

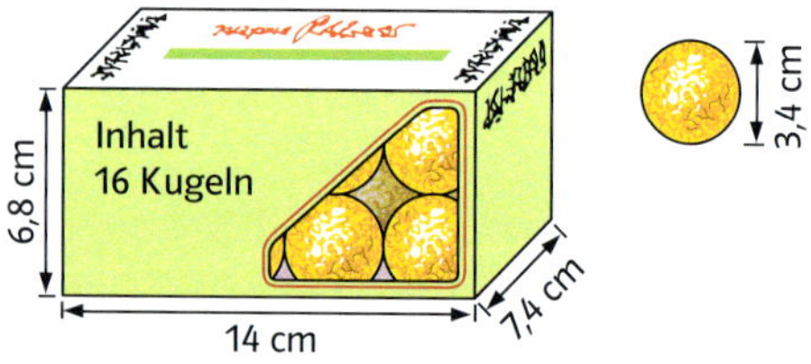

4 Berechne Volumen und Materialbedarf.

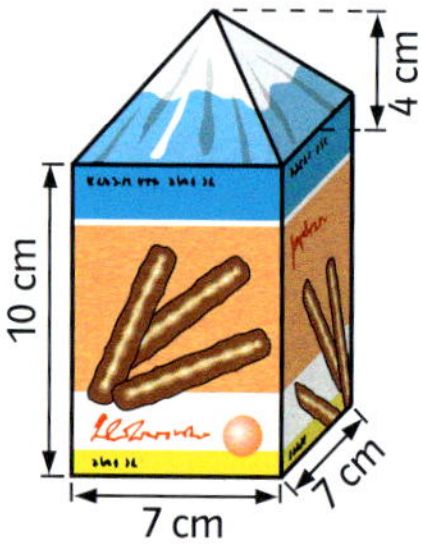

5 a) „Wenn ich eine Seite eines Quaders verdopple, wird auch sein Volumen doppelt so groß."
Stimmt die Aussage? Begründe.
b) Was passiert, wenn ich beim Quader zwei Seiten verdopple? Begründe deine Antwort.

[mittel]

1 Der Erdradius beträgt rund 6370 km.
Berechne Volumen und Oberfläche der Erde.

2 *Lübecks* Wahrzeichen ist das *Holstentor*. Das Dach hat die von außen messbaren Größen: Grundkreisumfang u = 37,7 m und Mantellinie s = 21,8 m.
a) Wie hoch sind die Turmdächer?
b) Wie groß ist die Dachfläche der Türme?

3 a) Wie viel Prozent der Verpackung nehmen die Kugeln ein? Lassen sie sich Platz sparender anordnen?
b) Wie viel Verpackungsmaterial braucht man mindestens für die Schachtel und die Kugeln?

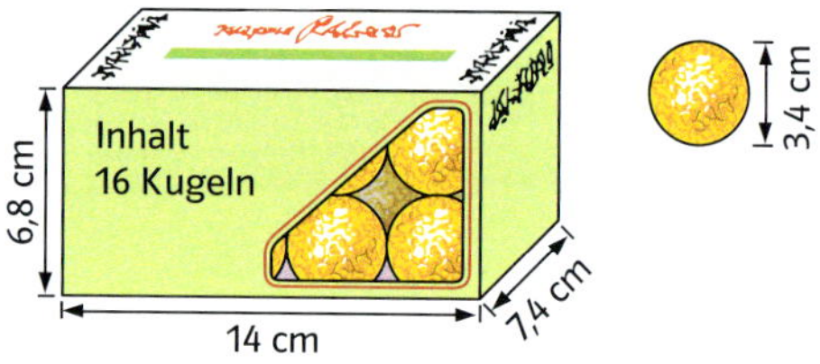

4 Verändere eine Länge so, dass ein Volumen von 1500 cm^3 (± 10 %) entsteht.

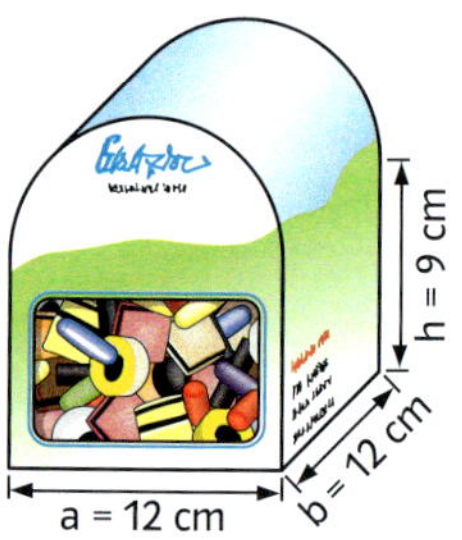

5 a) „Wenn ich die Höhe eines Kegels verdopple, wird auch sein Volumen doppelt so groß."
Stimmt die Aussage? Begründe.
b) Wie verändert sich das Volumen eines Würfels, wenn ich alle Seiten verdopple? Begründe deine Antwort.

 ▷ Lösungen zum Test, Seite 149

Die meisten Menschen verbringen viel Zeit damit, Geld zu verdienen und es auszugeben. Im Alltag beschäftigt man sich oft damit, wie viel man verdient und wie viel man ausgeben kann.

Jedes Jahr wird in Lohnverhandlungen neu um das Einkommen gekämpft. Jeden Monat informieren die Nachrichten über die aktuelle Inflationsrate. Das ist Grund genug die Löhne und Preise genauer zu beleuchten – Mathematik hilft dabei.

In diesem Kapitel lernt ihr,

- aus einem Bruttogehalt das Nettogehalt zu berechnen.
- die Prozentrechnung im Umgang mit den Begriffen Sozialversicherungsbeiträge und Inflation zu trainieren.
- für eine Jahresplanung die Kosten für Miete, Versicherungen, Urlaub, Kredit, Fahrschulkosten u.ä. zu berechnen.
- den Umgang mit Kreisdiagramm und Tabellenkalkulation in Anwendungsaufgaben zu vertiefen.

Ausbildung und Gehaltsunterschiede

Vanessa ist 22 Jahre alt. Sie hat nach der 10. Klasse eine Lehre in Essen als Bauzeichnerin gemacht und arbeitet seit 2 Jahren in ihrem Beruf. Jetzt möchte sie endlich ihren Führerschein machen.
Ihr jüngerer Bruder **Michael** fragt sie, warum sie den Führerschein nicht schon längst hat und wie viel sie in der ganzen Zeit verdient hat. Vanessa sucht im Internet die aktuellen Daten zur Ausbildungsvergütung heraus und zeigt ihm eine Tabelle.

Online Link
720380-0361

Gehalt in Euro pro Monat in einzelnen Ausbildungsbereichen

Ausbildungsberuf	Alte Bundesländer				Neue Bundesländer			
	1. AJ	2. AJ	3. AJ	gesamt	1. AJ	2. AJ	3. AJ	gesamt
Bauzeichner/-in	469	624	785	626	456	579	737	591
Beton- und Stahlbetonbauer/-in	571	887	1120	859	490	684	864	679
Drucker/-in (alle Fachrichtungen)	797	849	900	849	797	849	900	849
Hotelfachmann/-frau	494	555	631	560	364	447	521	444
Mediengestalter/-in Digital und Print	756	813	871	813	keine Angaben			
Restaurantfachmann/-frau	500	561	636	566	370	451	525	448

(Quelle: Bundesagentur für Arbeit 2008)

1 a) Was hat Vanessa laut der Tabelle im ersten, zweiten und dritten Ausbildungsjahr (AJ) als Bauzeichnerin verdient?

b) Erkläre in der Tabelle die Spalten mit der Überschrift „gesamt". Welche Überschrift wäre hier passender?
c) Wie groß ist der Gehaltsunterschied zwischen dem 1. und 3. Jahr in der Ausbildung zum Drucker? Um wie viel Prozent steigt das Gehalt im Vergleich zum ersten Jahr?
d) [Gruppenarbeit] Überlegt, warum die Unterschiede innerhalb der Ausbildungsberufe im dritten Lehrjahr so groß sind.
e) Beschreibe die Unterschiede zwischen den Verdienstangaben in den alten und den neuen Bundesländern.

2 [@ Gruppenarbeit] Recherchiert, was eine Bankkauffrau, eine Stuckateurin und ein Tierpfleger in der Ausbildung verdienen. Stellt euch gegenseitig Aufgaben zu den Gehaltsunterschieden.

3 Michael tippt einige Zahlen aus der Tabelle ab und stellt sie als Säulendiagramm dar.

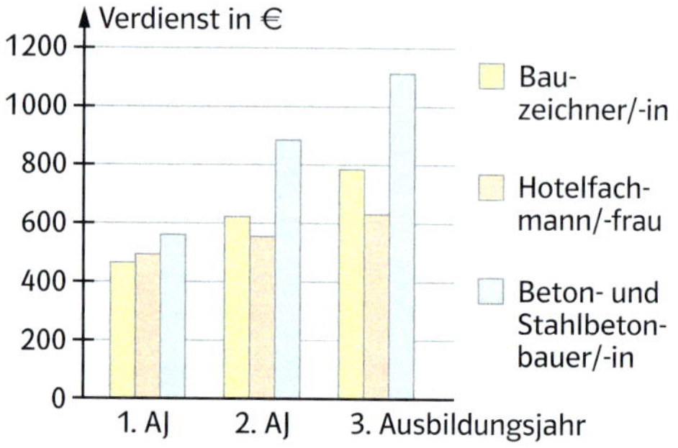

a) Beschreibe das Diagramm. Vergleiche die Entwicklung der Bezahlung im Verlauf von drei Ausbildungsjahren.
b) [Computer] Erstelle selbst das Diagramm am Computer.
Ergänze dabei als vierte Säule das Gehalt im Beruf Drucker/-in.

▻ Mathematische Werkstatt, Seite 128 und 130

Vanessa versucht ihren Bruder davon zu überzeugen, dass es Sinn macht, so bald wie möglich etwas zu sparen. **Michael** findet das langweilig. **Vanessa** reagiert gereizt: „Findest du auch langweilig, dass wir Frauen oft weniger verdienen als Männer?“ Davon ist **Michael** überrascht.

Online Link
720380-0371

Microsoft Excel - 720380-0371.xls

	A	B	C	D	E	F
1	**Beruf**	**Gehalt in € (Mittelwert)**	**Gehalt in € (tatsächlich)abhängig vom Geschlecht**		**Differenz in €**	**Differenz in %**
2	Altenpfleger	2533	1690	Frau	-843	-33,3
3	Bürokaufmann	3087	2554	Frau		
4	Fliesenleger	2557	2300	Mann		
5	Gärtner	2005	2765	Mann	760	37,9
6	Koch	2980	2550	Mann		
7	Krankenpfleger	2405	1900	Frau		
8	Maurer	2533	2832	Mann		
9	Müllwerker	1995	3250	Mann		

4 Bei der Berufsberatung und im Internet bekommst du Informationen zum späteren Gehalt im Beruf. Die Angaben können von dem tatsächlichen Gehalt sehr abweichen.
a) Berechne die fehlenden Werte in Spalte E und F.
b) Ist die größte negative Abweichung in Euro zugleich auch die größte Abweichung in Prozent?
c) [💻] Öffne das Online-Arbeitsblatt. Schreibe in die Zellen der Spalte E und F die notwendigen Formeln. Vergleiche die Ergebnisse mit deinen Berechnungen in Teilaufgabe a).

5 Um einen Führerschein zu machen muss Vanessa ca. 2000 € sparen.
a) Es wird monatlich 2 % vom Gehalt gespart. Wie lange braucht man als Gärtner, Koch und Müllwerker mit einem Durchschnittsgehalt (siehe Tabelle oben) um auf den Betrag zu kommen?
b) Wie viel muss pro Monat gespart werden, um innerhalb von drei Jahren auf 2000 € zu kommen?

6 Für welches Fahrschulangebot soll Vanessa sich entscheiden, wenn sie mit ca. 25 normalen Fahrten und 12 Sonderfahrten rechnet?

Fahrschule Schnell
Grundgebühr 215,- €, Normale Fahrt 41,- €
Sonderfahrten 51,- €

Fahrschule Hurtig
Grundgebühr 199,- €
Standardfahrt 47,- € Sonderfahrten 50,- €

Zusätzliche Kosten: Straßenverkehrsamt, Bücher, Praktische Prüfung und Erste Hilfe Kurs ca. 280,- €

7 Folgende Untersuchungsergebnisse zeigen die Unterschiede bei der Bezahlung von Mann und Frau.

Bezogen auf ein Männergehalt verdienen Frauen

I) … unter 24 Jahren im Schnitt 4 % weniger.
II) … zwischen 25 und 29 Jahren 10 % weniger.
III) … in den alten Bundesländern 25 % weniger.
IV) … in dem Gebiet der ehemaligen DDR dagegen „nur“ 6 % weniger.
V) … in den Berufsgruppen Gesundheitswesen, Sozialwesen, Handel 25 % und im Kredit- und Versicherungsgewerbe 29 % weniger.

a) Ein Mann verdient 2500 €. Wie viel bekommt dann eine Frau, die die gleiche Arbeit leistet?
Berechne jede Aussage einzeln.
b) In welchem Teil Deutschlands sind die Unterschiede am geringsten?
c) Passen die Aussagen zu der Tabelle aus Aufgabe 4?
d) Bedeuten die Aussagen, dass sie für alle Frauen gelten?
e) [👥] Stellt euch gegenseitige Aufgaben zum Text und löst diese.

▷ Mathematische Werkstatt, Seite 112/113, 128, 130

Brutto und Netto

Michael sieht **Vanessas** Kontoauszüge auf dem Schreibtisch liegen. Er weiß, dass er sich die Zahlen anschauen darf. Fragend schaut er **Vanessa** an: „Du hast mir erzählt, dass du über 2000 Euro verdienst. Hier steht aber, dass es nur 1300,– € sind."
Vanessa antwortet: „Das erste ist das Bruttogehalt! Netto ist das viel weniger."
Mithilfe ihrer Gehaltsabrechnung zeigt sie ihm, woher der Unterschied kommt.

Tipp

Werft zur Verbesserung der Gruppenarbeit einen Blick in die Werkstatt, S. 133 und nutzt zum Beispiel die Methode „Platzdeckchen".

Vermögenswirksame Leistungen des Arbeitgebers				
Bemessungsgrundlage	Bruttoverdienst	2030 00		
	Lohnsteuer-Freibetrag	–		
Abzüge				
Lohnsteuer Kl ____ aus		2030 00	–	263 33
Solidaritätszuschlag			+	14 48
Kirchensteuer ev kath			+	23 70
Sozialversicherungsbeiträge	Krankenversicherung		+	160 37
	Rentenversicherung		+	201 99
	Arbeitslosenversicherung		+	28 42
	Pflegeversicherung		+	19 79
Vorschuss/Abschlagszahlungen				
Vermögenswirksame Leistungen an				

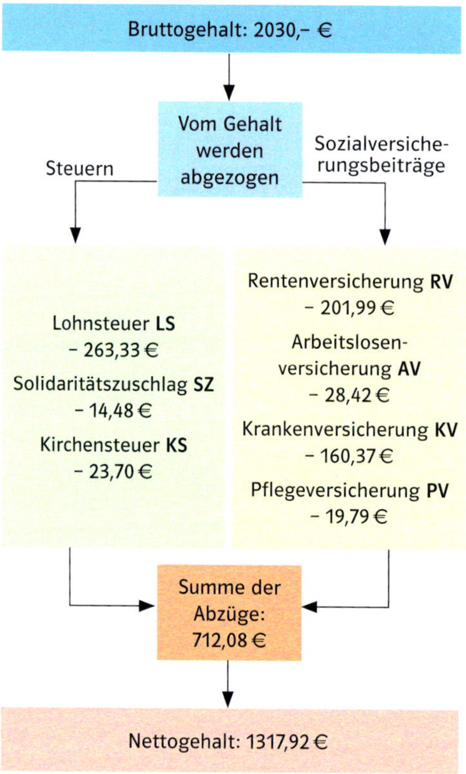

1 [ ] Erinnert euch an die letzte Gruppenarbeit, an der ihr beteiligt wart. Einigt euch, worauf ihr heute achten möchtet.

a) – Erklärt euch gegenseitig die Grafiken.
– Berechnet die Summe der Sozialversicherungsbeiträge. Wie viel Prozent machen sie bezogen auf den Bruttogehalt aus?
– Der Solidaritätszuschlag und die Kirchensteuer sind abhängig von der Höhe der Lohnsteuer.
Berechnet jeweils den Prozentanteil.
– Wie hoch ist Vanessas Nettogehalt?

b) [@] Recherchiert die einzelnen Begriffe aus der Gehaltsabrechnung. Erklärt jeden Begriff in einem Satz.

c) Wie hoch ist die Summe der Sozialversicherungsbeiträge, wenn sich Vanessas Bruttogehalt um 3,9 % erhöht hat? Berechnet die fehlenden Daten.

Bruttogehalt um 3,9 % erhöht		?
LS	?	284,83 €
SZ 5,5 % von der **LS**	?	15,67 €
KS 9 % von der **LS**	?	25,63 €
Summe Steuern	?	326,12 €
RV	9,95 %	?
AV	1,4 %	?
KV	?	166,62 €
PV	0,975 %	20,56 €
Summe der Sozialversicherungsbeiträge	20,225 %	?
Nettogehalt		?

d) [@] Überprüft, ob sich die Prozentangaben verändert haben.

e) Überprüft die Vollständigkeit eurer Arbeit und das Erreichen der Gruppenarbeitsvereinbarungen.

▻ Mathematische Werkstatt, Seite 112/113

Michael war beeindruckt, wie viele verschiedene Bereiche es gibt, für die so viel Geld gebraucht wird. „Die bekommen durch meine Arbeit noch viel mehr!“ grinst **Vanessa**. „Der sogenannte Arbeitgeberanteil kommt noch dazu.“ „Ach so, völlig klar ...“ **Michael** klingt genervt. „Nun, die Summe der Sozialversicherungsbeiträge, die mir abgezogen werden, legt der Arbeitgeber noch einmal oben drauf.“ „Das ist ja einfach.“ Jetzt lehnt sich **Michael** entspannt zurück.

Übrigens

– *Arbeitgeber* ist, wer eine *Arbeitsstelle gibt* und für geleistete Arbeit Gehalt auszahlt.
– *Arbeitnehmer* ist, wer angebotene *Arbeit nimmt*, diese Arbeit ausführt und dafür Gehalt bekommt.

Übrigens

Von den Sozialversicherungsbeiträgen bezahlt der Arbeitnehmer die Hälfte. Bei der Krankenversicherung kommen außerdem 0,9 % dazu. Der Abzug beträgt dann 7,9 %.

2 a) Lies den Infokasten unten: Wie viel Prozent vom Gehalt überweist der Arbeitgeber pro Monat an
- die Rentenkasse,
- die Bundesanstalt für Arbeit,
- die Krankenkasse,
- die Pflegekassen,
- insgesamt?

b) Die Hälfte der Beiträge wird vom Gehalt abgezogen. Wie viel ist das bei 1949 €?

Die Zusammensetzung der Sozialversicherungsbeiträge

Versicherung für	Anteil
Rente	19,9 %
Arbeitslosigkeit	2,8 %
Krankheit	14,0 (+ 0,9) %
Pflege	1,95 %

(Stand: Juli 2009)

Der **Arbeitnehmeranteil** wird vom Bruttogehalt abgezogen.
Der **Arbeitgeberanteil** wird zusätzlich vom Arbeitgeber bezahlt.

3 Wie wirkt es sich aus, wenn der Beitrag für die Krankenversicherung um 0,5 % erhöht wird? Rechne für ein Gehalt von 1940 € und 3021 €.

4 Formuliert mindestens eine Aufgabe zu Sozialversicherungsbeiträgen, die man mit einer Rechnung beantworten kann. Formuliert genau.
Notiert die Frage und den Lösungsweg.
Tauscht eure Frage mit einer anderen Gruppe und löst deren Aufgabe.

5 Wähle aus der folgenden Tabelle drei Berufe aus.

a) Berechne für die Berufe die Sozialversicherungsbeiträge des Arbeitnehmers.

Beruf	Gehalt	Lohnsteuer Klasse I
Bäckergeselle	2100 €	282,33 €
Bauingenieurin	4726 €	1176,25 €
Gärtner	2765 €	475,16 €
Pilotin	5100 €	1328,25 €
Redakteur	4444 €	1063,25 €
Unternehmensberater	8333 €	2683,41 €
Verbraucherberaterin	3200 €	613,58 €

b) [●] Berechne das Nettogehalt für die ausgewählten Berufe.

c) [●] Gib an, wie viel Prozent vom Bruttogehalt jeweils übrig bleiben.
Ist das immer gleich?

6 Im Kreisdiagramm sind die einzelnen Abgaben und das Nettogehalt eines ICE-Lokführers dargestellt, der ein Bruttogehalt von 2500 € bekommt.
Welches Kreisdiagramm passt, wenn die Steuerabgaben 452,49 € und die Sozialversicherungsbeiträge 505,63 € betragen?
Begründe deine Antwort.

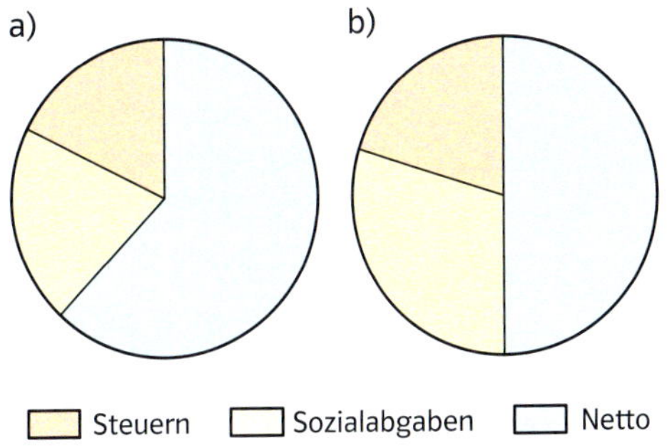

▻ Mathematische Werkstatt, Seite 112/113

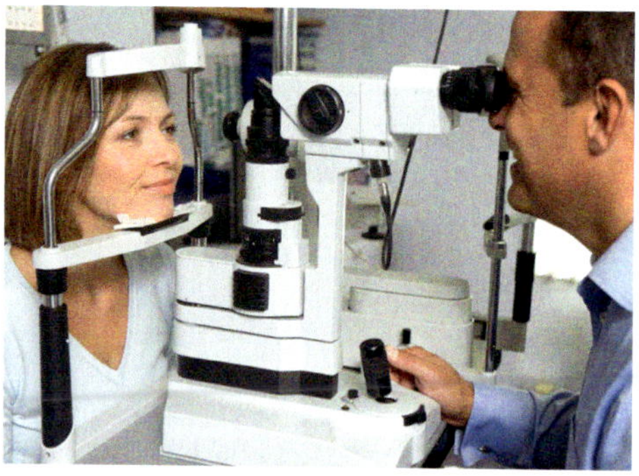

7 Ein Augenoptiker verdient 2697 € brutto. Die Abzüge setzen sich wie folgt zusammen.

Steuern	Versicherungen
421 € Lohnsteuer	268 € Rente
25 € Solidaritätszuschlag	38 € Arbeitslosigkeit
41 € Kirchensteuer	213 € Krankheit
	26 € Pflege

a) Gib das Nettogehalt an.
b) Wie viel Prozent beträgt die Lohnsteuer in Bezug auf das Bruttogehalt?
c) Zeichne ein Kreisdiagramm:
- Berechne alle Anteile wie in b).
- Wandle die Lösung in Grad um.
- Finde eine sinnvolle Verteilung der „Tortenstücke". Zeichne das Diagramm.
- Ergänze notwendige Beschriftungen.

d) [●] Die Angaben in der Liste oben wurden gerundet. Berechne die Zahlen auf zwei Kommastellen genau.

Tipp
Zum Kreisdiagramm:
100 % ≙ 360° (Vollwinkel)
1 % ≙ 3,6°

Online Link
zu Aufgabe 8
720380-0401

8 Die Lohnsteuer ist nicht bei jedem Einkommen gleich. Der Prozentsatz ändert sich.
Stimmt der folgende Satz: „Je mehr man verdient, um so mehr Prozent muss man Lohnsteuer bezahlen"?

Beruf	Brutto	Lohnsteuer	%
Elektriker	2633 €	431,83 €	?
Apothekenhelferin	1905 €	228,08 €	?
Hotelfachfrau	1519 €	131,00 €	?

9 a) Zeigen die drei Schaubilder den gleichen Sachverhalt? Begründe deine Antwort.
b) [💻] Gib die Daten aus der ersten Abbildung in ein Programm für Tabellenkalkulation ein. Erzeuge selbst ein passendes Diagramm.

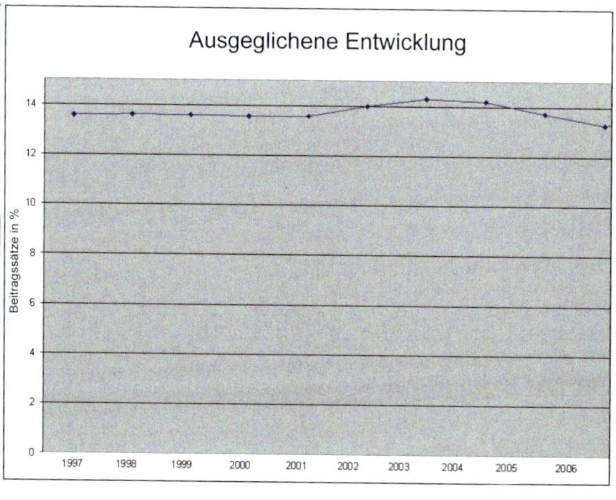

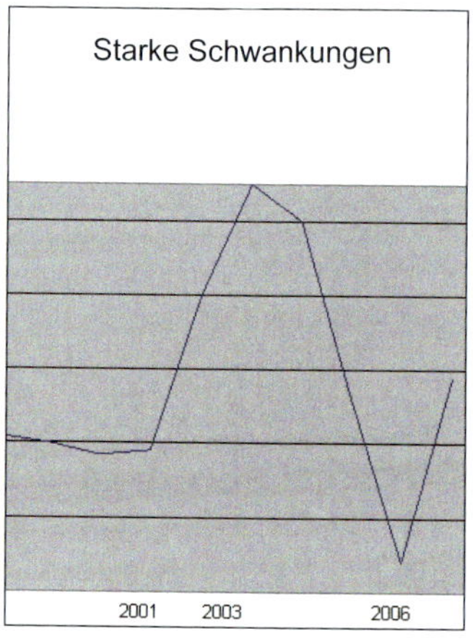

▷ Mathematische Werkstatt, Seite 112/113 und 128/130

Ausgaben

Auf dem Weg zu seinem Freund Vladimir überlegt **Michael**, wie viel man mindestens verdienen muss, um eine 50 m^2 große Wohnung bezahlen zu können. Als er **Vanessa** nach Mietkosten gefragt hat, da hatte sie nur gelacht: „Das sind nicht die einzigen Kosten, die du haben wirst. Lass dir dafür noch etwas Zeit!"
Aber es interessierte ihn doch. Also informierte er sich.

Mietpreise pro Quadratmeter			
Stadt	Kleinster Wert	Höchster Wert	Differenz
Aurich	4,48 €	5,46 €	0,98 €
Bremerhaven	3,65 €	6,75 €	
Essen		6,80 €	1,55 €
Freiburg	6,14 €	7,77 €	1,63 €
Hamburg	5,54 €	7,65 €	
Kiel	4,59 €	6,97 €	2,38 €
Köln	6,35 €		2,50 €
München	8,98 €	9,88 €	0,90 €

Übrigens

An den Vermieter gehen die *Mietnebenkosten*, bestehend u. a. aus: Müllgebühren, Straßenreinigung, Grundsteuern und Wasserentsorgung. Dazu kommen die Kosten für Strom, Heizung (Gas, Öl …) und Wasser.

1 Je nach Wohnort sind die Mietpreise für Wohnungen unterschiedlich hoch.
a) Berechne die fehlenden Werte für die Städte *Bremerhaven* und *Köln*.
b) Berechne den billigsten und teuersten Mietpreis für eine 50 m^2 große Wohnung.

2 Die Nebenkosten einer Wohnung können zusätzlich 40 % bis 60 % betragen. Ermittle die günstigste und die teuerste Variante für die „Miete plus Nebenkosten" innerhalb einer ausgewählten Stadt in der Tabelle für a) 30 m^2, b) 50 m^2.

3 Das Kreisdiagramm zeigt, wie viel von 1000 € für die angegebenen Bereiche im Durchschnitt ausgegeben wird.
a) Wie viel von 1000 € wurde für Nachrichtenübermittlung ausgegeben?
b) Der Prozentsatz für Verkehr beträgt $\frac{138{,}65}{1000} = 0{,}13865 = 13{,}9\,\%$. Gib für alle Kreisteile den Prozentsatz an. Wie viel Euro entfallen bei einem Nettogehalt von 2900 € auf den Bereich Verkehr?

4 Überlege, was hat eine größere Auswirkung: Eine Verteuerung der Kosten um 6,2 % im Bereich Miete/Energie, um 15,6 % im Bereich Kleidung oder um 16,2 % im Bereich Nahrungsmittel?

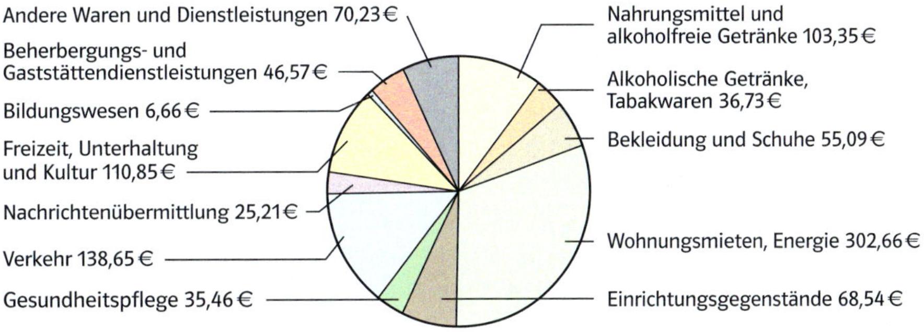

▻ Mathematische Werkstatt, Seite 112/113

Vor dem Schaufenster der Verbraucherberatung bleibt **Michael** stehen ***„Strom und Gas – alles aus einer Hand?“*** liest er. Er erschrickt, als ihm seine Klassenkameradin Gülsoy auf die Schulter tippt: „Na, was hast du denn vor?“ „Ich frag‘ mich nur, was ‘ne eigene Wohnung mit allem drum dran kostet.“ Gülsoy grinst: „Also mir kommt später nur Ökostrom ins Haus. Wenn du dich gut informierst, kannst du viel sparen.“

+++++++++++++++++++ STROM PLUS +++++++++++++++++++++

Strom-Paket 1	Einheit	
Arbeitspreis	ct/kWh	**18,62**
Grundpreis	€/Monat	**6,31**

Strom-Paket 2	Einheit	
Arbeitspreis	ct/kWh	**18,04**
Grundpreis	€/Monat	**8,33**

Grüne Welle

Mit ausschließlich „grünem Strom“		
Arbeitspreis	ct/kWh	**19,99**
Grundpreis	€/Monat	**7,95**

Mit 84% Kohle und Atomstrom		
Arbeitspreis	ct/kWh	**21,5**
Grundpreis	€/Monat	**0**

Gasanbieter ihrer Region	ct/m³	Grundgebühr in €/Monat
Extra-Billig: Wir schützen ihren Geldbeutel	8,03	11,07
Extra-Billig: Mit Kohlendioxydausgleich	12,79	2,00
Warm und Gut und Klimaneutral	7,65	9,90
Wechselverführer: Hauptsache der Preis stimmt	7,01	11,07
Stadtwerke: Das Geld bleibt in der Stadt	7,69	13,03

5 [👥 ✎] In einem Ein-Personen-Haushalt werden jährlich ca. 1750 kWh Strom für den Haushalt und ca. 5000 m³ Gas zum Heizen benötigt.

a) Entscheidet, welche Tarife und Anbieter ihr für Gas und Strom wählen würdet. Stellt dann eure Berechnungen mithilfe geeigneter Darstellungen in einem Kurzreferat verständlich dar.

b) [● @] Recherchiert die aktuellen Preise für euren Wohnort. Um wie viel Prozent unterscheidet sich der recherchierte, günstigste Preis für Strom und Gas von dem, für den ihr euch oben entschieden habt?

6 [●] Was ist teurer?

a) Wenn sich im „Strom-Paket 1“ bei 2000 kWh jährlichem Verbrauch der Grundpreis um 4 % oder der Arbeitspreis um 4 % erhöht?

b) Wenn sich bei 5000 m³ Gasverbrauch im Jahr entweder der Preis pro kWh oder der Grundpreis um 2,5 % erhöht? Berechne für die beiden „Extra-Billig“ Angebote.

7 Das Umweltbundesamt meldet:

„Allein die Leerlaufverluste bei Elektrogeräten – wie Fernsehern und Computern – betragen derzeit in den Privathaushalten 17 Milliarden kWh pro Jahr.“

Es gibt 40 Millionen Privathaushalte. Berechne für einen Haushalt die durchschnittlichen Kosten für „ausgeschaltete“ Stand-By-Geräte.

▻ Mathematische Werkstatt, Seite 117/118

Inflation

„Ich finde es nicht lustig!“ **Vladimir** guckt **Michael** wütend in die Augen. Dieser blickt amüsiert zurück: „Mensch guck dich doch an! Ich bin jetzt endlich hier, gleich kommen noch die anderen vorbei und du redest nicht darüber, welchen Film wir nachher gucken, sondern du redest über IN—FLA—TION – wegen der Kinokarten-Preiserhöhung um 10 Cent!? Das ist doch zum Totlachen.“ **Vladimir** startet einen weiteren Versuch: „Es regt mich auf, dass sich keiner aufregt …! Fünf Jahre Desinteresse können dich 1000 € kosten …“

Online Link
720380-0431

Übrigens

Inflation bedeutet *Preissteigerung* und/oder *Geldentwertung*: Für den gleichen Geldbetrag kann man sich weniger kaufen. Man spricht hier auch vom *„Kaufkraftverlust“*.

Microsoft Excel

Datei Bearbeiten Ansicht Einfügen Format Extras Daten Fenster ?

Kopie von 720370-0151.671966.xls

	A	B	C	D	E	F	G	H	I	J
1	**Mögliche Auswirkungen der Inflation**	**1.Jahr**		**2.Jahr**		**3.Jahr**		**4.Jahr**		**5.Jahr**
2	Annahme: Das monatliche Gehalt steigt	+	0%	+	3%	+	2%	+	3%	
3	Gehalt in Euro pro Monat	2000,00		2000,00		2060,00		2101,20		
4	Jahresverdienst in Euro	24000,00		24000,00		24720,00		25214,40		
5										
6	Kosten steigen um	+	2%	+	2%	+	2%	+	2%	
7	Kosten in Euro pro Monat	2000,00		2040,00		2080,80				2164,86
8	Jahreskosten in Euro	24000,00		24480,00				25468,99		25978,37
9										
10	Fehlbetrag pro Jahr	0,00		-480,00		-249,60		-254,59		-7,54
11										
12	Fehlbetrag in 5 Jahren	-991,73								

1 „Ich bekomme seit langem das gleiche Gehalt, aber ich kann mir von Jahr zu Jahr immer weniger leisten,“ sagt ein Tierpfleger.
Kann das stimmen?

2 Ein Tierpfleger verdiente monatlich in den letzten zwei Jahren 1328 €.
a) Für dieses Jahr gab es eine Gehaltserhöhung von 3 %. Wie hoch ist das Gehalt jetzt?
b) Im nächsten Jahr wird das Gehalt um 2 % erhöht. Wie hoch ist es dann?

3 [👥] Seht euch die Tabelle an. Für fünf Jahre wird eine mögliche Entwicklung gezeigt, wenn das Gehalt 2000 € beträgt.
Wie kommen die Zahlen zustande? Schreibt den Rechenweg auf für folgende Tabellenzellen.
a) B4
b) D7 und D8
c) J3 und J7
d) D10
e) J8
f) B12

4 Der Preis von 761 € für einen Flachbildschirm wird um 5 % erhöht. Wie viel Geld muss jetzt zusätzlich bezahlt werden?

5 [●] „Unverschämtheit!“ ärgert sich ein Zeitungsleser, „die Gewerkschaft fordert 6 % mehr Lohn!“
Rechne nach und beurteile diese Aussage für das Beispiel in der Tabelle im 5. Jahr.

6 [💻] Öffne das elektronische Arbeitsblatt. Klicke die einzelnen Zellen an, um die Formeln zu sehen.
a) Berechne den Kaufkraftverlust in B12 für ein Gehalt von 1500 € und für 3000 € durch Änderung des Wertes der Zelle B3.
b) Ändere so lange I2 bis B12 positiv ist.

7 [●● 💻] Fertige eine Datei an, in der der Wert der Zelle B3 und die Zeilen 2 und 6 beliebig geändert werden können und alle weiteren Euro-Angaben mit Formeln automatisch berechnet werden.

▷ Mathematische Werkstatt, Seite 112/113, 128 und 130

Auskommen mit dem Einkommen

„**Michael**, nerv' mich jetzt nicht!" **Vanessas** Stimme am Telefon klingt aufgeregt. „Du kannst mir gern ein anderes mal von deinen Problemen erzählen, aber ich versuche jetzt das Problem von meinem Freund **Lars** zu lösen. Ihm wurde der Strom abgestellt, weil ständig nicht genug auf seinem Konto ist und die Bank ihm das Konto sperren möchte. **Lars** braucht jetzt jede Hilfe die er kriegen kann und ich brauche jetzt Zeit zum Rechnen."

Tipp

Diese Aufgabe eignet sich gut als Langzeitaufgabe oder für einen Projekttag.

Bruttogehalt:	1797,25 €	
Abzüge: Lohnsteuer		202,08 €
Weitere Abzüge: SZ, KS, RV, AV, KV, PV?		
Nettogehalt:		

private Ausgaben:

Neuer Laptop (April)	*699,-*
1 Spiel pro Monat	*30,-*
Urlaub (September)	*1299,-*

Kreditrate Auto	163 € mtl.
Versicherung	35 € mtl.
Sparen für Reparaturen	20 € mtl.
Benzinkosten für 26 Liter Benzin pro Woche, bei ca. 1,45 €/Liter	

Kontoauszug

	Monatliche Abzüge	Kontostand
Bankkredit (TV)	21,00 €	−2031,94 €
Fitnessstudio	19,80 €	

Monatliche Ausgaben (Wohnung 45 m²):	
Wasser (bei 125 Liter/Tag)	13,60 €
Strom (bei 2000 kWh/Jahr)	32,60 €
Heizung (Gas ca. 7000 kW/h)	46,00 €
Telefon/Internet	28,00 €
Mobiltelefon	15,00 €
Fernsehen und Radio (GEZ)	17,03 €
Kabelanschluss	17,90 €
Kaltmiete (pro m²)	5,50 €
Mietnebenkosten	48,93 €

1 [Gruppenarbeit] Zur Finanzsituation von Lars (22 Jahre):

- Verschafft euch einen Überblick: Welche Aufgaben sind zu erledigen?
- Strukturiert eure Arbeitsweise im Team.
- Wechselt zwischen Rechen-Phasen und dem Vergleich von Zwischenlösungen.
- Wählt euch geeignete Werkzeuge zur Berechnung und Darstellung aus.
- Benutzt das Buch als Nachschlagewerk.

a) Wie hoch ist das Netto-Jahreseinkommen von Lars?
b) Wie hoch sind die Jahresausgaben?
c) Wie viel bleibt pro Woche und pro Tag übrig für Lebensmittel, Kleidung, Geschenke, Freizeit (Theater, Disko, Kino), Einrichtungsgegenstände, Anschaffungen (DVDs, CDs, Bücher ...)?
d) Einigt euch auf zwei Vorschläge zur Verbesserung der Finanzsituation. Überlegt dafür auch, ob alle Zahlen glaubwürdig und realistisch sind.
e) Nehmt an, die Inflation für das kommende Jahr beträgt 1,6 %. Um diesen Prozentsatz werden sich die Ausgaben erhöhen. Lars' Gehalt bleibt dagegen unverändert. Wie viel Geld steht ihm dann noch pro Tag zur Verfügung?

Ganz groß – ganz klein

Die Ausmaße des Universums, die Datenmengen im PC, die Mikrowelten der Kleinstlebewesen und die Bausteine der Materie führen uns zu riesig großen und zu winzig kleinen Zahlen.
Das Licht legt in einem Jahr eine Strecke von 9 460 000 000 000 km zurück.
Es gibt Fixsterne, die Millionen von Lichtjahren entfernt sind!

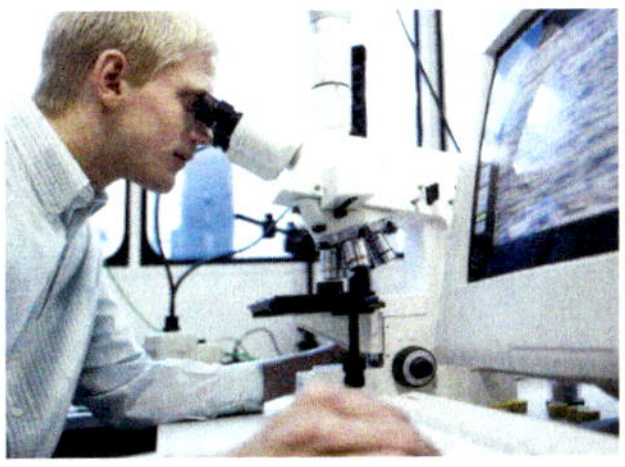

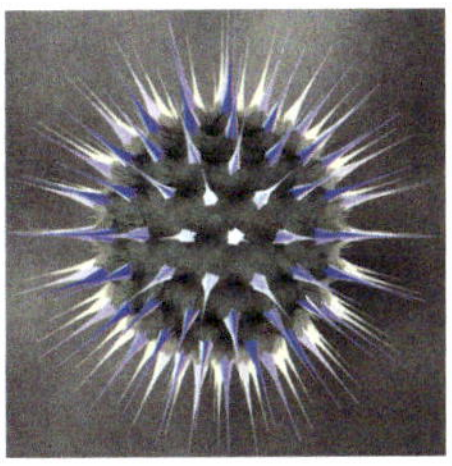

Ein Grippevirus ist etwa 0,001 mm groß, und das ist noch 10 000-mal größer als ein Wasserstoffatom.

In diesem Kapitel lernt ihr,

- wie man sich von großen und kleinen Zahlen eine Vorstellung bilden kann.
- welche Strategien es beim Schätzen von Größen gibt.
- wie man Zahlen als Potenzen schreibt.
- wie man ganz große Zahlen und ganz kleine Zahlen in Zehnerpotenzen verkürzt schreiben kann.
- wie man mit Potenzen mit negativer Hochzahl umgeht.

Check-in

Bei der Bechäftigung mit dem Thema „Ganz groß – ganz klein" solltest du über die Inhalte auf dieser Doppelseite Bescheid wissen.
Mit den Aufgaben auf der nächsten Seite kannst du deine Einschätzung überprüfen. Wenn du nach deiner Überprüfung noch Kreuzchen in der dritten oder vierten Spalte hast, arbeite deine Lücken auf.

In der mathematischen Werkstatt am Ende des Buches findest Du Zusammenfassungen und Übungsaufgaben zu den Themen. Du kannst aber auch Mathe-Bücher aus den vorherigen Schuljahren benutzen oder jemanden fragen, der sich damit auskennt.

Checkliste	Kann ich schon	Da bin ich fast sicher	Ich bin noch unsicher	Kann ich noch nicht
1 Ich kann die Größenordnung von Ergebnissen beim Rechnen mit Dezimalzahlen sicher einschätzen.	☐	☐	☐	☐
2 Ich kann alle Grundrechenarten mit dem Taschenrechner durchführen und durch Überschlagsrechnung kontrollieren.	☐	☐	☐	☐
3 Ich kann den Stellenwert von Zahlen in unserem Dezimalzahlsystem bestimmen.	☐	☐	☐	☐
4 Ich weiß, was die Potenzschreibweise von Zahlen bedeutet.	☐	☐	☐	☐
5 Ich kenne die Bedeutung der Vorsilben „kilo", „centi", „milli", „dezi" von ganz großen und ganz kleinen Maßeinheiten.	☐	☐	☐	☐

In der Mathematischen Werkstatt findet Ihr:

- Brüche, Potenzen, Wurzeln, Seite 108 – 111
- Formelsammlung – Einheiten von Größen, Seite 171

Aufgaben zur Checkliste

1 Mit Dezimalzahlen rechnen

Setze das Komma im Ergebnis an die richtige Stelle. Ergänze Nullen, wenn nötig.

a) 4,09 · 258 = 1 0 5 5 2 2
b) 0,043 · 0,59 = 2 5 3 7
c) 252,5 · 0,602 = 1 5 2 0 0 5
d) 48,96 : 0,408 = 1 2
e) 1137,78 : 108,36 = 1 0 5
f) 1100 : 0,01 = 1 1 0 0 0 0

2 Taschenrechner kontrollieren

Gib eine Überschlagsrechnung an, mit der du deine Taschenrechner-Ergebnisse überprüfen kannst.

a) 55 555 + 44 444
2341 + 3241
0,039 + 0,021

b) 78 787 − 32 313
4545 − 499
0,0084 − 0,0053

c) 34,050 · 1005
4,04 · 2220
0,95 · 109

d) 48,25 : 113
2345 : 0,48
0,4825 : 92

3 Stellenwerte in Dezimalzahlen

a) Ordne der Größe nach.
1) 7,3; 7,03; 7,13; 7,31; 7,33
2) 98,7; 9,87; 987; 0,987; 9,807
3) 0,05; 0,0501; 0,051; 0,055; 0,0505

b) Welchen Stellenwert hat
1) die 2 in 4 326 005,
2) die 7 in 107 366 123,
3) die 9 in 89 449 543?

c) Jan sagt: „0,5 ist kleiner als 0,15, weil 5 kleiner als 15 ist." Wieso hat Jan falsch überlegt?

d) Lena ist beim 100-m-Lauf 14,32 Sekunden gelaufen. Anna war 22 Hundertstel schneller; Nora war 4 Zehntel langsamer. Welche Zeiten sind Anna und Nora gelaufen?

4 Potenzschreibweise von Zahlen

a) Schreibe die Potenz als Produkt und berechne den Wert.
1) 2^3; 3^2; 3^3; 2^2
2) 2^4; 4^4; 5^4; 6^4
3) 10^2; 10^3; 10^4; 10^5
4) 1^2; 1^4; 1^6

b) Was bedeutet in den Maßeinheiten cm^2 und cm^3 jeweils die Hochzahl?

c) Zerlege die folgenden Zahlen in gleiche Faktoren und schreibe sie dann als Potenz.

16 | 25 | 1 000 000 | 27 | 0,001 | 0,04

5 Maßeinheiten

a) Schätze die Größen durch Vergleich.
1) Das Gewicht einer Lokomotive entspricht dem Gewicht von ☐ PKWs.
2) Ein Flugzeug startet bei einer Geschwindigkeit, die ☐-mal höher ist als ein PKW in der Stadt.
3) Ein ICE-Zug ist ☐-mal länger als ein Fahrrad.

b) Setze die passende Vorsilbe in die Lücke ein.
1) 5 m : 1000 = 5 ☐ meter
2) 3000 Watt · 1000 = 3000 ☐ watt
3) 7,5 t : 1 000 000 000 = 7,5 ☐ gramm
4) 2 mm · 1 000 000 = 2 ☐ meter

c) Nenne jeweils mindestens zwei Beispiele zu Größenangaben mir der Vorsilbe
1) Kilo…
2) Dezi…
3) Centi…
4) Milli…

▻ Lösungen, Seite 146

Wie groß ist das Weltall?

Mit seinen acht Planeten, 62 Monden und Scharen von Kleinplaneten ist unser Sonnensystem, so riesig es uns scheinen mag, nur ein winziger Teil der Milchstraße und diese ist wiederum nur eine vergleichsweise winzige Ansammlung von Sternen im Weltall.
Eine „Eselsbrücke" für die Reihenfolge der Planeten:

1 Merkur 2 Venus 3 Erde 4 Mars 5 Jupiter 6 Saturn 7 Uranus 8 Neptun

Mein **V**ater **E**rklärt **M**ir **J**eden **S**onnen**U**mlauf **N**eu

1 Die mittlere Entfernung zwischen der Erde und der Sonne beträgt etwa 149 600 000 km. In der Astronomie dient sie als Maßeinheit für Entfernungen innerhalb unseres Sonnensystems. Diese Entfernung wird als **Astronomische Einheit**, abgekürzt **AE** bezeichnet.
Es gilt: 1 AE = 149 600 000 km.
a) Gib die Entfernung der Planeten von der Sonne in der Einheit AE an.
Überschlage.

	Durchmesser	Mittlere Entfernung von der Sonne
Sonne	1 392 000 km	–
Merkur	4 877 km	58 Mio. km
Venus	12 103 km	108 Mio. km
Erde	12 756 km	149 Mio. km
Mars	6 786 km	228 Mio. km
Jupiter	142 984 km	778 Mio. km
Saturn	120 536 km	1 426 Mio. km
Uranus	51 118 km	2 868 Mio. km
Neptun	49 528 km	4 494 Mio. km

Welchen Vorteil hat diese Art der Angabe?
b) Berechne die größtmögliche und die kleinstmögliche Entfernung zwischen Erde und Mars.
Skizziere dir dazu die Lage der Planeten zueinander.
c) [ ] Stellt euch gegenseitig ähnliche Aufgaben und löst diese.

2 [ ] a) Prüft nach, ob in der Abbildung oben die Planeten alle im selben Maßstab dargestellt sind.
Zeichnet sie selbst in einem Maßstab, mit dem das Bild des größten Planeten gerade noch auf eine Heftseite passt.
b) Entwerft ein maßstäbliches Bild der Planetenbahnen. Sie sind zwar nicht exakt kreisförmig, aber für die Zeichnung könnt ihr annehmen, sie seien Kreise.
c) Wie steht es mit einer Zeichnung, in der man die Größe der Planeten und ihrer Bahnen im selben Maßstab sehen kann?

3 [@] Stellt in Gruppen ein Planetenmodell auf eurem Schulhof nach oder baut verkleinerte Modelle.
Sucht im Internet unter dem Stichwort „Planetenwanderweg".
Präsentiert eure Ergebnisse in einer Galerietour oder Ausstellung.

Draufsicht: Milchstraße

Unser Sonnensystem ist Teil einer Ansammlung von etwa 200 Milliarden Sternen, die eine Scheibe mit spiraligen Armen bilden. Sie heißt **Milchstraße**, griechisch *Galaxis*. In klaren Nächten kann man sie als weißes Band sehen. Ihr Durchmesser beträgt etwa 100 000 Lj und ihre Dicke in der Mitte etwa 16 000 Lj. Unsere Galaxie ist nur eines von 100 Milliarden spiraliger Systeme, die bis zu tausend Milliarden Sterne enthalten.

Tipp
1 Lichtjahr (Lj) = 9 460 000 000 000 km

4 Das Licht legt in 1 Sekunde etwa 300 000 km zurück. Wie lange braucht es von der Sonne zum Neptun, dem äußersten Planeten unseres Sonnensystems? Wie lange braucht es, um die Strecke 1 AE zurückzulegen?

5 Die Astronomische Einheit ist viel zu klein um die Entfernungen zu den Sternen anzugeben, die sich außerhalb unseres Sonnensystems befinden. Man rechnet dann in Lichtjahren. Ein Lichtjahr (abgekürzt 1 Lj) ist keine Zeitspanne, sondern die Entfernung, die das Licht in einem Jahr zurücklegt.
Rechnet um: a) 1 Lj in AE b) 1 Lj in km

6 Der unserer Sonne nächstgelegene Stern, die *Proxima Centauri*, ist 4,3 Lichtjahre entfernt. Nur zur Übung: Rechne die Entfernung in Kilometer um, schreibe die Zahl auf und lies sie.

7 Unser Sonnensystem umkreist das Zentrum der Milchstraße mit einer Geschwindigkeit von $250\,\frac{km}{s}$.
Ein Umlauf dauert 240 Millionen Jahre.
Wie viel Kilometer hat eine Runde? Ist die Angabe in Lichtjahren leichter zu schreiben und auszusprechen?

8 [ ] Sicher hast du bemerkt, dass der Taschenrechner so große Zahlen anders anzeigt, als du es gewohnt bist.

Als Zehnerpotenz geschrieben: $9{,}46 \cdot 10^{12}$
a) Schreibe diese Zahl in normaler Langform. Nach der 9 folgen noch 12 Stellen.
b) Schreibe ebenfalls in Langform:
$3{,}24 \cdot 10^9$; $2{,}03 \cdot 10^7$; $8{,}5 \cdot 10^{11}$

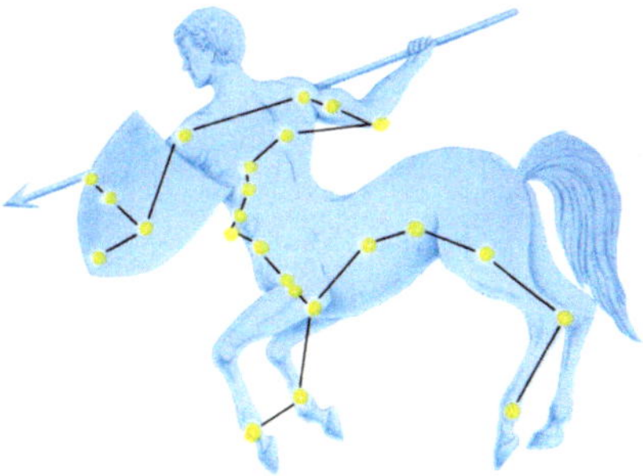

Potenzieren

Die meisten Gesteine bestehen aus Kristallen mit regelmäßigen geometrischen Formen. Über lange Zeiträume wachsen die Kristalle dreidimensional zu massiven Gesteinen heran.
Angenommen, ein würfelförmiges Kristall von 1 mm^3 Größe wächst innerhalb eines Jahrhunderts in alle drei Richtungen um 4 mm. Wie viel mm^3 Raum nimmt es nach 1; 2; 5 oder 10 Jahrhunderten ein? Beschreibe, wie du rechnest.

Übrigens
Statt Grundzahl und Hochzahl kann man auch **Basis** und **Exponent** sagen.

Produkte aus gleichen Faktoren schreibt man kürzer als **Potenzen.**

$3 \cdot 3 \cdot 3 \cdot 3 \cdot 3 = 3^5 = 243$ allgemein: $\underbrace{a \cdot a \cdot a \ldots a \cdot a}_{n \text{ Faktoren}} = a^n$ lies: a hoch n

3 ist die **Grundzahl**, 5 die **Hochzahl**.
243 ist der **Wert der Potenz**.

a ist die **Grundzahl**, n die **Hochzahl**.
Es gilt $a^1 = a$.

Beispiele
a) $3^6 = 3 \cdot 3 \cdot 3 \cdot 3 \cdot 3 \cdot 3 = 729$
$30^6 = 30 \cdot 30 \cdot 30 \cdot 30 \cdot 30 \cdot 30 = 729\,000\,000$

b) $6^3 = 6 \cdot 6 \cdot 6 = 216$
$0{,}6^3 = 0{,}6 \cdot 0{,}6 \cdot 0{,}6 = 0{,}216$

Tipp
Zum Berechnen von Potenzen hat der Taschenrechner eine extra Taste, z. B. [y^x] oder [$x^{\square}$].
30^6 wird z. B. mit der Tastenfolge [3] [0] [y^x] [6] berechnet.

1 Rechne im Kopf.
a) 3^2 b) 2^4 c) 1^5 d) 5^2 e) 4^3
f) 2^1 g) 2^5 h) 5^3 i) 2^6 j) 10^4

2 Schreibe als Produkt aus gleichen Faktoren.
a) 7^4 b) 25^3 c) 10^7 d) 0^8

3 Schreibe als Potenz und berechne.
a) $5 \cdot 5 \cdot 5 \cdot 5$ b) $3 \cdot 3 \cdot 3 \cdot 3 \cdot 3$
c) $1 \cdot 1 \cdot 1 \cdot 1 \cdot 1$ d) $15 \cdot 15 \cdot 15$
e) $20 \cdot 20 \cdot 20 \cdot 20$ f) $0{,}2 \cdot 0{,}2 \cdot 0{,}2$

4 [Taschenrechner] Berechne mit dem Taschenrechner.
a) 8^5 b) 13^3 c) 11^{11} d) $9{,}4^4$
e) $22{,}5^5$ f) $12{,}8^1$ g) $2{,}02^6$ h) $1{,}11^{11}$

5 Was ist mehr?
a) 3^4 oder 4^3 b) 11^2 oder 2^{11}
c) 5^3 oder 3^5 d) 10^4 oder 4^{10}

6 [●] Wo steckt der Fehler?
a) $3^{11} = 33$ b) $2^5 = 7$ c) $4^3 = 16$
d) Kannst du anderen Schülern einen Tipp geben, wie man solche Fehler vermeidet? Schreibe es auf.

7 [●] Schreibe die Zahlen auf verschiedene Art als Potenz.
$81 = 9^2 = 3^4$
a) 16 b) 64 c) 125 d) 10 000
e) 256 f) 625 g) 729 h) 1 000 000
Wie kannst du deine Lösungen überprüfen?

8 [Taschenrechner] Berechne mit dem Taschenrechner. Nutze möglichst wenige Tasten.
a) $5^4 \cdot 5^3$ b) $6^3 \cdot 6^8$ c) $2^{10} \cdot 2^{10}$
d) $5^7 : 5^3$ e) $6^8 : 6^2$ f) $2^{15} : 2^8$

9 [Taschenrechner] Dein Taschenrechner kann $4^{300} : 4^{297}$ nicht berechnen. Kannst du ihm helfen?
Überfordere deinen Taschenrechner mit ähnlichen Aufgaben.

▷ Mathematische Werkstatt, Seite 109 und 111

Große Zahlen in Zehnerpotenzschreibweise

Die Erde ist nur ein kleiner Himmelskörper. Ihre Masse ist aber doch beachtlich, nämlich etwa 6 000 000 000 000 000 000 000 t. Um die Sonnenmasse als Zahl in Tonnen aufzuschreiben, brauchte man eine 2 mit 27 Nullen.
Finde heraus, wie viel mal die Sonne „schwerer" als die Erde ist.

Übrigens

Man nennt die wissenschaftliche Schreibweise oft auch **wissenschaftliche Notation**.

Große Zahlen werden oft übersichtlicher, wenn man sie als Produkt aus einer Dezimalzahl und einer Zehnerpotenz schreibt. Diese Art der Zahlendarstellung nennt man **Zehnerpotenzschreibweise**: **$72\,000\,000\,000 = 72 \cdot 10^9$**
Wenn die Dezimalzahl genau eine Ziffer (ungleich Null) vor dem Komma hat, spricht man von **wissenschaftlicher Schreibweise**: **$7{,}2 \cdot 10^{10}$**

Beispiele:

a) $4\,000\,000 = 400\,000 \cdot 10^1$
$= 40\,000 \cdot 10^2$
$= 4\,000 \cdot 10^3$
$= 400 \cdot 10^4$
$= 40 \cdot 10^5$
$= 4 \cdot 10^6$

b) $1\,234\,567{,}89 = 123\,456{,}789 \cdot 10^1$
$= 12\,345{,}6789 \cdot 10^2$
$= 1234{,}567\,89 \cdot 10^3$
$= 123{,}456\,789 \cdot 10^4$
$= 12{,}345\,678\,9 \cdot 10^5$
$= 1{,}234\,567\,89 \cdot 10^6$

Jeweils in der letzten Zeile steht die wissenschaftliche Schreibweise.
c) Manchmal können sehr große Zehnerpotenzen vermieden werden, indem man zu größeren Einheiten übergeht. Die Vorsilben geben die Zehnerpotenz an.
1 **Kilo**joule = 1 kJ = 10^3 J
1 **Mega**watt = 1 MW = 10^6 W
1 **Giga**hertz = 1 GHz = 10^9 Hz
1 **Tera**watt = 1 TW = 10^{12} W

Finde heraus, welche Bedeutung die Vorsilben haben und wie man sie verwendet.

Tipp

So gibt man die Zahl $2{,}4 \cdot 10^{12}$ in den Taschenrechner ein:
[2] [•] [4] [10^x] [1] [2]
Je nach Taschenrechner können die Tasten auch andere Symbole aufweisen. Sieh in der Bedienungsanleitung nach.

1 Schreibe die Zahl als Zehnerpotenz und in Worten.
a) 100
b) 10 000 000
c) 1 000 000 000
d) 1 000 000 000 000

2 Trage die Zahlen in eine Tabelle ein. Beschreibe die Veränderungen.

1 Million	$= 10^6$	= 1 000 000
1 Milliarde	$= 10^9$	= ?
1 Billion	$= 10^?$	= ?
1 Billiarde	$= 10^?$	= ?
1 Trillion	$= 10^?$	= ?

3 a) Wie viele Millionen (Billionen, Trillionen) sind
1) 480 000 000 000 000
2) 2 190 300 000 000 000 000?
b) Schreibe 100 000; 1 Million; 10 Millionen; 1 Milliarde; 1 Billion als Zehnerpotenz.

4 [Taschenrechner] Schreibe ohne Zehnerpotenz. Schreibe auf, welche Tasten du auf deinem Taschenrechner dafür benutzt.
a) $8 \cdot 10^4$
b) $23 \cdot 10^6$
c) $5{,}8 \cdot 10^7$
d) $2{,}53 \cdot 10^7$
e) $564\,605 \cdot 10^4$
f) $0{,}784 \cdot 10^8$

▷ Mathematische Werkstatt, Seite 109 und 111

5 Schreibe in wissenschaftlicher Schreibweise.

a) $355 \cdot 10^7$ b) $99{,}88 \cdot 10^8$
c) $4589 \cdot 10^{10}$ d) $744{,}02 \cdot 10^6$

6 [▦] Berechne und schreibe in wissenschaftlicher Schreibweise.

a) 8^{13} b) 11^{12} c) 1001^4
d) $222{,}22\overline{2}^5$ e) $98\,765 \cdot 1\,234\,567$

7 Wandle zuerst in die Grundeinheit um. Schreibe das Ergebnis dann in wissenschaftlicher Schreibweise.

a) 500 kJ b) 2500 MW c) 15 TW
d) 120 TJ e) 20 GHz f) 430 kg

Kürzel für 10er-Potenzen

Hekto	(h)	$= 10^2$
Kilo	(k)	$= 10^3$
Mega	(M)	$= 10^6$
Giga	(G)	$= 10^9$
Tera	(T)	$= 10^{12}$
Peta	(P)	$= 10^{15}$

8 [▦] a) Berechne die Quadrierkette. Wie viele Schritte hält dein Taschenrechner mit der 2 durch? Nach wie vielen Schritten überschreitet die 2er-Kette 1 Million, (1 Milliarde, 1 Billion)?

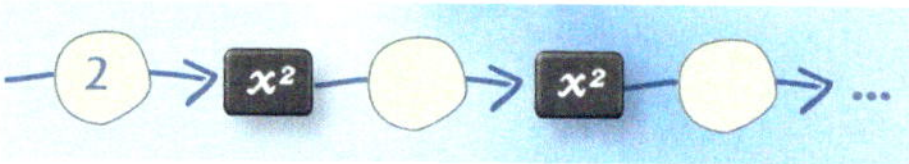

b) Suche eine Startzahl, mit der dein Taschenrechner nach genau zehn Quadrierschritten nicht mehr weiterrechnen kann.

9 [▦] a) Dein Taschenrechner zeigt für $2{,}5^{12}$ das Ergebnis 59 604,64478.
Ist das Ergebnis vollständig? Begründe.
b) Wie viele Stellen nach dem Komma hat $1{,}2^2$; $1{,}2^3$ … $1{,}2^{10}$ … $1{,}2^n$?
Erkennst du eine Regel?

10 a) Welche Zahl ist größer: 10^{100} oder 100^{10}?
b) Sortiere der Größe nach: 10^{1000}; 100^{100}; 1000^{10}; 100^{1000}; 1000^{100}.

11 Überschlage, welche der Zahlen links passen könnten.
a) Wie oft hast du schon geatmet?
b) Wie viele Sekunden sind es noch bis zu deinem Schulabschluss?
c) Wie viele Stunden hast du schon geschlafen?

Größen durch Vergleiche vorstellbar machen

Unvorstellbar kleine oder große Größen (-angaben) kann man durch anschauliche Vergleiche vorstellbar machen.

Beispiel:
1 nm = 1 Nanometer (1 nm)
= 1 milliardstel Meter
wird vorstellbar durch folgenden **anschaulichen Vergleich**:
Ein Nanometer verhält sich zu einem Meter wie der Durchmesser einer Haselnuss (1,3 cm) zu dem Durchmesser unseres Erdballs (13 146,2 km).

Rechnung:
13 146,2 km : 0,000 013 km
$= 1{,}0112 \cdot 10^9 \approx 1$ Milliarde

12 [●] a) In 1 cm³ Wasser sind etwa 10^{19} Moleküle enthalten. Wie unvorstellbar groß diese Zahl ist, zeigt folgende Aufgabe:
Aus einem Flugzeug wird irgendwo über Deutschland 1 l Wasser ausgeschüttet. Stelle dir vor, dass genau in diesem Moment alle Moleküle des Wassers in Sandkörner (Größe 1 mm³) verwandelt werden und sich gleichmäßig übers Land verteilen. Schätze erst ab und berechne dann, wie hoch Deutschland (Fläche ca. $3{,}5 \cdot 10^5$ km²) mit Sand bedeckt wäre.

b) [ꙮꙮꙮ] Versucht durch ähnliche Vergleiche wie im Kasten die Größen „1 Lichtjahr" bzw. „1 Billion €" zu veranschaulichen.

Die Mikrowelt

Im 17. Jahrhundert wurde das Mikroskop erfunden.
Im Laufe der Zeit war es möglich, Linsen aus besonderen Glassorten immer präziser zu schleifen. In bis zu 1000facher Vergrößerung wurden die Zellen als Bausteine aller Lebewesen sichtbar.

Etwa 300 Jahre später wurde durch das Elektronenmikroskop das Auflösungsvermögen des Lichtmikroskops erheblich übertroffen. Sogar einzelne Moleküle wurden jetzt sichtbar. Inzwischen gibt es sogar Verfahren mit denen man einzelne Atome erkennen kann.

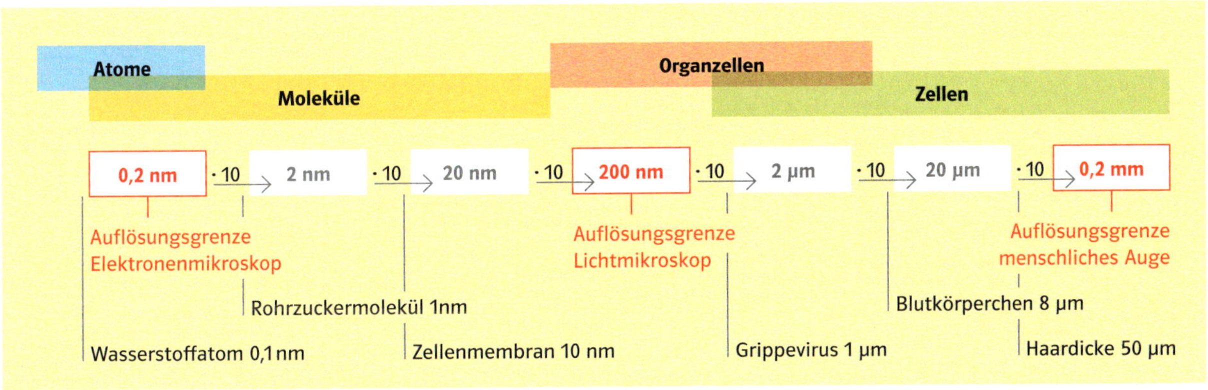

Übrigens

µ ist der 12. Buchstabe des griechischen Alphabets und wird „mü" gelesen.

Tipp

1 mm = 1 Millimeter = 1 tausendstel Meter

1 µm = 1 Mikrometer = 1 millionstel Meter

1 nm = 1 Nanometer = 1 milliardstel Meter

1 Betrachte die Übersicht.
a) Vergleiche das Auflösungsvermögen des menschlichen Auges mit dem des Licht- und des Elektronenmikroskops.
b) Sind 0,5 µm große Mikroben noch durch ein Lichtmikroskop zu erkennen?

2 [@ 👥] Sucht in eurem Biologiebuch und im Internet nach Größenangaben im Mikro- und Nanobereich und ordnet sie in die Übersicht ein.

3 Die abgebildeten roten Blutkörperchen (Blutzellen) sind 8 µm groß.
Miss sie in der Abbildung aus und berechne den Vergrößerungsfaktor.

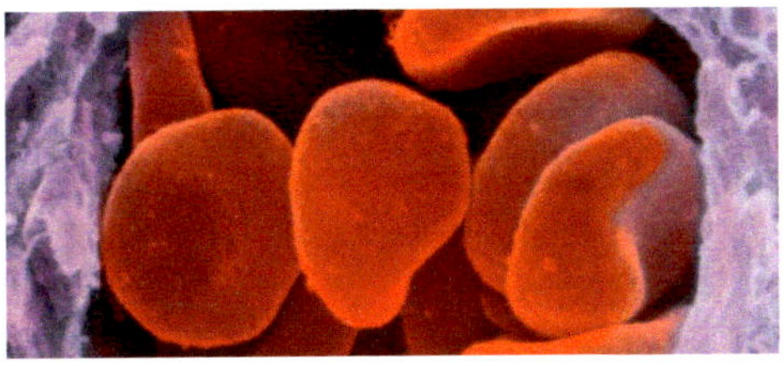

4 Einst utopisch – heute schon real: Die *Nano-Technik* arbeitet an 500 nm großen Sonden, die wie U-Boote durch die Adern treiben können. Sie sollen dort Bakterien aufspüren.
Wie dick ist in der Trickaufnahme die Ader etwa?

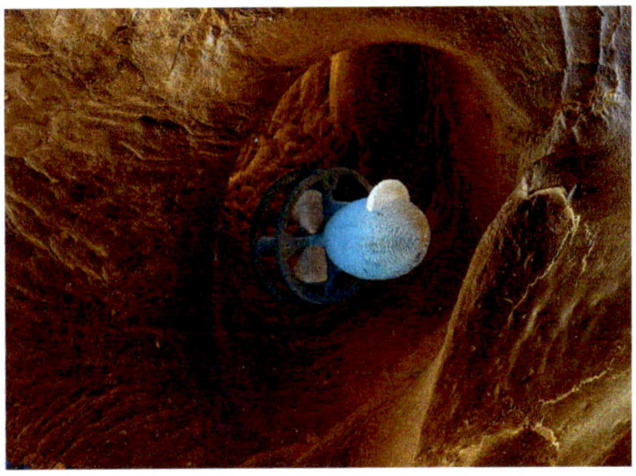

5 [@] Informiere dich nach anderen Beispielen aus der Nano-Technologie und stelle ähnliche Größenvergleiche wie in Aufgabe 4 an.

Kleine Zahlen in Potenzschreibweise

Alle Längeneinheiten werden von der Grundeinheit 1 m abgeleitet. Sie lassen sich deshalb alle als Vielfache oder Anteile von 1 m darstellen.
Für 10^0 schreibt man auch 1.
Warum wohl?

Längeneinheiten

$1000\,m = 10 \cdot 10 \cdot 10\,m = 10^3\,m = 1\,km$

$\cdot 10 \uparrow \qquad \uparrow +1$

$100\,m = 10 \cdot 10\,m = 10^2\,m$

$\cdot 10 \uparrow \qquad \uparrow +1$

$10\,m = 10\,m = 10^1\,m$

$\cdot 10 \uparrow \qquad \uparrow +1$

$1\,m = 10^0\,m = 1\,m$

$:10 \downarrow \qquad \downarrow -1$

$0{,}1\,m = \frac{1}{10}\,m = 10^{-1}\,m = 1\,dm$

$:10 \downarrow \qquad \downarrow -1$

$0{,}01\,m = \frac{1}{10 \cdot 10}\,m = 10^{-2}\,m = 1\,cm$

$:10 \downarrow \qquad \downarrow -1$

$0{,}001\,m = \frac{1}{10 \cdot 10 \cdot 10}\,m = 10^{-3}\,m = 1\,mm$

Wissenschaftler schreiben **kleine Zahlen zwischen 0 und 1** oft als Produkt aus einer Dezimalzahl und **Zehnerpotenz mit negativem Exponenten**. Auch hier spricht man von **wissenschaftlicher Schreibweise**, wenn die Dezimalzahl genau eine Ziffer vor dem Komma hat.

Tipp
So gibt man die Zahl $2{,}4 \cdot 10^{-12}$ in den Taschenrechner ein: z. B.:
[2] [•] [4]
[10ˣ] [−] [1] [2]

☺
Wie viel ist 1 Pikobello?

Beispiele

a) $0{,}0005 = 0{,}005 \cdot 10^{-1}$
$= 0{,}05 \cdot 10^{-2}$
$= 0{,}5 \cdot 10^{-3}$
$= 5 \cdot 10^{-4}$

b) $0{,}07\,mm = 0{,}07 \cdot 10^{-3}\,m$
$= 0{,}7 \cdot 10^{-4}\,m$
$= 7 \cdot 10^{-5}\,m$

c) Manchmal schreibt man sehr kleine Zehnerpotenzen in eigenen Einheiten. Die Vorsilben geben dabei die Zehnerpotenz an.
1 **Milli**liter = 1 ml = $10^{-3}\,l$
1 **Mikro**gramm = 1 µg = $10^{-6}\,g$
1 **Nano**sekunde = 1 ns = $10^{-9}\,s$
1 **Piko**meter = 1 pm = $10^{-12}\,m$

1 Schreibe in wissenschaftlicher Schreibweise.
a) 0,0096 b) 0,000 096 8 c) 0,010 47
d) 0,03 e) 0,007 f) 0,100 53

2 Was gehört zusammen?

0,0001 m	$1 \cdot 10^{-5}\,m$
0,001 m	$1 \cdot 10^{-3}\,m$
0,000 001 m	$1 \cdot 10^{-4}\,m$
0,000 01 m	$1 \cdot 10^{-6}\,m$

Erkennst du eine Regel?

3 Schreibe als Dezimalzahl.
a) $2 \cdot 10^{-5}$ b) $8 \cdot 10^{-8}$
c) $5{,}6 \cdot 10^{-4}$ d) $1{,}9 \cdot 10^{-6}$
e) $0{,}034 \cdot 10^{-3}$ f) $4{,}0097 \cdot 10^{-5}$

4 [▦] Berechne mit dem Taschenrechner. Schreibe das Ergebnis in wissenschaftlicher Schreibweise.
Beschreibe, wie du die Potenzen in den Taschenrechner eingibst.
a) $0{,}025^3$ b) $0{,}008\,76^5$ c) $0{,}0333^9$
d) $0{,}0625^8$ e) $\left(\frac{1}{4}\right)^4$ f) $\left(\frac{2}{3}\right)^5$

Kürzel für 10er-Potenzen:
Dezi (d) = 10^{-1}
Centi (c) = 10^{-2}
Milli (m) = 10^{-3}
Mikro (μ) = 10^{-6}
Nano (n) = 10^{-9}
Piko (p) = 10^{-12}

5 [▦] Überprüfe bei deinem Taschenrechner, ab wann er Ergebnisse zwischen 0 und 1 in wissenschaftlicher Schreibweise anzeigt.

6 [▦] Berechne mithilfe deines Taschenrechners.
a) 0,000 002 · 0,000 825
b) 0,000 125 · 0,000 000 006
c) 0,000 95 : 125 000 000 000

7 Stelle die Durchmesser in Meter in Zehnerpotenzschreibweise dar. Sortiere sie dann nach ihrer Größe und vergleiche sie.

Herpesvirus	180 nm
Rotes Blutkörperchen	7,5 μm
Maul- und Klauenseuchevirus	14 nm
Tuberkelbazillus	1 μm
Zuckermolekül	700 pm

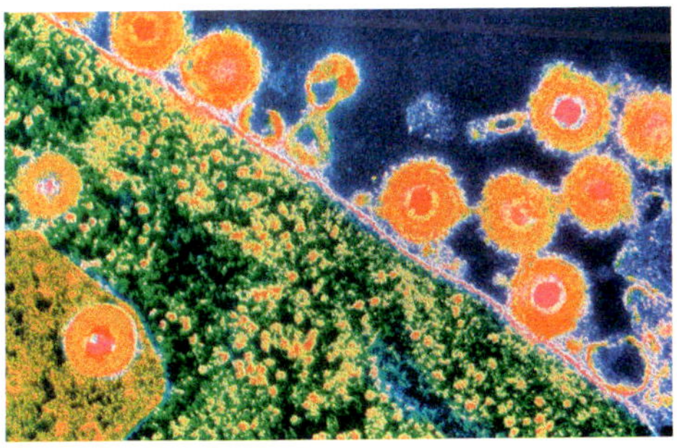
Herpesvirus Elektronenmikroskopaufnahme

8 [●] Schwebeteilchen in der Luft mit einer Korngröße bis zu 10 μm nennt man Feinstaub. Er ist sehr gesundheitsschädlich.
a) Welche Vergrößerung muss ein Mikroskop haben, damit ein solches Korn für das menschliche Auge sichtbar wird?
b) Stelle dir die Körner in Würfelform vor. Wie viele Körner müsste man zusammenlegen, um einen Würfel mit einer Kantenlänge von 1 cm zu erhalten?

9 Ein 1 m langer Stahlstab wird um $1{,}2 \cdot 10^{-5}$ m länger, wenn sich die Temperatur um 1 °C erhöht. Welche Folge hat das für eine 500 m lange Stahlbrücke?

10 Ein Haar ist etwa $\frac{1}{10}$ mm dick. Wie oft müsste man es der Länge nach spalten, um Fasern von 1 nm Dicke zu bekommen?

11 Wie groß müsste ein Mensch (Größe 1,80 m) sein, wenn er im gleichen Maßstab wie das Kugelvirus abgebildet würde?

Kugelvirus – Durchmesser: 20 μm

12 Eine Wespe fliegt durch den Klassenraum. Wie viel Prozent des Luftraumes in der Klasse nimmt sie ein?

13 Nur ein paar kleine Angaben – die Fragen findest du selbst!
- Eine gute Uhr sollte täglich höchstens um 10^{-11} Sekunden falsch gehen.
- Ein astronomisches Jahr hat 365,242 Tage, ein Tag hat 86 400 Sekunden.
- Ein Haar wächst im Durchschnitt um $3 \cdot 10^{-9}$ m pro Sekunde.
- Das Eis eines Gletschers bewegt sich mit einer durchschnittlichen Fließgeschwindigkeit von $5{,}9 \cdot 10^{-6}\,\frac{m}{s}$.
- Öl breitet sich auf der Wasseroberfläche in einer Dicke von 10 μm aus.
- Schnupfenviren haben eine Länge von nur 0,02 μm. Einige Bakterien sind dagegen bis zu 50 μm lang.
- Ein Mensch hat etwa 5 l Blut. In 1 mm³ Blut befinden sich $5 \cdot 10^6$ rote Blutkörperchen.

Potenzen mit negativer Hochzahl

Du hast auf den vorigen Seiten bereits erfahren, was Zehnerpotenzen mit negativer Hochzahl bedeuten und wie man mit ihnen ganz kleine Zahlen ausdrücken kann. Die Tabelle zeigt dir am Beispiel von Zweierpotenzen, dass es auch andere Potenzen mit negativer Hochzahl geben kann.
Was ist wohl 2^{-3}?

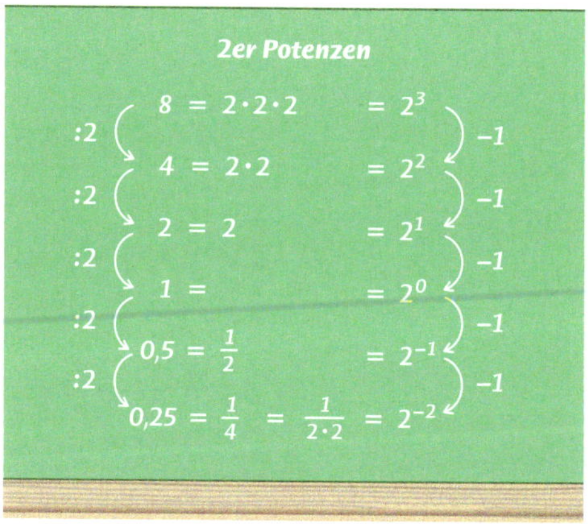

Kleine Zahlen kann man als **Potenz mit negativer Hochzahl** schreiben.
Man sagt allgemein: $\mathbf{a^{-n} = \frac{1}{a^n}}$. z. B. $\frac{1}{8} = \frac{1}{2 \cdot 2 \cdot 2} = 2^{-3}$
Dabei darf a nicht Null sein.

Beispiele

a) $2^{-3} = \frac{1}{2^3} = \frac{1}{8} = 0{,}125$

b) $5^{-2} = \frac{1}{5^2} = \frac{1}{25} = 0{,}04$

c) $0{,}00016 = \frac{1}{625} = \frac{1}{25^2} = 25^{-2}$

d) $0{,}0625 = \frac{1}{16} = \frac{1}{4^2} = 4^{-2}$

1 Schreibe mit Bruchstrich.
a) 5^{-4} b) 3^{-3} c) 6^{-5} d) 4^{-6}

2 Schreibe mit negativer Hochzahl.
a) $\frac{1}{3^4}$ b) $\frac{1}{6^2}$ c) $\frac{1}{10^3}$ d) $\frac{1}{5^5}$

3 Wandle wie in den Beispielen schrittweise in eine Dezimalzahl um.
a) 8^{-2} b) 10^{-4} c) 2^{-4} d) 9^{-1}

4 [ ] Gib in deinen Taschenrechner ein und wandle in eine Dezimalzahl um.
a) 6^{-2} b) 5^{-3} c) 4^{-4} d) 3^{-5}

5 Was gehört zusammen?

$\frac{1}{2^5}$	9^{-2}	0,03125	4^{-3}	$\frac{1}{4^3}$	0,015 625	0,0123 456 79	$\frac{1}{9^2}$	2^{-5}		

6 [●] Man hat festgelegt, dass $a^0 = 1$ ist. Schreibe dazu eine Regel in Worten und gib Beispiele an.

7 [●] Berechne mit dem Taschenrechner.
a) $\frac{1}{3^2}$; $\left(\frac{1}{3}\right)^2$; $\left(\frac{1}{3}\right)^{-2}$; 3^{-2}
b) $\frac{4}{3^2}$; $\left(\frac{4}{3}\right)^2$; $\left(\frac{4}{3}\right)^{-2}$; $4 \cdot 3^{-2}$
Schreibe jeweils auf, was bei der Eingabe zu beachten ist.

8 [●] Das Beispiel zeigt dir, wie durch Division zweier Potenzen mit gleicher Grundzahl ebenfalls Potenzen mit negativer Hochzahl entstehen können.

$$3^3 : 3^5 = \frac{3 \cdot 3 \cdot 3}{3 \cdot 3 \cdot 3 \cdot 3 \cdot 3} = \frac{1}{3 \cdot 3} = \frac{1}{3^2} = 3^{-2}$$

Wandle wie im Beispiel um.
a) $6^4 : 6^5$ b) $10^2 : 10^4$ c) $9^3 : 9^6$
Kannst du zu deinen Ergebnissen eine Regel formulieren?

Potenzen	Produkte aus n gleichen Faktoren schreibt man kürzer als **Potenzen**. $a \cdot a \cdot a \cdot \ldots \cdot a = a^n$ a ist die **Grundzahl** (Basis), n die **Hochzahl** (Exponent). Es gilt: $a^1 = a$ $a^0 = 1$	$4 \cdot 4 \cdot 4 = 4^3 = 64$ $0{,}5 \cdot 0{,}5 = 0{,}5^2 = 0{,}25$ $4^1 = 4$ $4^0 = 1$
Zehnerpotenzen	Potenzen mit der Basis 10 nennt man **Zehnerpotenzen**.	$10 \cdot 10 \cdot 10 \cdot 10 = 10^4 = 10000$ *Tipp: Die Hochzahl zeigt dir an, wie viele Nullen hinter der 1 stehen.*
Zehnerpotenz-schreibweise	Große Zahlen werden oft übersichtlicher, wenn man sie als **Produkt** aus einer **Dezimalzahl** und einer **Zehnerpotenz** schreibt.	$600000 = 6 \cdot 10^5$ $25000000 = 25 \cdot 10^6$
Wissenschaftliche Schreibweise – von großen Zahlen	Schreibt man große Zahlen als Produkt aus einer Zehnerpotenz und einer Dezimalzahl mit genau einer Ziffer (nicht Null) vor dem Komma, spricht man von **wissenschaftlicher Schreibweise**.	$37840000 = 3{,}784 \cdot 10^7$ $910020000 = 9{,}1002 \cdot 10^8$ *Tipp: Die Hochzahl zeigt dir an, um wie viele Stellen das Komma nach rechts verschoben werden muss.*
– von kleinen Zahlen	Kleine Zahlen (zwischen 0 und 1) schreibt man in wissenschaftlicher Schreibweise als Produkt aus einer Dezimalzahl mit genau einer Ziffer (nicht Null) vor dem Komma und einer Zehnerpotenz mit **negativer Hochzahl**.	$0{,}0003 = 3 \cdot 10^{-4}$ $0{,}0000231 = 2{,}31 \cdot 10^{-5}$ *Tipp: Die Hochzahl zeigt dir an, um wie viele Stellen das Komma nach links verschoben werden muss.* $4 \cdot 10^{-3} = \frac{4}{10^3} = \frac{4}{1000} = 0{,}004$
Potenzen mit negativer Hochzahl	Für Potenzen mit **negativer Hochzahl** gilt: $\mathbf{a^{-n} = \frac{1}{a^n}}$ $(a \neq 0)$	$2^{-5} = \frac{1}{2^5} = 0{,}03125$

[leicht]

1 Schreibe als Potenz und berechne.

a) $4 \cdot 4 \cdot 4 \cdot 4$ b) $15 \cdot 15 \cdot 15$
c) $30 \cdot 30 \cdot 30 \cdot 30$ d) $0{,}2 \cdot 0{,}2 \cdot 0{,}2$
e) $1{,}1 \cdot 1{,}1$ f) $0{,}1 \cdot 0{,}1 \cdot 0{,}1 \cdot 0{,}1 \cdot 0{,}1$

2 Hier wurden Zahlen in Potenzen umgewandelt. Welche Fehler wurden gemacht?

a) $16 = 2^8$ b) $25 = 2^5$
c) $10\,000 = 10^5$ d) $0{,}008 = 0{,}8^3$

3 Schreibe als Zehnerpotenz.

a) 10 b) 10 000
c) 1 000 000 d) 0,01

4 Schreibe in wissenschaftlicher Schreibweise.

a) 80 000 b) 70 000 000
c) 150 000 d) 36 936 936
e) 0,004 f) 0,005 22

5 Schreibe ohne Zehnerpotenz.

a) $6 \cdot 10^4$ b) $25 \cdot 10^5$
c) $4{,}6 \cdot 10^6$ d) $1{,}584 \cdot 10^8$
e) $3 \cdot 10^{-4}$ f) $2{,}5 \cdot 10^{-5}$

6 Unser Nachbarplanet Venus hat zur Erde eine mittlere Entfernung von 41 Mio. km. Wie lange braucht das Licht für diese Strecke?

[mittel]

1 Schreibe als Potenz und berechne.

a) $6 \cdot 6 \cdot 6 \cdot 6$ b) $12 \cdot 12 \cdot 12$
c) $50 \cdot 50 \cdot 50 \cdot 50 \cdot 50 \cdot 50$ d) $0{,}3 \cdot 0{,}3 \cdot 0{,}3 \cdot 0{,}3 \cdot 0{,}3$

2 Wandle die Zahl in eine Potenz um. Gib jeweils alle Möglichkeiten an.

a) 1 000 000 b) 64
c) 625 d) 100 000 000

3 Schreibe in wissenschaftlicher Schreibweise.

a) 65 000 000 b) 388 000 000
c) 0,0096 d) 0,000 200 4

4 Sortiere der Größe nach.

$5{,}8 \cdot 10^7$ $20 \cdot 10^6$ $2{,}4 \cdot 10^{-4}$ $0{,}6 \cdot 10^6$ $1{,}08 \cdot 10^8$

5 Welche Zahlen sind gleich groß?

$0{,}0002$ $2 \cdot 10^7$ $200 \cdot 10^5$ $0{,}02 \cdot 10^6$ $2 \cdot 10^{-4}$ $20 \cdot 10^3$

6 Unsere Erde umkreist die Sonne mit einer Umlaufgeschwindigkeit von $29{,}8\,\frac{km}{s}$. Welche Strecke legt sie täglich bzw. jährlich zurück?

Parabelbögen

In der Architektur begegnen uns an vielen Stellen Parabeln: Elegant wirkende Bögen, die zunächst steil ansteigen, dann flacher werden, einen höchsten Punkt erreichen, um dann in der gleichen Weise wieder abzufallen.
The Arch in St. Louis in den USA und viele Brücken sehen wie Parabelbögen aus.
Den Verlauf von Parabeln kann man mathematisch beschreiben und berechnen.

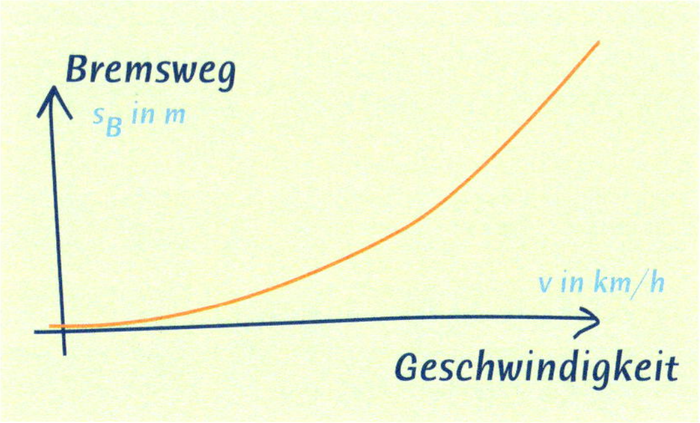

Viele Brückenbögen sind Parabeln zum Anfassen. Mit Parabeln lässt sich aber auch der Zusammenhang zwischen Bremsweg und Geschwindigkeit von Fahrzeugen beschreiben.

In diesem Kapitel lernt ihr,

- welche Eigenschaften quadratische Funktionen und ihre Graphen, die Parabeln, haben.
- wie man mit quadratischen Funktionen rechnet.
- verschiedene Bereiche kennen, in denen quadratische Zusammenhänge vorkommen.
- wie man den Bremsweg berechnet.

Check-in

Bei der Bechäftigung mit dem Thema „Parabelbögen" solltest du über die Inhalte auf dieser Doppelseite Bescheid wissen. Mit den Aufgaben auf der nächsten Seite kannst du deine Einschätzung überprüfen. Wenn du nach deiner Überprüfung noch Kreuzchen in der dritten oder vierten Spalte hast, arbeite deine Lücken auf.

In der mathematischen Werkstatt am Ende des Buches findest du Zusammenfassungen und Übungsaufgaben zu den Themen. Du kannst aber auch Mathe-Bücher aus den vorherigen Schuljahren benutzen oder jemanden fragen, der sich damit auskennt.

Checkliste	*Kann ich schon*	*Da bin ich fast sicher*	*Ich bin noch unsicher*	*Kann ich noch nicht*
1 *Ich kann zu x-Werten Funktionswerte berechnen.*	☐	☐	☐	☐
2 *Ich kann zu Funktionswerten passende x-Werte bestimmen.*	☐	☐	☐	☐
3 *Ich kann Wertetabellen erstellen.*	☐	☐	☐	☐
4 *Ich kann zu einer Wertetabelle den Graphen zeichnen.*	☐	☐	☐	☐
5 *Ich kann Funktionsgleichungen, Wertetabellen und Graphen richtig zuordnen.*	☐	☐	☐	☐
6 *Ich kann aus Quadratzahlen die Wurzel ziehen.*	☐	☐	☐	☐
7 *Ich kann eine Realsituation einem Graphen zuordnen.*	☐	☐	☐	☐

In der Mathematischen Werkstatt findet Ihr:

- Quadratzahlen, Wurzeln, Seite 109 und 111
- Funktionen, Seite 117/118

Aufgaben zur Checkliste

1 Funktionswerte berechnen

a) Berechne zu den x-Werten den Funktionswert.

1) $x = 3$; $f(x) = 4x - 6$
2) $x = -2$; $f(x) = 3x + 8$
3) $x = 4$; $f(x) = -0{,}5x - 2$

b) Welcher Funktionswert passt zur Funktionsgleichung $f(x) = 2x + 5$?

$f(1) = +7$ $f(-2) = +1$ $f(-2) = +5$
$f(1) = +8$ $f(-3) = +4$ $f(-3) = -1$

2 x-Werte berechnen

Setze f(x) ein und berechne.

a) $f(x) = 4$; $f(x) = 5x - 6$
b) $f(x) = -7$; $f(x) = -3x + 5$
c) $f(x) = 1$; $f(x) = -x - 3$

3 Wertetabellen erstellen

Erstelle eine Wertetabelle für x-Werte von −3 bis 3.

a) $f(x) = 2x - 2$
b) $f(x) = 0{,}5x + 4$
c) $f(x) = -x - 3$
d) Welche der unten abgebildeten Wertetabellen passt zur Funktionsgleichung $f(x) = x - 2$?

1)

x	−3	−2	−1	0	1	2	3
f(x)	−5	−4	−3	−2	−1	0	+1

2)

x	−3	−2	−1	0	1	2	3
f(x)	+1	0	−1	−2	−1	0	+1

4 Graphen zeichnen

a) Trage die Punkte zu den Aufgaben 3 a) bis c) jeweils in ein Koordinatensystem ein und verbinde diese zu einem Graphen.
b) Beschreibe den Verlauf der Graphen.

5 Zusammenhang zwischen Funktionsgleichung, Wertetabelle und Graph

Welche Funktionsgleichungen, Wertetabellen und Graphen gehören zueinander?

Funktionsgleichungen:

1) $f(x) = 5{,}5x + 2{,}5$
2) $f(x) = -x + 3$
3) $f(x) = \frac{1}{4}x - 4$
4) $f(x) = -\frac{2}{3}x$

Wertetabellen:

x	−2	−1	0	1	2
$f_1(x)$	5	4	3	2	1
$f_2(x)$	−4,5	−4,25	−4	−3,75	−3,5
$f_3(x)$	−8,5	−3	2,5	8	13,5
$f_4(x)$	$\frac{4}{3}$	$\frac{2}{3}$	0	$-\frac{2}{3}$	$-\frac{4}{3}$

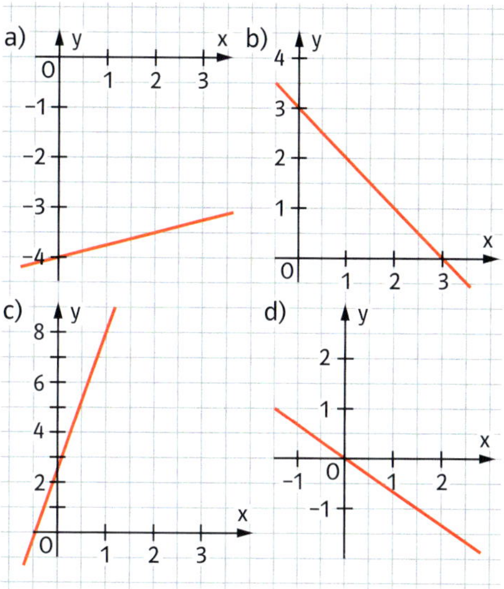

6 Wurzel ziehen

Ziehe die Wurzel aus folgenden Zahlen.

a) 144
b) 225
c) 1,69
d) 11,56
e) 0,01
f) 0,16

7 Realsituation zuordnen

Welcher der Graphen in Aufgabe 5 könnte am ehesten den Taxifahrpreis in Abhängigkeit von der Fahrstrecke beschreiben? Begründe.

▷ Lösungen, Seite 147

Bögen beschreiben

1 Welche dieser Terme haben den gleichen Wert? Hast du eine Erklärung dafür?

Tipp
Beachte beim Berechnen die „Vorfahrtsregeln“:
- erst Quadrieren
- dann Multiplizieren

Ein vollständiges Koordinatensystem hat 4 Felder (= Quadranten).

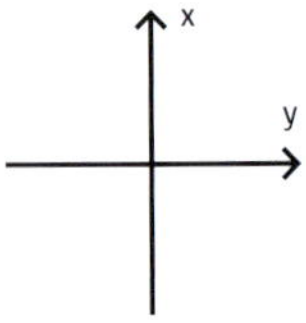

Nimm für die Zeichnung am besten Millimeterpapier. Wähle auf beiden Achsen des Koordinatensystems für 1 Einheit ≙ 1 cm. Lege den Schnittpunkt der beiden Achsen in die Mitte deiner Heftseite.

2 a) Lege dir eine solche Wertetabelle in deinem Heft an und berechne alle fehlenden Funkionswerte.

x	0	+0,25	+0,5	+1	+2	+3
$f(x) = x^2$						
$g(x) = 1{,}5\,x^2$		$1{,}5 \cdot 0{,}25^2 = 0{,}09375$				
$h(x) = 0{,}5\,x^2$						
$k(x) = -x^2$					$-(2^2) = -4$	

b) Zeichne die Punkte in ein Koordinatensystem (siehe Text auf dem Rand) und verbinde die Punkte.
Beschreibe die Form der Graphen.

3 a) Vervollständige auch diese Wertetabelle in deinem Heft.

x	−3	−2	−1	−0,5	−0,25	0
$f(x) = x^2$						
$g(x) = 1{,}5\,x^2$						
$h(x) = 0{,}5\,x^2$		$0{,}5 \cdot (-2)^2 = +2$				
$k(x) = -x^2$					$-(-0{,}5)^2 = -0{,}25$	

b) Zeichne die Punkte in das gleiche Koordinatensystem wie in Aufgabe 2. Beschreibe die Form und den Verlauf der gesamten Graphen.
c) Welche der Graphen passen am besten zum Verlauf der Brückenbögen in den Fotos?

Graphen von quadratischen Funktionen

Bei Brücken findet man auf der ganzen Welt immer wieder zwei Typen: Hängebrücken wie die *Golden Gate Bridge* (links) und Bogenbrücken (unten).
Vergleicht den Verlauf der beiden Bögen.

Parabeln sind Kurven. Ihre Funktionsterme enthalten ein $\mathbf{x^2}$. Solche Funktionen heißen **quadratische Funktionen**.

1 a) Berechne die Funktionswerte und zeichne die zugehörigen Parabeln in ein Koordinatensystem.

x	−2	−1	−0,5	0	+0,5	+1	+2
$f(x) = 2x^2$							

x	−2	−1	−0,5	0	+0,5	+1	+2
$f(x) = 0{,}25x^2$							

Tipp
„Vorfahrtsregeln" beachten:
- erst Quadrieren
- dann Multiplizieren.

b) Lege zu den Funktionsgleichungen $f(x) = -x^2$ und $f(x) = -0{,}5x^2$ Wertetabellen an, berechne die Funktionswerte und zeichne die zugehörigen Parabeln.
c) Überprüfe durch Einsetzen, ob die Funktionswerte richtig berechnet wurden. Korrigiere die Fehler und zeichne die Parabel.

x	−2	−1	−0,5	0	+0,5	+1	+2
$f(x) = 0{,}5x^2$	+4	+0,5	+0,125	0	+0,125	+0,5	+4

x	−2	−1	−0,5	0	+0,5	+1	+2
$f(x) = -1{,}5x^2$	−6	−1,5	−0,375	0	+0,375	+1,5	+6

2 a) Lege zu den Funktionsgleichungen $f(x) = 10x^2$ und $f(x) = -5x^2$ Wertetabellen an und berechne die Funktionswerte für $x = -3$ bis $x = +3$ in 1er-Schritten.
b) Zeichne die zugehörigen Parabeln.

Parabeln zeichnen

1) Zuerst die Einteilung der Koordinatenachsen überlegen. Dafür schaust du auf den größten Wert in deiner Wertetabelle.
2) Die Einteilung darf auf den beiden Achsen unterschiedlich sein, auf einer Achse jedoch müssen die Abstände gleich sein.
3) Punkte nicht durch gerade Linien sondern durch eine Parabelkurve verbinden.

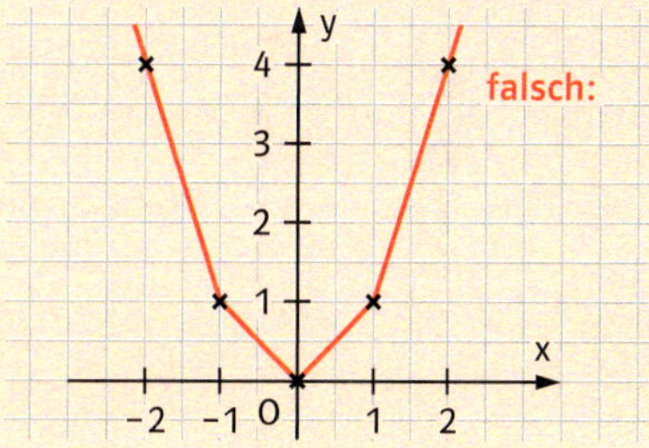

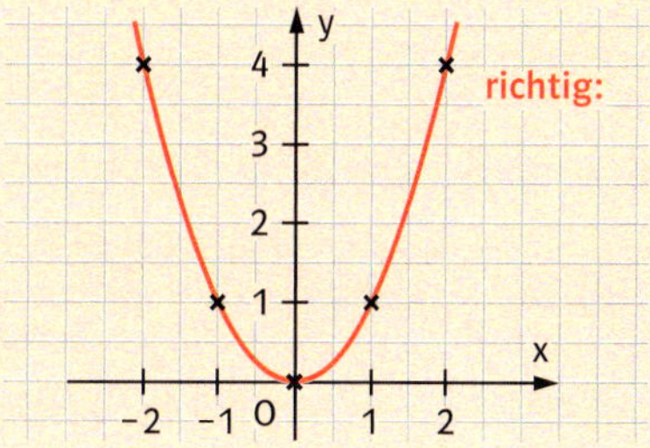

▻ Mathematische Werkstatt, Seite 117/118

3 Finde durch Ablesen einzelner Punktkoordinaten auf den Parabeln heraus, welcher Graph zu welcher Wertetabelle gehört.

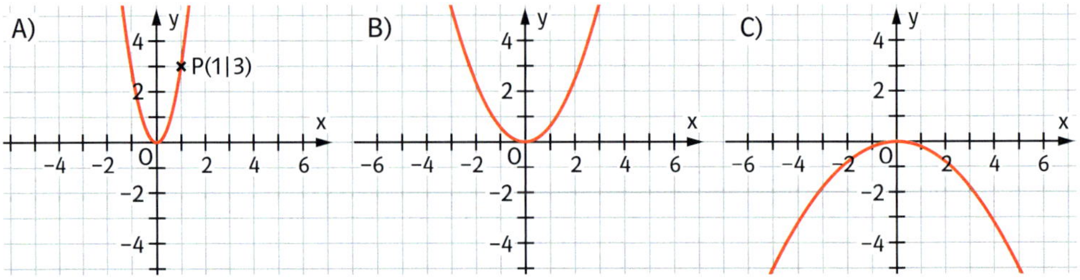

1)

x	−2	−1	0	+1	+2
$f(x) = 0{,}6x^2$	+2,4	+0,6	0	+0,6	+2,4

2)

x	−2	−1	0	+1	+2
$f(x) = -0{,}2x^2$	−0,8	−0,2	0	−0,2	−0,8

3)

x	−2	−1	0	+1	+2
$f(x) = 3x^2$	+12	+3	0	+3	+12

4 Welche Wertetabelle, Graphen und Funktionsgleichungen gehören zusammen? Schreibe auf, woran du erkannt hast, was zusammen gehört.

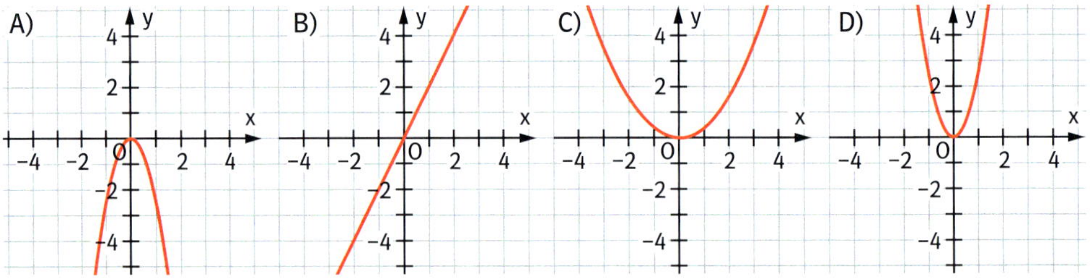

$f(x) = 0{,}4x^2$

$f(x) = -2{,}5x^2$

$f(x) = 2{,}5x^2$

$f(x) = 2x$

1)

x	−2	−1	0	+1	+2
f(x)	+1,6	+0,4	0	+0,4	+1,6

2)

x	−2	−1	0	+1	+2
f(x)	+10	+2,5	0	+2,5	+10

3)

x	−2	−1	0	+1	+2
f(x)	−4	−2	0	+2	+4

4)

x	−2	−1	0	+1	+2
f(x)	−10	−2,5	0	−2,5	−10

5 Hier sind typische Fehler gemacht worden. Suche die Fehler und korrigiere sie. Schreibe am Ende kurz auf, worauf man achten muss.

a)

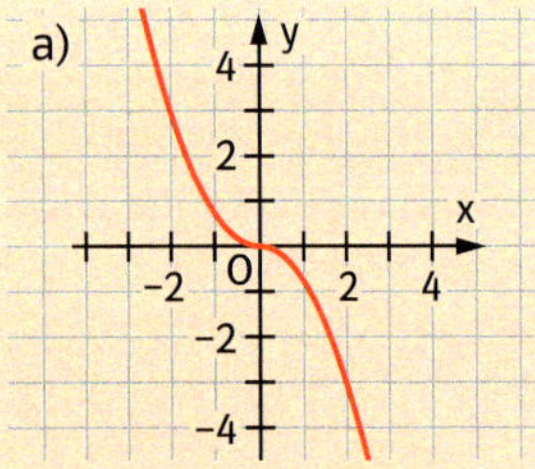

$f(x) = -0{,}75x^2$

x	−2	−1	0	+1	+2
$f(x) = -0{,}75x^2$	+3	+0,75	0	−0,75	−3

b)

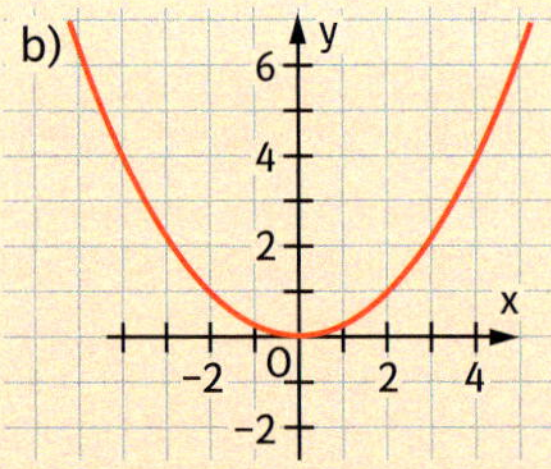

$f(x) = -0{,}5x^2$

x	−2	−1	0	+1	+2
$f(x) = -0{,}5x^2$	−1	−0,5	0	−0,5	−1

c)

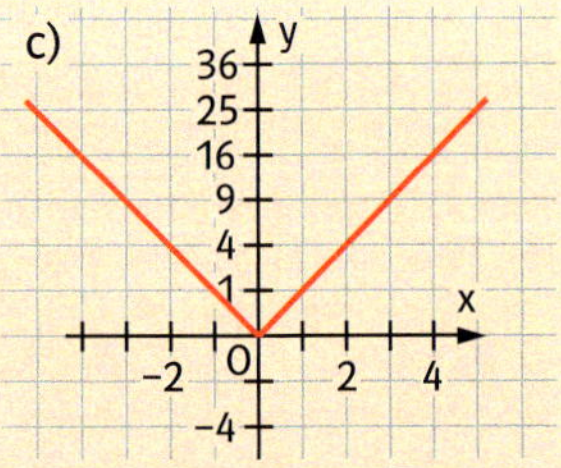

$f(x) = x^2$

x	−2	−1	0	+1	+2
$f(x) = x^2$	+4	+1	0	+1	+4

▻ Mathematische Werkstatt, Seite 117/118

Die quadratische Funktion $f(x) = a \cdot x^2$

Wertetabelle zu $f(x) = x^2$

x	−2	−1	−0,5	0	+0,5	+1	+2
$f(x) = x^2$	+4	+1	+0,25	0			

Übertrage die gegebenen Wertepaare in ein Koordinatensystem und verbinde die Punkte zu einer Kurve. Wie kannst du die Werte für die rechte Tabellenhälfte ohne Berechnungen herausfinden und zeichnen?

Die einfachste quadratische Funktion hat die **Gleichung $f(x) = x^2$**.
Ihr Graph heißt **Normalparabel**.
Die Normalparabel ist nach oben geöffnet.
Ihr **Scheitelpunkt** ist der Ursprung (0|0) und die y-Achse ist **Symmetrieachse**.

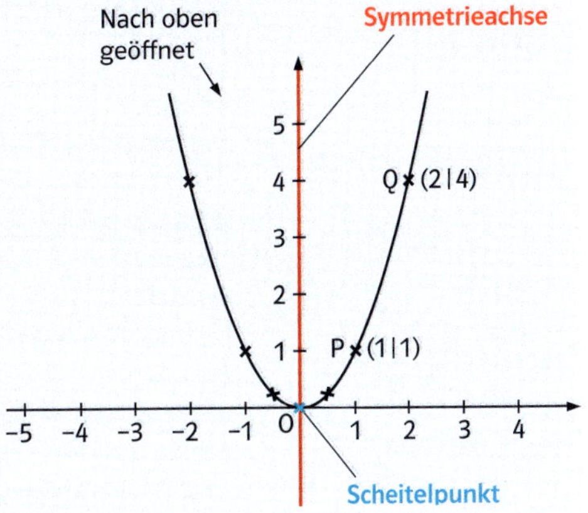

1 a) Ergänze die fehlenden Funktionswerte in den Wertetabellen in deinem Heft ohne zu rechnen.

x	−3	−2	−1	0	+1	+2	+3
$f(x) = \frac{1}{2}x^2$				0	+0,5	+2	+4,5
$g(x) = -0{,}25\,x^2$	−2,25	−1	−0,25	0			
$h(x) = 1{,}5\,x^2$				0	+1,5	+6	+13,5

b) Zeichne die Graphen in ein Koordinatensystem. Versuche dir Arbeit zu ersparen.

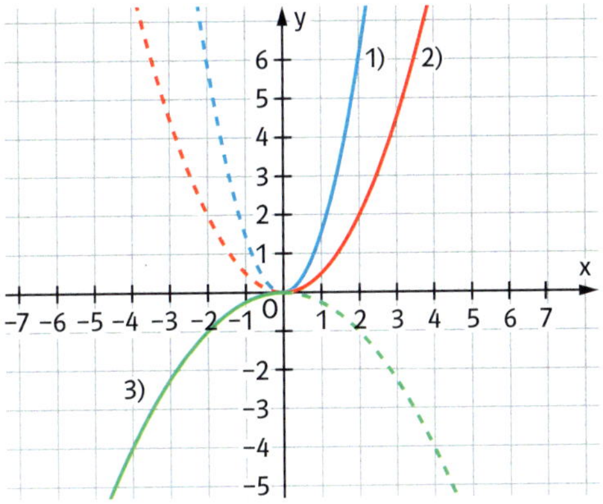

c) Ordne die Graphen den Funktionsgleichungen zu.

2 a) Vergleiche mit der Normalparabel, wie die Zahl a vor x^2 die Öffnungsweite der Parabeln verändert.

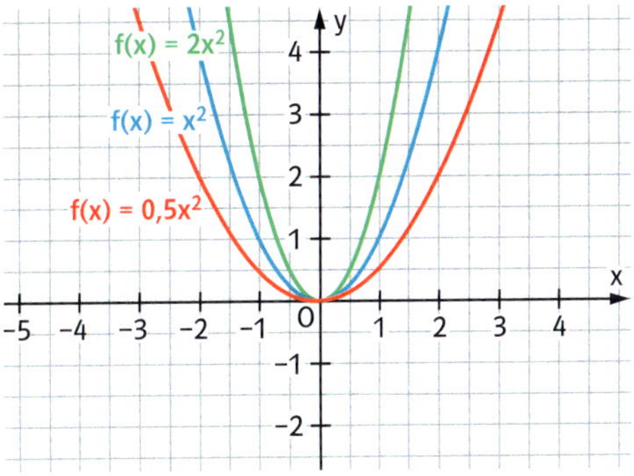

b) Zeichne die Parabeln zu $f(x) = a \cdot x^2$ für
1) a = 3 2) a = 0,75 3) a = 0,1

3 a) Lege Wertetabellen an und zeichne die Parabeln in ein Koordinatensystem.
1) $f(x) = -4\,x^2$
2) $g(x) = -0{,}6\,x^2$
3) $h(x) = -0{,}2\,x^2$

b) Beschreibe, wie im Vergleich zur Normalparabel das negative Vorzeichen von a die Öffnungsrichtung der Parabel verändert.

Einen Funktionsplotter nutzen

Das dynamische Geometrieprogramm **Geogebra** kann man nicht nur zum Zeichnen von Figuren verwenden. Mit ihm kannst du auch Funktionsgraphen erstellen (plotten). Dazu wird in der Eingabezeile die Funktionsvorschrift eingegeben, der Graph erscheint dann auf der Zeichenfläche.
Bei der Eingabe musst du auf die programmüblichen Schreibweisen achten.

Beispiel: Der Graph zur Funktion mit der Gleichung $g(x) = 0{,}5\,x^2$ soll dargestellt werden.
Eingabe in Geogebra: g(x)=0.5*x^2

Wenn du den Graphen mit der linken Maus anklickst, kannst du diesen bearbeiten z. B. Farbe zuordnen, Graphen beschriften usw.

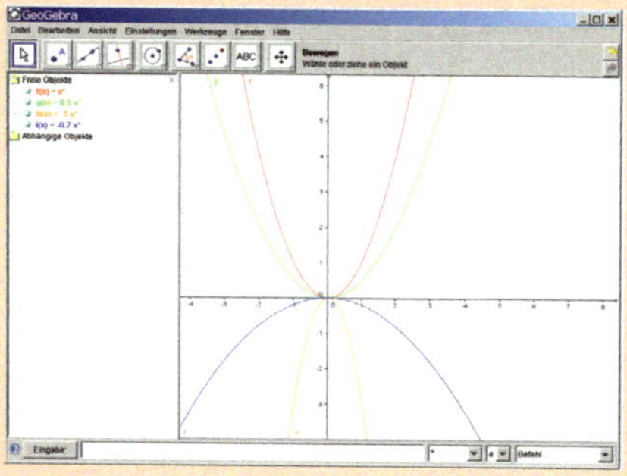

4 [💻] Erzeuge mit einem Funktionsplotter Parabeln mit unterschiedlichen a-Werten. Vergleiche sie mit der Normalparabel. Halte deine Ergebnisse schriftlich fest.

Für eine quadratische Funktion $f(x) = a\,x^2$ gilt:
- Ist **a größer als 1**, so ist die Parabel **schmaler** als die Normalparabel.
- Liegt **a zwischen 0 und 1**, ist die Parabel **breiter** als die Normalparabel.
- Ist **a positiv**, dann ist die Parabel **nach oben geöffnet**.
- Ist **a negativ**, dann ist die Parabel **nach unten geöffnet**.

5 [💻] Welche Graphen der Funktionsgleichungen verlaufen schmaler, welche breiter als die Normalparabel?

1) $f(x) = 5\,x^2$ 2) $f(x) = \frac{1}{5}x^2$
3) $f(x) = 1{,}5\,x^2$ 4) $f(x) = 0{,}5\,x^2$

Überprüfe deine Vermutung mithilfe eines Funktionsplotters.

6 Das Hauptseil einer Hängebrücke hängt parabelförmig mit einer Weite von 48 m zwischen den beiden Brückentürmen A und B. Die Parabel lässt sich mit der Funktionsgleichung $f(x) = 0{,}075\,x^2$ beschreiben.

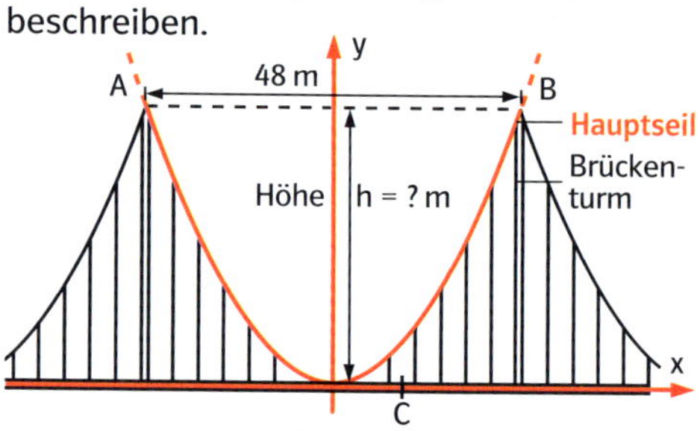

a) Wie hoch sind die beiden Türme?
b) [●] Wie lang müssen die senkrechten Halteseile 12 m links und rechts von der Brückenmitte sein?

7 [●] Bei der *Müngstener* Brücke hat die Parabel, mit der sich der Bogen beschreiben lässt, die Gleichung $f(x) = -\frac{1}{90}x^2$. Die Spannweite ist 158 m, die Bogenhöhe 69 m.

a) Kann das stimmen? Skizziere die Brücke in einem Koordinatensystem.
b) [💻] Überprüfe die Daten rechnerisch oder mit einem Computerprogramm.

Parabeln überall

8 Vulkane halten die Menschen seit je her mit ihren Auswürfen von Lava und Asche in Atem.

a) Skizziere die Flugbahn eines glühenden Teilchens in einem Koordinatensystem.
b) Nimm an, dass sich die Flugbahn mit der Funktionsgleichung $f(x) = -0{,}00875 \cdot x^2$ beschreiben lässt. Welche Höhe hat das Teilchen erreicht, wenn es vom Kraterrand 200 m nach rechts geflogen ist?

Tipp
Wenn du Flugbahnen skizzierst, lege den höchsten Punkt der Flugbahn in den Nullpunkt des Koordinatensystems.

9 Die Flugbahn eines Golfballes lässt sich mit der Funktionsgleichung $f(x) = -0{,}00812 \cdot x^2$ berechnen.

a) Ein Golfball hat nach 50 m seine maximale Höhe von ca. 20 m erreicht. Kann das sein? Rechne nach.
b) Welche Höhe hat der Golfball nach 5 m; 10 m und 15 m Flugweite erreicht? Überlege, welche x-Werte du zur Berechnung nehmen musst.

10 Die Grafik zeigt die Flugbahn eines Golfballes.

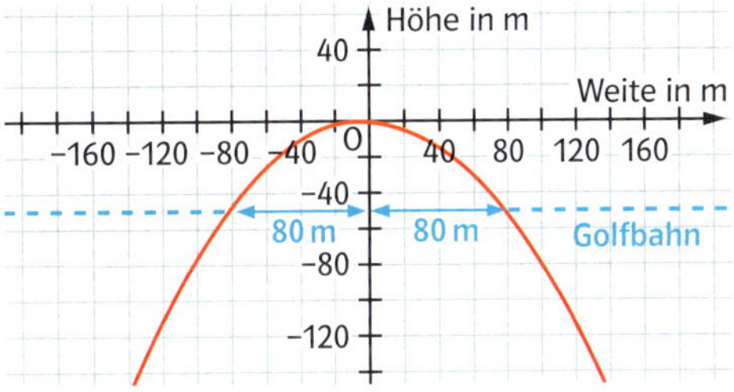

Berechnung der Flugbahn:
Flugweite 160 m (x = 80 m)
Maximale Flughöhe = 50 m in die Funktionsgleichung $f(x) = ax^2$ einsetzen.
$-50 = a \cdot 80^2 \quad | : 80^2$
$a = -50 : 80^2$
$a = -0{,}0078125 \approx -0{,}00781$
Funktionsgleichung $f(x) = -0{,}00781 \cdot x^2$

Bestimme ebenso die Funktionsgleichung für die Flugbahnen bei einer
a) Flugweite von 140 m (x = 70 m) und maximalen Flughöhe von 60 m.
b) Flugweite von 130 m (x = 65 m) und maximalen Flughöhe von 45 m.

11 Die parabelförmige Wasserfontäne eines Springbrunnens erreicht nach 2,5 m ihre maximale Höhe von 4 m.
a) Bestimme die Funktionsgleichung für den Graphen der Wasserfontäne.
b) Berechne weitere Punkte auf dem Graphen.

12 a) Bestimme die Parabelgleichung für diesen Brückenbogen.

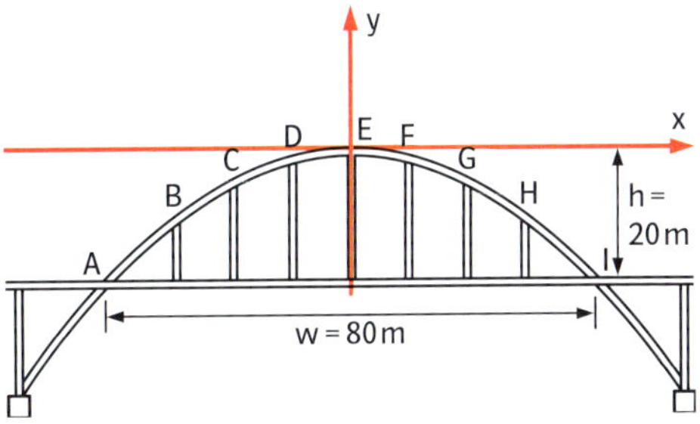

b) [●] Der Abstand der Brückenträger ist immer gleich. Berechne die Länge der Brückerträger von B bis H.

Bremsweg

Ein Auto das bremst, legt, bevor es zum Stillstand kommt, den sogenannten Bremsweg zurück. Je höher die Geschwindigkeit, desto länger ist der Bremsweg.
In der Tabelle links unter dem Bild sind einige Bremsweg-Werte zu bestimmten Geschwindigkeiten notiert, so wie man sie auch in der Fahrschule lernt.

Fahrschulregel

Geschwindigkeit in km/h	10	20	30	40	50	60	70	80
Bremsweg in m	1	4	9			36		

1 a) Ergänze die Tabelle oben in deinem Heft.
b) Beschreibe, wie du hierbei gerechnet hast.
c) Schreibe alle Eigenschaften auf, die dir zu der Funktion auffallen.

2 Die Fahrschulregel für den Bremsweg s_B lautet als Formel: $s_B = \left(\frac{v}{10}\right)^2$.
Begründe, welche der folgenden Sätze stimmen, welche nicht.
a) Wenn die Geschwindigkeit verdoppelt wird, dann
- verdoppelt sich der Bremsweg.
- nimmt der Bremsweg um 50 % zu.
- vervierfacht sich der Bremsweg.
- nimmt der Bremsweg immer um die gleiche Meterzahl zu.

b) Wenn die Geschwindigkeit verdreifacht wird, dann
- erhöht sich auch der Bremsweg auf das Dreifache.
- nimmt der Bremsweg um 30 % zu.
- nimmt der Bremsweg um den doppelten Wert zu.
- verlängert sich der Bremsweg auf das Neunfache.

3 Erläutere: Die Bremswegformel kann auch so geschrieben werden: $s_B = 0{,}01\,v^2$.

4 Die Fahrschulregel ist eine vereinfachte Berechnung des Bremsweges. Tatsächlich ergeben sich immer etwas andere Daten. Die Grafik zeigt die gemessenen Bremsweg-Werte eines Pkws.

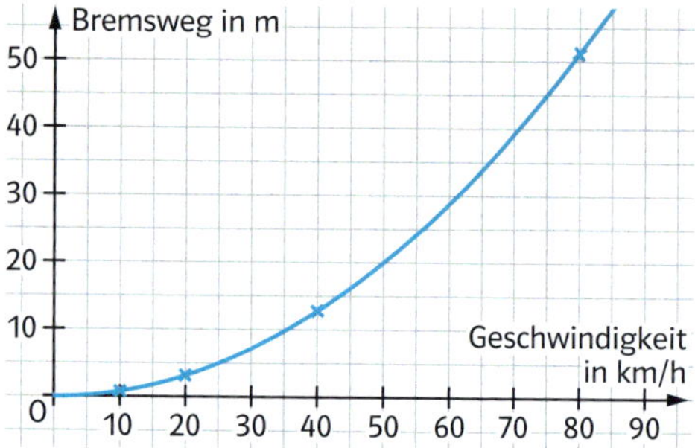

a) Erkläre die Darstellung.
b) Begründe: Hat dieser Pkw bessere Bremsen als der Pkw in Aufgabe 1.
c) [●] Wie könnte die Bremswegformel für den Pkw lauten? Berechne dann den Bremsweg für $30\,\frac{km}{h}$, $100\,\frac{km}{h}$ und $120\,\frac{km}{h}$.

Der **Bremsweg** eines Fahrzeugs wird berechnet durch die Formel: $\mathbf{s_B = a\,v^2}$ mit
v = Geschwindigkeit in km/h,
s_B = Bremsweg in m;
a steht für die Güte der Bremsen.

5 Für Pkw mit Antiblockiersystem gilt folgende Bremswegregel: $s_B = 0{,}005\,v^2$.
a) Lege eine Wertetabelle an und skizziere den zugehörigen Bremsweggraphen.
b) Wirken die Bremsen besser als die zu den Pkws in Aufgaben 1 und 4?
c) Gilt auch noch die Regel: Doppelte Geschwindigkeit – 4facher Bremsweg?

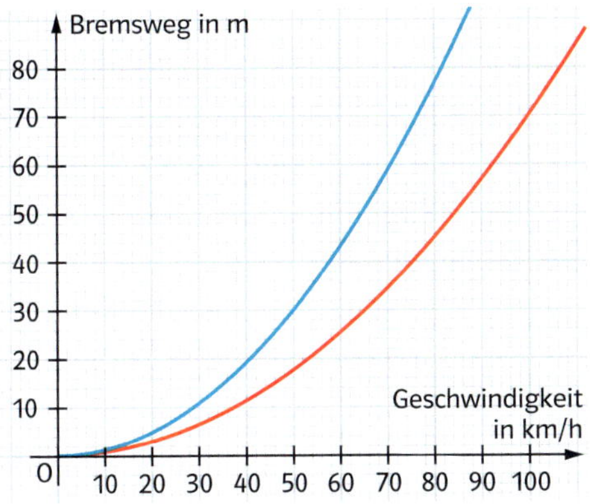

a-Werte für Pkw

Asphalt trocken	0,0055
Asphalt nass	0,0064
Pflaster trocken	0,0064
Pflaster nass	0,0077

a-Werte für andere Fahrzeuge

Fahrrad	0,0130
Lkw	0,0110

6 Der blaue Graph oben stellt den Bremsweg (in m) zu verschiedenen Pkw-Geschwindigkeiten (in $\frac{km}{h}$) dar.

a) Lies ab: Welchen Bremsweg benötigt der Wagen etwa bei $30\,\frac{km}{h}$, $60\,\frac{km}{h}$, $90\,\frac{km}{h}$?

b) Ein anderes Auto hat den roten Bremsweggraphen. Was kannst du über seine Bremsen sagen?

c) Es fängt an zu regnen. Beschreibe, wie der Bremsweg des roten Graphen sich gegenüber dem blauen Graphen ändert.

d) Erläutere, warum folgende Funktionsgleichungen zur Beschreibung des roten Graphen nicht stimmen können:

1) $s_B = -0{,}007\,v^2$

2) $s_B = \left(\frac{v}{10}\right)^2$

3) $s_B = 0{,}007\,v$

7 Ein Fahrradfahrer rast mit $45\,\frac{km}{h}$ einen Abhang hinunter. Er tritt auf die Bremse. Wie viele Meter legt er noch bis zum Stillstand zurück?

8 Wer hat einen längeren Bremsweg bei gleicher Geschwindigkeit:
- ein Fahrrad oder ein Lkw?
- ein Pkw auf nassem Asphalt oder auf trockenem Pflaster?

9 Ein Pkw fährt mit $100\,\frac{km}{h}$ auf trockenem Asphalt. Es fängt an zu regnen. Um wie viel Meter und wie viel Prozent erhöht sich sein Bremsweg?

Quadratische Gleichungen lösen

10 Ein Pkw fährt in einem Ort auf trockenem Asphalt. Er bremst und legt noch einen Bremsweg von rund 20 m zurück.
Wie schnell ist er gefahren?
War die Geschwindigkeit in Ordnung?

Eine Gleichung wie $0{,}0055\,v^2 = 20$ nennt man **quadratische Gleichung**.
Man löst sie, indem man dafür sorgt, dass v^2 alleine auf einer Gleichungsseite steht.
Dann zieht man die Wurzel.

Beispiel 1

$0{,}0055\,v^2 = 20 \quad |:0{,}0055$
$v^2 \approx 3636 \quad |\sqrt{\ }$
$v \approx 60{,}3$

Der Pkw hatte eine Geschwindigkeit von rund $60\,\frac{km}{h}$ und fuhr deshalb im Ort zu schnell.

11 Der Bremsweg eines Pkw beträgt auf trockenem Pflaster 16 m.
War seine Geschwindigkeit im Ort akzeptabel?

Eine **quadratische Gleichung** hat in der Regel **zwei Lösungen**, da wie im Beispiel sowohl 4 als auch −4 quadriert 16 ergeben.

Beispiel 2

$3{,}25\,x^2 + 17 = 69 \quad |-17$
$3{,}25\,x^2 = 52 \quad |:3{,}25$
$x^2 = 16 \quad |\sqrt{\ }$
$x_1 = 4$
$x_2 = -4$

12 Löse die Gleichungen.

a) $0{,}011\,x^2 = 70{,}4$

b) $3\,x^2 - 30 = 213$

c) $4{,}5\,x^2 + 9{,}5 = 50$

d) $3{,}2\,x^2 - 4 = 12$

e) Beschreibe zu Aufgabenteil a) eine Bremswegsituation.

▻ Mathematische Werkstatt, Seite 114 – 116

13 a) Zeige, dass sich die 12 m breiten und 18 m hohen Bögen der Kirche in *Gelsenkirchen* durch die Funktionsgleichung $f(x) = -0{,}5x^2$ beschreiben lassen.

b) Um die gewölbte Decke in der Mitte neu zu streichen, soll ein 15 m hohes Gerüst errichtet werden. Wie breit kann das Gerüst höchstens werden?

14 Nebel auf der Autobahn *Hannover – Bremen*, 22.35 Uhr. Lkw-Fahrer Meyerdierks sieht plötzlich einen Elefanten vor sich auf der Fahrbahn stehen. Er bremst sofort. Einen Meter vor dem Tier kommt sein Fahrzeug zum Stehen. Nachdem er aus dem Handschuhfach einige Erdnüsse genommen hat und an das erschreckte Tier verfüttert hat, misst er seine Bremsspur: 64 m. Wie schnell ist er gefahren?

15 a) Löse: $3x^2 + 15 = 29$
b) Tausche die drei Zahlen in der Gleichung mehrfach und löse die entstehende Gleichung jeweils erneut.
c) Die Vertauschung $3x^2 + 29 = 15$ kann keine Lösung haben. Warum?
d) $5x^2 + 17 = 17$ hat nur eine Lösung.
e) [●] Stellt euch gegenseitig drei quadratische Gleichungen, jeweils mit zwei Lösungen, mit einer und mit keiner Lösung.

16 Die Polizei misst bei einem Autounfall in der Ortschaft die Bremsspuren der beiden beteiligten Pkw: 13,80 m und 19,30 m.
a) Welche Geschwindigkeiten sind die beiden Wagen auf trockenem Asphalt mindestens gefahren? Waren die Geschwindigkeiten in Ordnung?
b) Wie ist die Situation zu beurteilen, wenn sich der Unfall auf nassem Pflaster ereignet hätte?
c) Erkläre, warum nur die positive Lösung der quadratischen Gleichung wirklich sinnvoll ist.

17 [●] Snowboardspringer bewegen sich bei ihren Flügen mit ihrem Körperschwerpunkt auf Parabelbahnen.

a) Schätze die reale Flughöhe und Sprungweite eines Snowboardspringers.
b) [ ] Prüfe dies mithilfe eines Computerprogramms (Link links).
c) Nimm an, er fliegt auf einer Flugbahn, die sich durch $f(x) = -0{,}14286x^2$ beschreiben lässt, und seine maximale Höhe über dem ebenen Boden beträgt 2,50 m. Berechne seine Flugweite.
Fertige zunächst eine Skizze der Flugbahn in einem geeigneten Koordinatensystem an. Mache dir klar, welcher Wert dir darin bekannt ist.
d) Ein anderer Springer erreicht eine maximale Höhe von 3 m bei derselben Funktionsgleichung wie in Aufgabenteil c). Wie weit fliegt er?
e) Erkläre, warum bei der Lösung der quadratischen Gleichungen hier zwei Lösungen sinnvoll sind.

Online Link zu Aufgabe 17b: 720380-0701

Quadratische Funktion

Alle **quadratischen Funktionen** besitzen **Parabeln** als Graphen.

Normalparabel

Die Funktion mit der Gleichung $\mathbf{f(x) = x^2}$ ist die einfachste quadratische Funktion. Ihr Graph ist die **Normalparabel**.

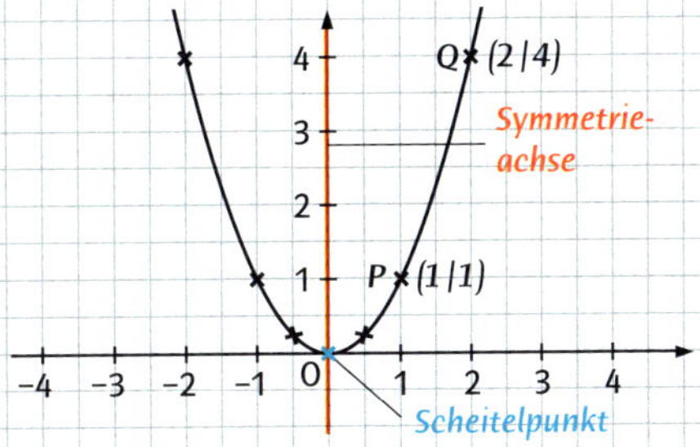

Quadratische Funktion mit der Gleichung $f(x) = ax^2$

Für quadratische Funktionen mit der Gleichung $\mathbf{f(x) = ax^2}$ gilt:
Bei $\mathbf{a > 0}$ ist die Parabel nach oben geöffnet, bei $\mathbf{a < 0}$ nach unten.
Bei $\mathbf{a > 1}$ und bei $\mathbf{a < -1}$ ist die Parabel schmaler als die Normalparabel, bei $\mathbf{0 < a < 1}$ und $\mathbf{-1 < a < 0}$ ist sie breiter.
Der **Scheitelpunkt** ist der **Ursprung** (0|0).
Die y-Achse ist die **Symmetrieachse**.
Bei der **Normalparabel** ist a = 1.

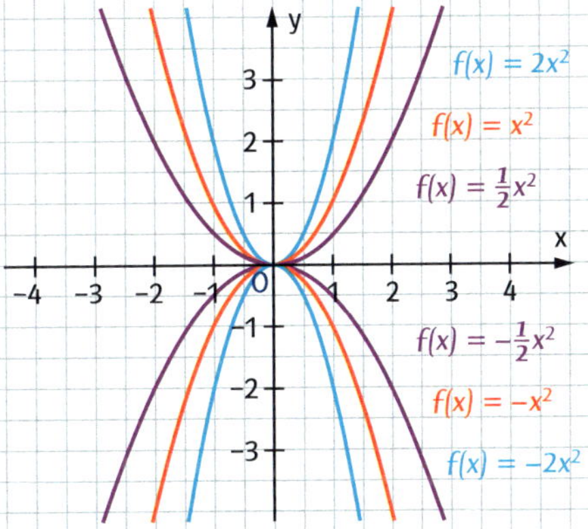

Wertetabelle zu $f(x) = -\frac{1}{2}x^2$

x	-3	-2	-1	0	1	2	3
$-0{,}5x^2$	-4,5	-2	-0,5	0	-0,5	-2	-4,5

Bestimmung von a

Ist zu einer quadratischen Funktion der Form $f(x) = ax^2$ außer dem Ursprung ein weiterer Punkt gegeben, so kann man a durch Einsetzen der Punktkoordinaten bestimmen.

P liegt auf einer Parabel der Form $f(x) = ax^2$.
Punkt P (10|50) in f(x) einsetzen und nach a auflösen: $50 = a \cdot 10^2$;
$a = \frac{50}{100} = \frac{1}{2}$
Funktionsgleichung: $f(x) = \frac{1}{2} \cdot x^2$

Bremsweg

Der **Bremsweg** ist eine **quadratische Funktion:** $\mathbf{s_B = av^2}$.

Auf nassem Asphalt gilt $s_B = 0{,}0064\,v^2$.
Ein Pkw mit einer Geschwindigkeit von $50\,\frac{km}{h}$ hat einen Bremsweg (in m) von
$s_B = 0{,}0064 \cdot 50^2 = 60\,m$.

Quadratische Gleichungen

Man löst **quadratische Gleichungen**, indem man sie so umformt, dass x^2 alleine auf einer Gleichungsseite steht. Dann zieht man die Wurzel.

$0{,}0077x^2 = 23{,}3 \quad | : 0{,}0077$
$x^2 = 3026 \quad | \sqrt{\ }$
$x_1 \approx 55$ oder $x_2 \approx -55$

[leicht]

1 Berechne die fehlenden Werte.

x	−3	−2	−1	0	+1	+2	+3
$f(x) = 4x^2$		+16		0			

2 Hier sind die Parabeln zu $f(x) = 3x^2$ und zu $g(x) = 0{,}5x^2$ dargestellt.

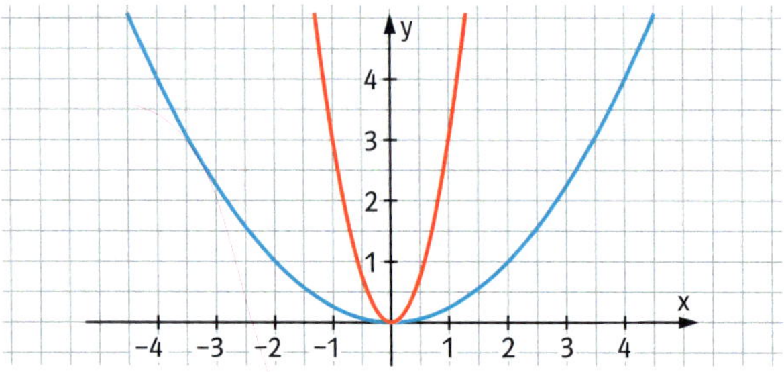

Welcher Graph gehört zu welcher Funktionsgleichung? Begründe.

3 Wie ist die Parabel geöffnet? Vergleiche mit der Normalparabel.

a) $f(x) = 2x^2$ b) $f(x) = 0{,}2x^2$

c) $f(x) = -0{,}1x^2$ d) $f(x) = -30x^2$

4 Das parabelförmige Hauptseil einer Hängebrücke lässt sich mit $f(x) = 0{,}0111x^2$ beschreiben.

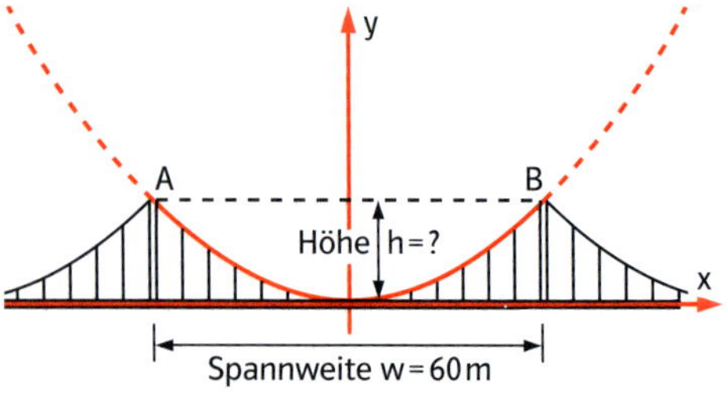

a) Wie hoch sind die beiden Brückentürme A und B?

b) Wie lang ist das senkrechte Halteseil bei x = 15 m?

5 a) Ein Lkw (a = 0,011) fährt 35 $\frac{km}{h}$. Wie lang ist sein Bremsweg?

b) Eine rasende Radfahrerin (a = 0,013) tritt bei gleicher Geschwindigkeit wie der Lkw in Teilaufgabe a) voll auf die Bremse. Ist ihr Bremsweg kürzer oder länger?

[mittel]

1 Ergänze die fehlenden Werte ohne zu rechnen und gib die Funktionsgleichung an.

x	−3	−2	−1	0	+1	+2	+3
f(x) = ?				0	+3,5	+14	

2 Hier sind die Parabeln zu $f(x) = 2x^2$ und zu $g(x) = -0{,}5x^2$ dargestellt.

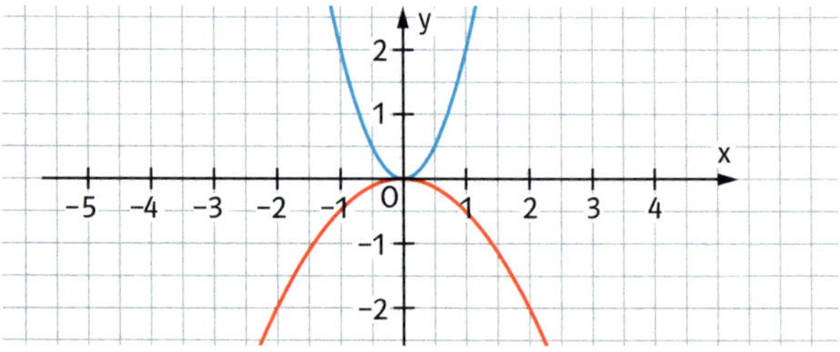

a) Welcher Graph gehört zu welcher Funktionsgleichung? Nenne jeweils zwei Gründe.

b) Lies die Funktionswerte zu x = +1 und x = −2 ab.

3 Beschreibe die Öffnung der Parabel.

a) $f(x) = 35{,}8x^2$ b) $f(x) = -0{,}01x^2$

c) $f(x) = 0{,}9x^2$ d) $f(x) = -10{,}3x^2$

4 Das parabelförmige Hauptseil einer Hängebrücke hat die Spannweite w = 20 m und die Höhe h = 8 m.

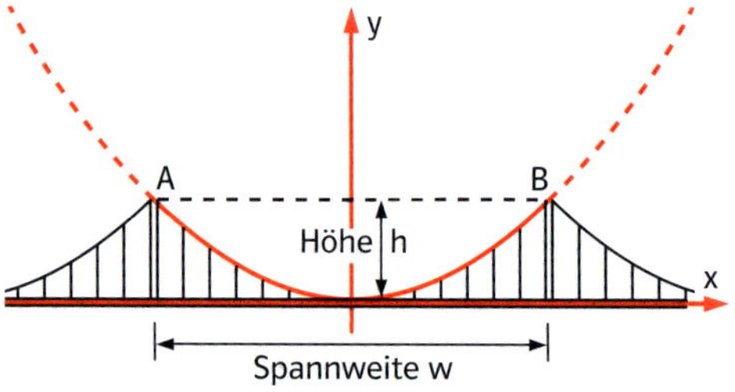

a) Bestimme eine passende Funktionsgleichung.

b) Wie lang ist das senkrechte Halteseil bei x = 9 m?

5 a) Ein Pkw fährt 80 $\frac{km}{h}$ auf trockenem Pflaster (a = 0,0064). Um wie viele Meter und wie viel Prozent verlängert sich der Bremsweg, wenn es anfängt zu regnen (a = 0,0077)?

b) Wie schnell fuhr er auf trockenem Asphalt, wenn seine Bremsspur 37 m lang ist?

 ▹ Lösungen zum Test, Seite 151

Solche Bilder wie unten findet man ab und zu in der Zeitung. Überlege mal, wie viel mal größer die „Riesin" ist.
Aber es finden sich auch Beispiele, bei denen Darstellungen nicht richtig sind.
In einigen Fällen ist das ein Versehen.

Oft sind Grafiken bewusst nicht richtig gestaltet, um einen bestimmten Eindruck nahe zu legen. Man muss besonders aufpassen, um nicht hereingelegt zu werden. Schreibt der Zeitung oder Firma, wenn ihr solche Darstellungen entdeckt.

Die Riesin und der Zwerg

Mit 74,61 Zentimetern Körpergröße ist der Mongole He Pingping der kleinste Mann der Welt. Beim Fototermin für das Guiness-Buch der Rekorde in London reicht der 20-Jährige dem Model Swetlana Pankratowa gerade mal bis zum Knie. Kunststück: Die 1,96 Meter große Russin ist die Frau mit den weltweit längsten Beinen (132 Zentimeter).

(Frankfurter Allgemeine, 18.09.2008)

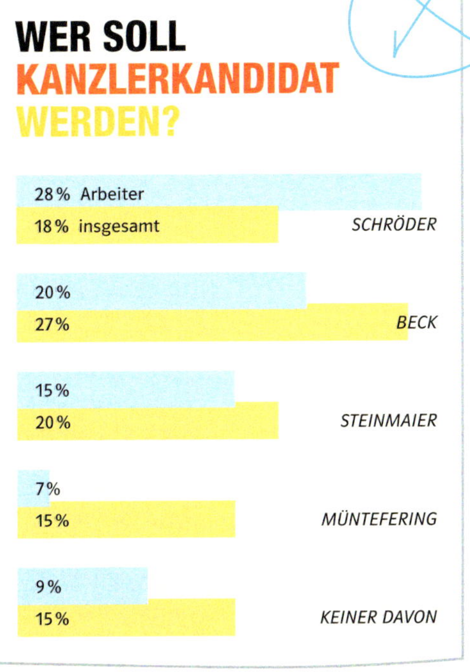

(BILD online, 13.05.2007)

In diesem Kapitel lernt ihr,

- den Blick zu schärfen, wie vielfältig Mathematik in Zeitungen und im Alltag vorkommt.
- Angaben aus Zeitungsartikeln zu veranschaulichen.
- Zahlenangaben in Zeitungsartikeln zu überprüfen.
- falsche oder manipulierte Darstellungen zu erkennen.
- euch weitere Informationen aus dem Zahlenmaterial eines Artikels zu errechnen.

Prozente, Prozente

1 Welche Fehler wurden hier im Umgang mit Prozenten gemacht? Korrigiere sie. Entwirf einen Leserbrief.

Hauswand als Laufsteg für die Top-Models

20 Meter lang – und ein Gefälle von 100 %: das ist der steilste Laufsteg der Welt. Lediglich durch ein Seil gesichert, müssen die verbleibenden zehn Kandidatinnen bei „Germany's Next Topmodel" heute eine Hauswand hinablaufen.

(Hessische Allgemeine, 17.4.2008)

Jeder Vierte ist ein Faschingsmuffel

Drei Viertel der Deutschen sind Karnevals- und Faschingsmuffel. In einer Umfrage sagten 75 Prozent, sie gingen weder auf eine Faschingsveranstaltung noch verkleideten sie sich.

(Husumer Nachrichten, 2.2.2008)

Zahl des Tages

5 818 696 Personen sind im Jahr 2006 vom Flughafen Hamburg aus zu einer Flugreise gestartet. Fast zwölf Prozent mehr als im Vorjahr (3,8 Millionen) und gleichzeitig mehr als je zuvor. Zwei Drittel der Fluggäste hatten Auslandsziele gebucht. 224 536 Personen flogen in asiatische Länder.

(Morgenpost Hamburg, 8.11.2008)

2 a) Wie viel waren die *T-Aktien* zu Jahresbeginn etwa wert?
b) Im März 2000 betrug der Wert dieser Aktie 103,50 €. Wie viel Prozent hat sie seitdem an Wert verloren?

Mit T-Aktien falsch verbunden

Das Drama „Volksaktie" nimmt kein Ende. Am Freitag fielen Papiere der Deutschen Telekom zwischenzeitlich bis auf 7,83 Euro und damit auf den tiefsten Stand in der Geschichte. Seit Jahresbeginn haben T-Aktien mehr als 25 Prozent eingebüßt.

(Frankfurter Rundschau, 9./10.5.2009)

3 a) Wie viele Personen werden durchschnittlich pro Monat kontrolliert?
b) Wie viele Minderjährige werden pro Monat beim Schwarzfahren erwischt? Wie viele Jungen, wie viele Mädchen?

Schwarzfahren

Pro Monat werden etwa 3000 bis 4000 Bremer beim Schwarzfahren erwischt. Das sind rund fünf Prozent der kontrollierten Bus- und Bahnbenutzer. Die Dunkelziffer sei allerdings etwa doppelt so hoch, sagt Andreas Ehlers, Geschäftsführer des Bremer Service-Teams (BST).
Es würden bewusst sowohl ältere als auch jüngere Kontrolleure eingesetzt. 20 Prozent der erwischten Personen seien minderjährig, doppelt so viele Jungen wie Mädchen würden schwarzfahren.
„Pro Jahr entstehen mehrere Millionen Euro Einbuße wegen der Menschen, die sich keine Fahrkarte kaufen", klagt Ehlers.

(Weser-Kurier 30.8.2002)

4 a) Wie groß war der gesamte hessische Strombedarf?
b) Wie groß war der durchschnittliche Strombedarf eines Haushaltes?

Atomenergie

Biblis deckt 62 Prozent des Stromverbrauchs

Biblis. 62 Prozent des hessischen Stromverbrauchs hätten im August aus der Produktion des südhessischen Atomkraftwerks Biblis gedeckt werden können. Die beiden Blöcke des Kraftwerks erzeugten zusammen 1,8 Milliarden Kilowattstunden Strom. Diese Menge reicht nach Angaben von RWE Power für 6,5 Millionen Haushalte aus.

(Frankfurter Rundschau, 15.9.2006)

5 a) Was ist in der Darstellung unten nicht in Ordnung?
b) Diese Darstellung ist vermutlich ganz bewusst gemacht worden. Warum wohl?

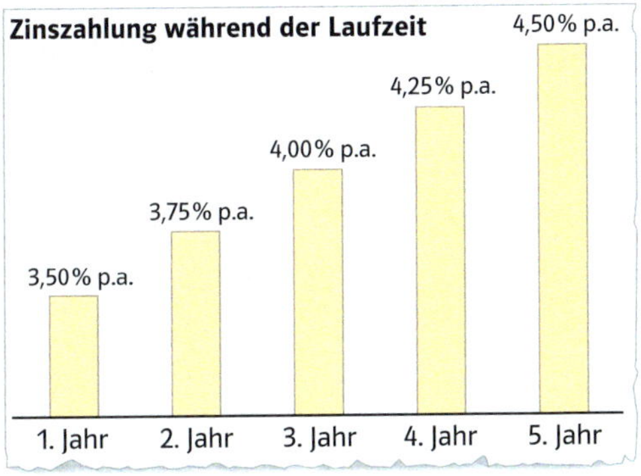

(Werbung Commerzbank Schatzbrief März 2009)

6 a) Beschreibe, wie sich die Weltbevölkerung nach der Prognose in der Grafik unten ändern wird: In welchen Regionen wächst die Bevölkerung, in welchen schrumpft sie?
b) Um wie viel Prozent wächst die Weltbevölkerung bis zum Jahr 2050?
c) [●] Betrachte die Veränderung in Asien genauer.
- Wie groß ist ihr Anteil in Prozent heute?
- Wie groß wird ihr Anteil 2050 sein?
- Warum nimmt der Anteil in Prozent ab, obwohl die Bevölkerung größer wird?

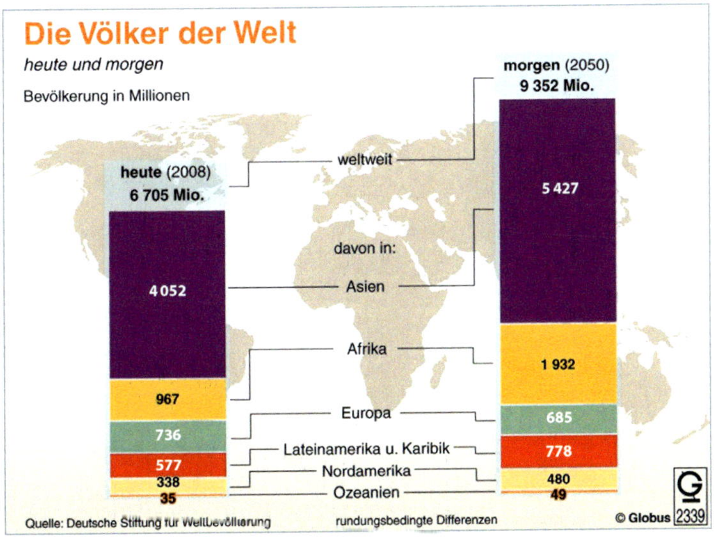

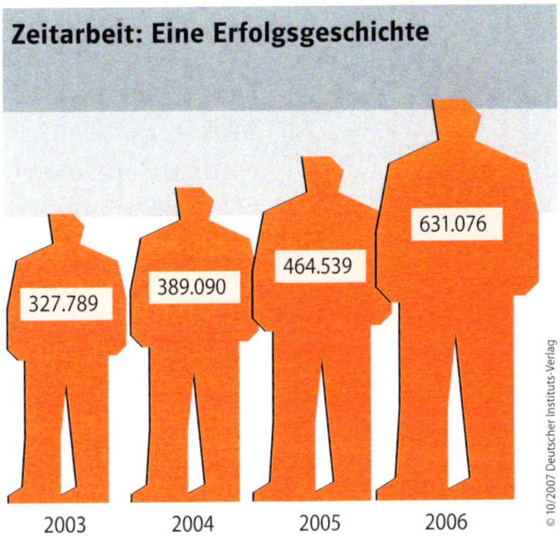

7 a) Überprüfe die Grafiken oben und unten. Sind die Größenverhältnisse richtig dargestellt?
Wenn nein, was ist falsch?

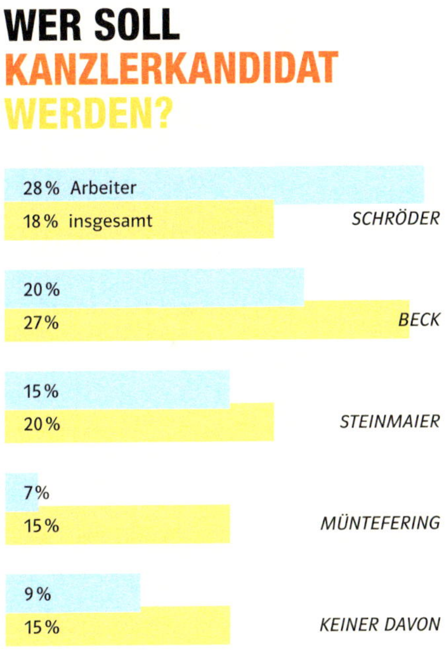

b) [👥 @ ✎] Sucht selbst in Zeitungen oder Zeitschriften Grafiken, die nicht richtig dargestellt wurden. Präsentiert eure Ergebnisse der Klasse.
Lest euch vorher die Seiten 135/136 durch.

Anschauliche Vergleiche

1 a) Wie hoch stünde die Wassermenge in eurem Klassenraum?
b) Wie lange hat es wohl gedauert, das Becken zu füllen? Tipp: Wie lange dauert es, eine Badewanne (160 l) zu füllen?
c) Welchen Durchmesser hatte das zylinderförmige Tauchbecken?

Tauchbecken aus Plexiglas platzte

Freiburg (ap). Auf einer Freizeitmesse in Freiburg ist gestern ein vier Meter hoher Tauchturm aus Plexiglas geplatzt. Drei Menschen wurden verletzt, wie ein Polizeisprecher mitteilte. In die Ausstellungshalle ergossen sich 17 000 Liter Wasser. Der Turm war erst vor zwei Wochen in „Wetten, dass ... ?“ zu sehen: Bei der Wette ging es darum, Luftballons unter Wasser aufzublasen und platzen zu lassen. Der Vorfall gestern ereignete sich kurz nach Öffnung der Messe, deshalb befanden sich nur wenige Menschen in der Nähe. Unter den Verletzten ist ein Mitarbeiter der Betreiber des Tauchturms, der sich ein Bein brach.

(Weser-Kurier, 17.3.2002)

2 a) Wie hoch stand das Wasser auf ebenen Flächen ohne Zu- und Abfluss?
b) Wie viel Liter Wasser fielen auf eine Fläche von 20 km^2?

Rekord-Regen im Norden

Hamburg (dpa/att). Mit Regen in Rekordmenge hat Tief „Claudia“ Norddeutschland überschüttet und erhebliche Schäden angerichtet. Unzählige Keller liefen voll, Straßen wurden über- und Gleise unterspült. Betroffen waren vor allem Niedersachsen, Schleswig-Holstein, Hamburg sowie Teile Sachsen-Anhalts und Mecklenburg-Vorpommerns. Zahlreiche Straßen – darunter auch Autobahnen – und Bahnstrecken mussten gesperrt werden. Mancherorts fiel innerhalb von 24 Stunden so viel Regen wie noch nie an einem Tag im Juli. Auf dem Brocken im Harz fielen nach Angaben des Deutschen Wetterdienstes innerhalb von 24 Stunden 155 Liter Regen pro Quadratmeter. Damit wurde der bisherige Brocken-Tagesrekord vom 20. Juli 1997 mit damals 115 Litern weit übertroffen. Im Harz gab es entlang der Flüsse teilweise die stärksten Überschwemmungen seit Jahren.

(Weser-Kurier, 19.7.2002)

3 a) Wie groß ist die ganze Hand?
b) Wie groß wäre die Figur, die zu dieser Hand gehört?

(Weser-Kurier, 27.6.2001)

4 Wie viel Landschaft geht verloren, wenn ein 1 km langes Autobahnstück gebaut wird? Gib einen anschaulichen Vergleich.

Freie Fahrt zwischen Lübeck und Stettin

Umweltschützer hatten zum Teil massiv gegen den Autobahnbau protestiert. Vor allem im Peenetal bei Jarmen hatten sie mit einem Hüttendorf versucht, den Bau der Querung über das sensible Schutzgebiet zu verhindern. mehr ...

(Spiegel online, 30.11.2005)

Richtig oder falsch?

1 a) Wie viel Liter sind 1 Barrel?
b) Wie viel Liter Erdöl verbrauchte Deutschland 2006?
c) Wie hoch war der Verbrauch 1996?
d) Wie viel mal so viel Öl verbrauchen die USA verglichen mit Deutschland ungefähr?
e) Wie hoch ist der Ölverbrauch pro Kopf in Deutschland und in den USA?
f) Welche Aussage stimmt für China? Begründe deine Antwort.
1) „Der Erdölbedarf hat sich seit 1996 verdoppelt."
2) „Chinas Ölverbrauch ist heute dreimal größer als 1996."
g) Kannst du erklären, warum Chinas Ölbedarf so stark gestiegen ist?

Tipp
USA:
305 Mio. Einwohner
Deutschland:
84 Mio. Einwohner

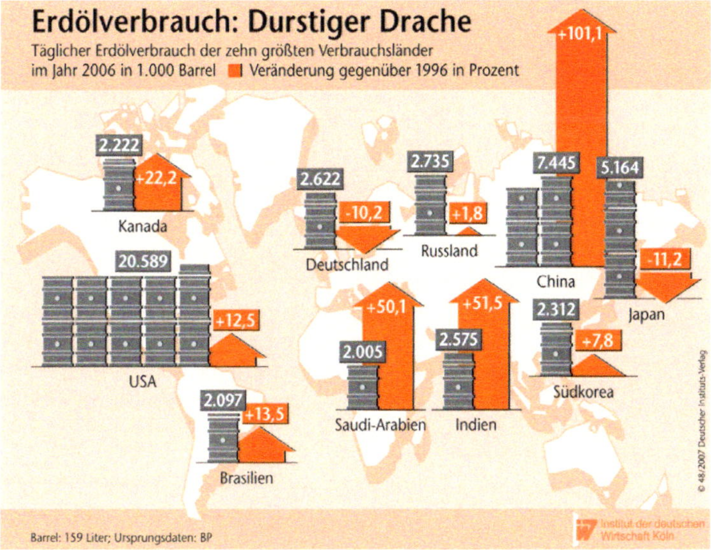

2 a) Wie lang müsste der Balken für den Zinsertrag sein, damit die Grafik stimmt?
b) Wie groß wäre der Zinsertrag, wenn die Balkenlänge stimmen würde?

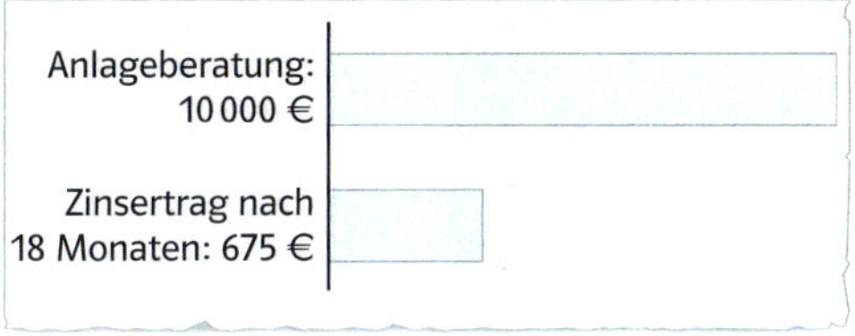

(Kundenmagazin Sparda-Bank Nov./Dez. 2007)

3 Könnte die Angabe in der Überschrift stimmen? Prüfe nach.

215 Kilogramm Münzen als Protest

Schubkarren voller Geld – das klingt nach Reichtum und in jedem Fall nach einem Grund zur Freude. Doch ein Mann in Belgien will seine Stromfirma mit Schubkarren voller Geld ärgern. Er plant, die Karren mit Centmünzen zu beladen. Insgesamt 215 Kilogramm Kleingeld will er hineinfüllen, genau 931,02 Euro. So viel Geld muss der Mann nämlich für seinen Strom zahlen. Das ärgert ihn, denn Strom ist in letzter Zeit teurer geworden.

(Westfälische Nachrichten, 17.07.2008)

4 Die Grafik unten hat das Hessische Kultusministerium veröffentlicht.
a) Wie viel Geld wurde 2007 in Hessen für Bildung ausgegeben?
b) „Die Ausgaben für Bildung wurden seit 1999 verdoppelt".
Wodurch wird in der Grafik dieser Eindruck vermittelt?
Begründe, dass diese Aussage nicht stimmt.

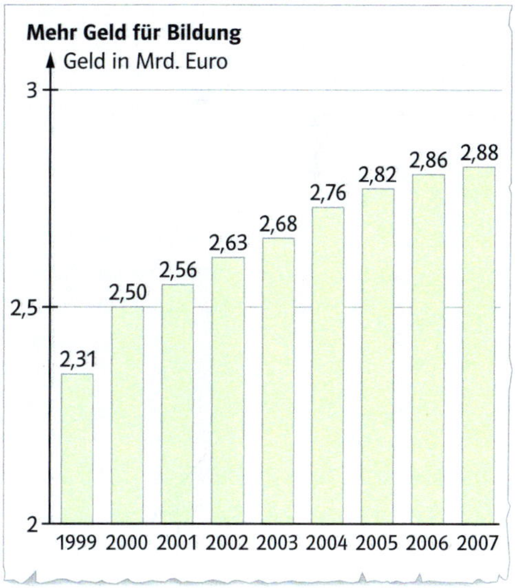

(Hess. Kultusministerium 2008)

Weitere Informationen berechnen

1 In einer Sesselliftstation befand sich dieses Schild. Rechne nach.

a) Ist die Bahn durchschnittlich steiler als 30°? Überlege z. B. mit einer Zeichnung.

b) Wie lange fährt man bis zur Bergstation?

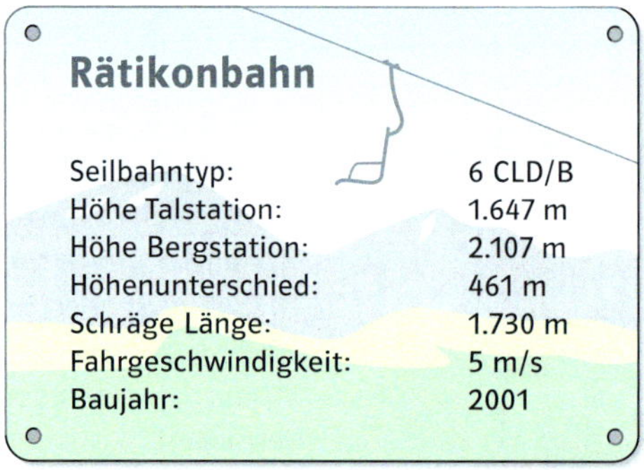

2 Dieses Schild befindet sich auf einem Parkplatz auf Mallorca.

a) Wie viel muss man für 1 Stunde und 23 Minuten bezahlen?

b) Nach welcher Zeit hat man die Höchstkosten von 14,49 € erreicht?

3 [●] Schaue dir die Grafik unten genau an und lies den Text gründlich durch.

a) Wie viel Wasser gibt es auf der Erde? Wie viel Liter sind das?

b) Wie viel Liter Wasser stehen als Trinkwasser zur Verfügung?

c) Ordne die Zahlen im Text unten den Kreisdiagrammen zu.

d) In Deutschland gibt es etwa 164 Milliarden m^3 Süßwasser. 62 % davon sind Grundwasser, 28 % Oberflächenwasser und rund 10 % Quellwasser.

- Veranschauliche die Wassermenge. Wie viele volle Schwimmbäder ergibt das?
- Stelle die Anteile in einem Kreisdiagramm dar.

Wasser ist kostbar

Fast $\frac{3}{4}$ der Erde sind mit Wasser bedeckt.
Warum gibt es dennoch Wassermangel?

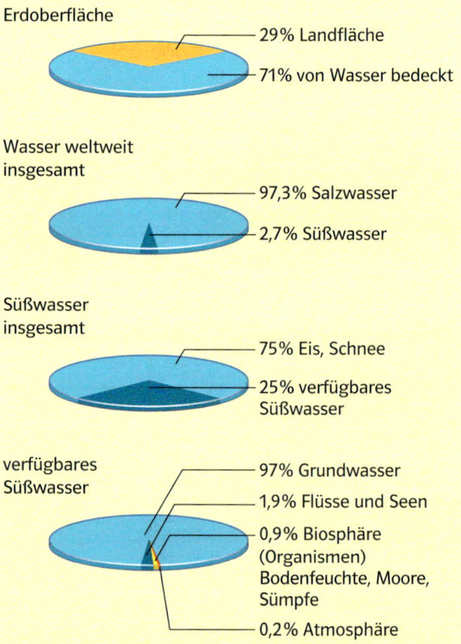

Auf der Erde gibt es 1,3 Milliarden km^3 Wasser. Das meiste ist Meerwasser. Nur ca. 2,7 % sind Süßwasser. Der größte Teil davon ist in Form von Eis in der Arktis und der Antarktis vorhanden. 0,02 % des gesamten Wasservorkommens auf der Erde müssen für die Trinkwasserversorgung des Menschen reichen.

Messen im Gelände*

Ihr habt gelernt, wie man mithilfe des Satzes von Pythagoras eine fehlende Seitenlänge in einem rechtwinkligen Dreieck berechnet. Dazu müssen aber die anderen beiden Seitenlängen bekannt sein – was nicht immer der Fall ist.
In diesem Kapitel lernt ihr, wie man auf neue Weise Längen oder Winkel in rechtwinkligen Dreiecken berechnet. Solche Verfahren machen sich den Zusammenhang von Seitenlängen und Winkelgrößen zu Nutze. Sie werden schon seit Jahrhunderten beim Vermessen von Gelände und in der Seefahrt genutzt.

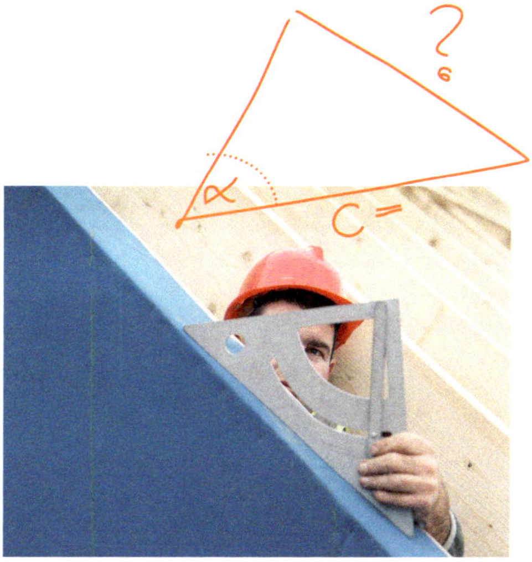

In diesem Kapitel lernt ihr,

- wie Winkel und Seitenverhältnisse in rechtwinkligen Dreiecken zusammenhängen.
- was die Taschenrechnertasten *sin*, *cos* und *tan* leisten.
- wie man in jedem rechtwinkligen Dreieck aus drei gegebenen Größen weitere Größen berechnen kann.
- wie man mit einfachen Geräten selbst Vermessungsaufgaben bewältigen kann.

Check-in

Über diese Dinge solltest du Bescheid wissen, bevor du dich mit dem Thema „Messen im Gelände" beschäftigst.
Lege ein Blatt auf die Buchseite und kreuze an, wie du dich einschätzt.
Mit den Aufgaben auf der rechten Seite kannst du deine Einschätzung überprüfen.

Wenn du nach dieser Überprüfung noch Kreuzchen in der dritten oder vierten Spalte hast, arbeite deine Lücken auf: Du findest in der Mathematischen Werkstatt am Ende des Buches Zusammenfassungen und Übungsaufgaben zu vielen Themen. Du kannst aber auch Mathe-Bücher aus den vorherigen Schuljahren oder die Formelsammlung benutzen oder jemanden fragen, der sich damit auskennt.

Checkliste

	Kann ich schon	Da bin ich fast sicher	Ich bin noch unsicher	Kann ich noch nicht
1 *Ich kenne die Winkelsumme im Dreieck.*	☐	☐	☐	☐
2 *Ich kann Winkel messen, zeichnen und benennen.*	☐	☐	☐	☐
3 *Ich kann Dreiecke aus drei Bestimmungsstücken konstruieren.*	☐	☐	☐	☐
4 *Ich kann zu einer geometrischen Situation eine Planfigur zeichnen.*	☐	☐	☐	☐
5 *Ich weiß, wie man in rechtwinkligen Dreiecken den Satz des Pythagoras anwendet.*	☐	☐	☐	☐
6 *Ich kann am Computer Dreiecke konstruieren und verändern.*	☐	☐	☐	☐

In der Mathematischen Werkstatt findet ihr:

- Längen und Flächen, Seite 123/124 und 126
- Dynamische Geometriesoftware, Seite 129/130

Aufgaben zur Checkliste

1 Winkel und Seiten im Dreieck

a) Berechne den Winkel γ.

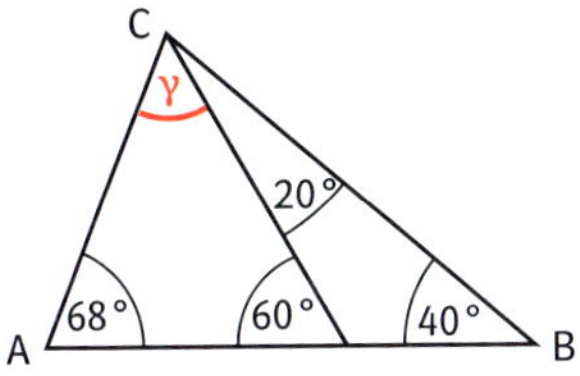

b) Kann ein rechtwinkliges Dreieck einen stumpfen Winkel haben?

2 Winkel zeichnen und messen

a) Zeichne folgende Winkel:
$\alpha = 17°$, $\beta = 98°$, $\gamma = 156°$ und $\delta = 205°$.
b) Miss die Größe aller Winkel.

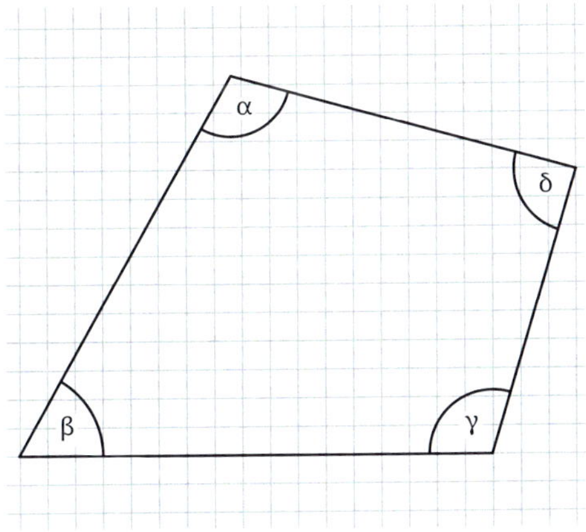

3 Dreiecke konstruieren

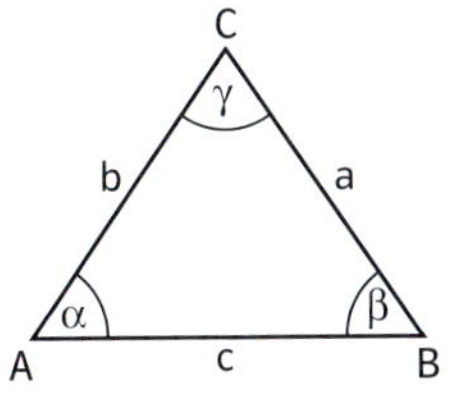

Konstruiere das Dreieck. Zeichne immer erst eine Planfigur.
a) a = 5 cm, b = 7 cm, $\gamma = 100°$
b) a = 9 cm, $\alpha = 35°$, $\beta = 55°$
c) a = 6,5 cm; c = 8 cm; $\beta = 60°$
d) a = 8,5 cm, b = 3 cm, c = 10 cm

4 Planfiguren zeichnen

In einem Dreiecksprisma sind die Seiten der Grundfläche mit 3 cm alle gleich lang. Die Körperhöhe beträgt 8 cm.
Zeichne eine Planfigur zur Berechnung
a) der Höhe in der Dreiecksgrundfläche
b) der gesamten Oberfläche.

5 Satz des Pythagoras anwenden

a) Welche Seiten sind die Katheten, welche ist die Hypotenuse im Dreieck? Beschreibe, wie du das erkennst.

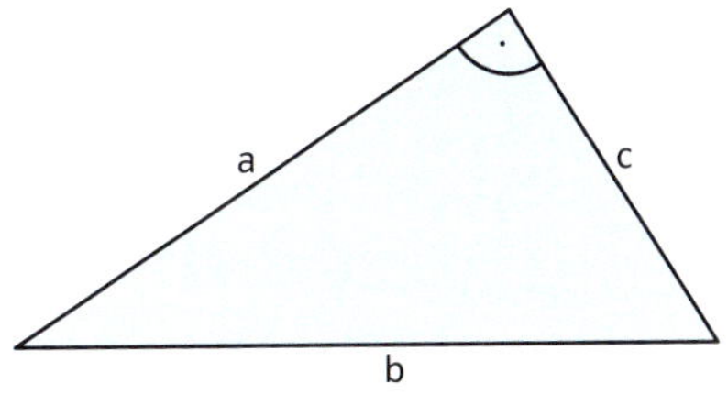

b) Berechne die Länge der Hypotenuse.

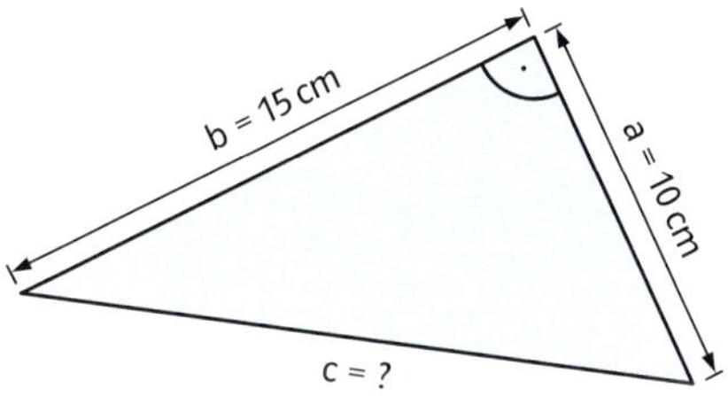

c) Berechne die Länge der Kathete.

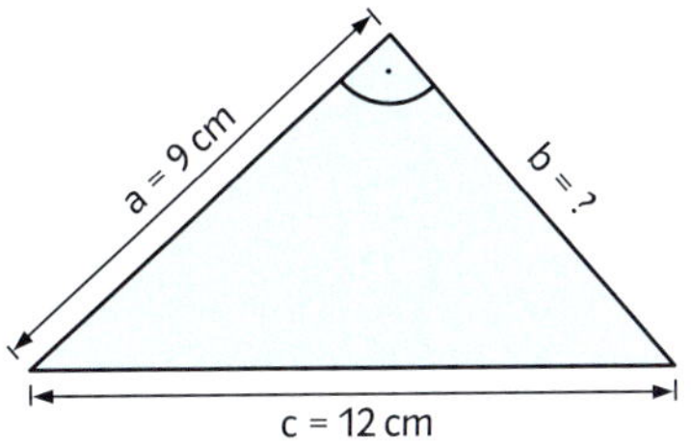

6 [💻] Konstruieren mit einer dynamischen Geometriesoftware

a) Zeichne ein Dreieck aus drei Strecken. Verändere die Form des Dreiecks, indem du einen Eckpunkt mit der Pfeiltaste bewegst.
b) Konstruiere ein Dreieck mit der Funktion *Vieleck zeichnen*. Verändere auch hier die Form des Dreiecks.
c) Miss die Seitenlängen und Winkel.

▻ Lösungen, Seite 147

Seiten- und Winkelbeziehungen

Tipp
Löst die Aufgaben mithilfe einer arbeitsteiligen Gruppenarbeit (S. 131 – 136).

1 [👥 ✎] Erstellt in Gruppen auf Plakaten Übersichten zu den folgenden Themen:
- die Winkelsumme im Dreieck,
- die Hypotenuse und die Katheten,
- der Satz des Pythagoras.

2 [👥] Zeichnet zwei beliebig große Dreiecke mit $\alpha_1 = 40°$ bzw. $\alpha_2 = 55°$ und $\gamma = 90°$.
a) Bildet aus den Seitenlängen das Verhältnis a : c und berechnet dessen Wert. Vergleicht eure Ergebnisse miteinander. Was stellt ihr fest?
b) Untersucht ebenso die Seitenverhältnisse b : c und a : b. Vergleicht sie miteinander.

Online Link zu Aufgabe 4 720380-0821

3 [👥] – Zeichnet arbeitsteilig beliebig große rechtwinklige Dreiecke ($\gamma = 90°$) mit $\alpha = 10°; 20°; 30°; \ldots; 80°$ und bildet die Seitenverhältnisse a : c, b : c und a : b.
– Übertragt die Tabelle auf ein Plakat und tragt dann eure Ergebnisse darin ein. Rundet dabei die Werte auf zwei Dezimalstellen.

α	a : c	b : c	a : b
10°			
20°			
30°			
40°			
50°			
60°			
70°			
80°			

– Beschreibt und vergleicht die Entwicklung der Werte in den einzelnen Spalten in Abhängigkeit von der Winkelgröße α. Schätzt die Verhältniswerte für $\alpha = 1°$ und $\alpha = 89°$.
– Was fällt euch in der Tabelle auf?

4 [👥 💻] Mit einem Geometrieprogramm könnt ihr für alle Winkel genau die Werte der Seitenverhältnisse darstellen.

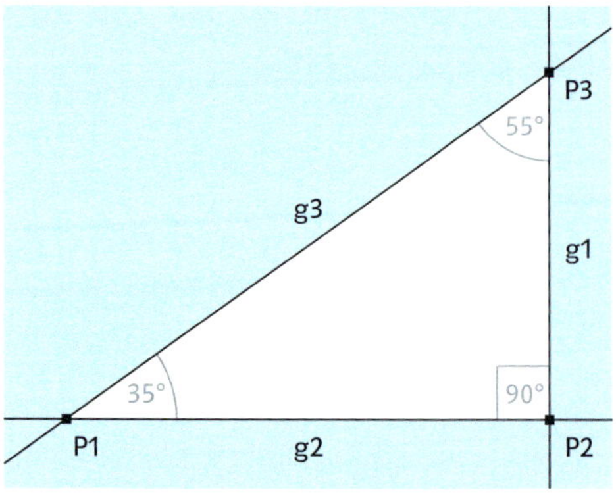

- Konstruiert ein rechtwinkliges Dreieck.
- Fixiert den rechten Winkel.
- Bezeichnet die Winkel und Seiten.
- Erzeugt in der Termberechnung die Seitenverhältnisse.
- Klickt die Ecken P1 oder P3 an und verschiebt sie.

Nun könnt ihr in der Termanzeige genau verfolgen, wie sich die Werte verändern.

Sinus, Kosinus und Tangens

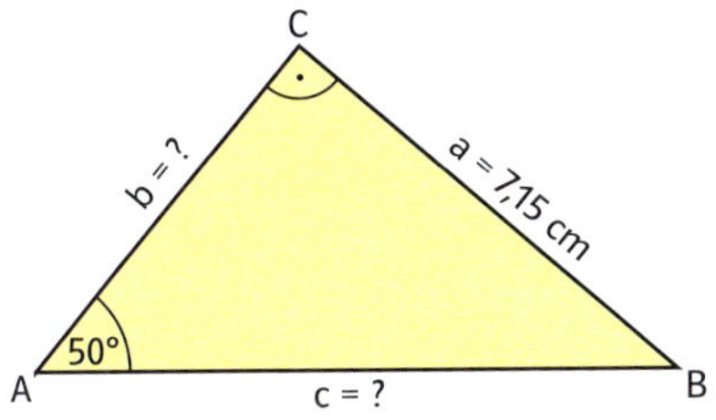

Beträgt der Winkel $\alpha = 50°$, so ist der Wert der Seitenverhältnisse $a : c = 0{,}766$ und $b : c = 0{,}643$.
Berechne die Seiten b und c.
Findest du mehrere Lösungswege?

Im **rechtwinkligen Dreieck** bestimmt der **Winkel α** alle **Seitenverhältnisse**.
Umgekehrt lässt sich der Winkel α aus jedem Seitenverhältnis berechnen.

	Das Seitenverhältnis	man liest:
	a : c wird mit **sin α**	„Sinus α"
	b : c wird mit **cos α**	„Kosinus α"
und	a : b wird mit **tan α** bezeichnet.	„Tangens α"

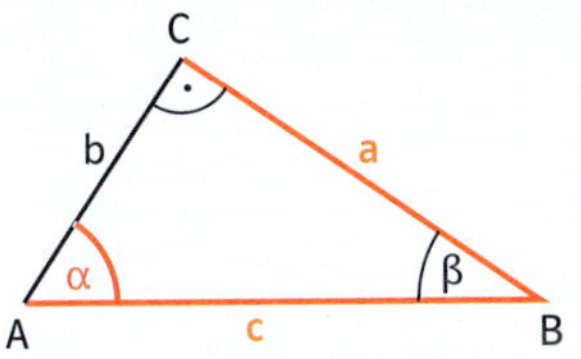

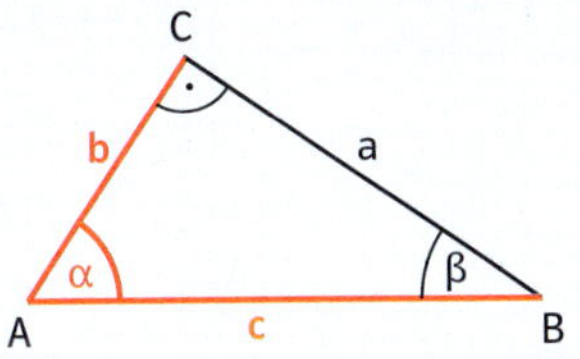

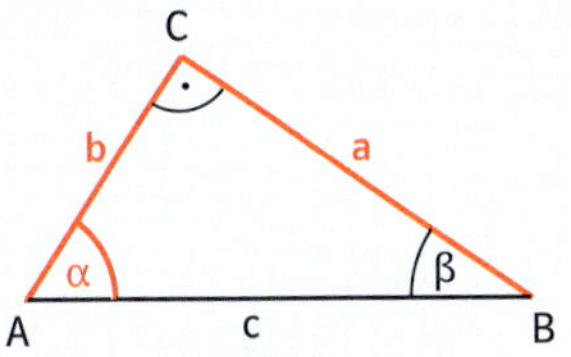

$$\sin\alpha = \frac{\text{Gegenkathete von } \alpha}{\text{Hypotenuse}} \qquad \cos\alpha = \frac{\text{Ankathete von } \alpha}{\text{Hypotenuse}} \qquad \tan\alpha = \frac{\text{Gegenkathete von } \alpha}{\text{Ankathete von } \alpha}$$

Mit der Bezeichnung **Ankathete** bzw. **Gegenkathete** wird die Definition unabhängig von den Benennungen im Dreieck.

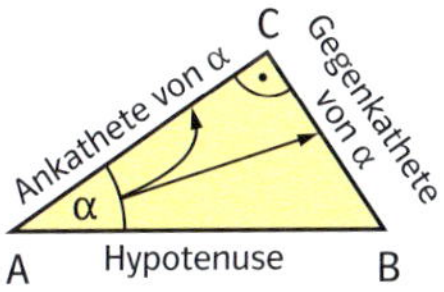

Beispiel

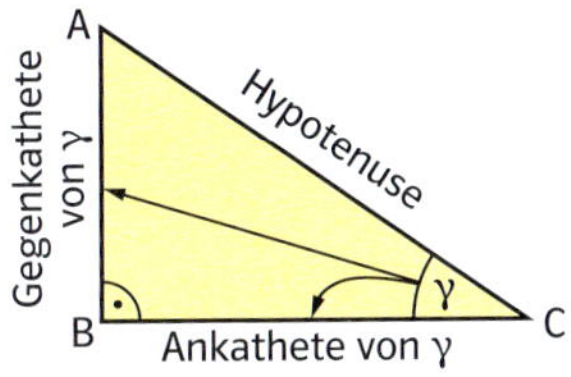

$$\sin\gamma = \frac{\text{Gegenkathete von } \gamma}{\text{Hypotenuse}}$$

$$\cos\gamma = \frac{\text{Ankathete von } \gamma}{\text{Hypotenuse}}$$

$$\tan\gamma = \frac{\text{Gegenkathete von } \gamma}{\text{Ankathete von } \gamma}$$

1 Drücke den Sinus, Kosinus und Tangens durch ein Seitenverhältnis aus.

a)

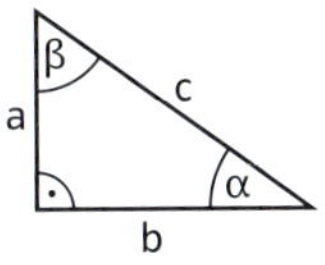

sin α = ☐ sin β = ☐

b)

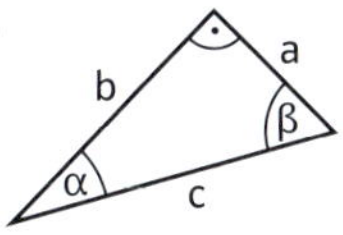

sin β = ☐ sin α = ☐

c)

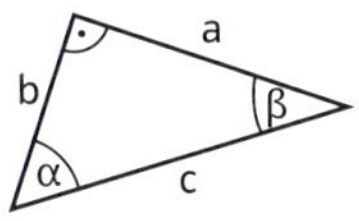

cos α = ☐ cos β = ☐

d)

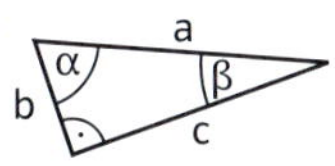

tan β = ☐ tan β = ☐

2 Sind die Seitenverhältnisse richtig oder falsch ausgedrückt?

a)

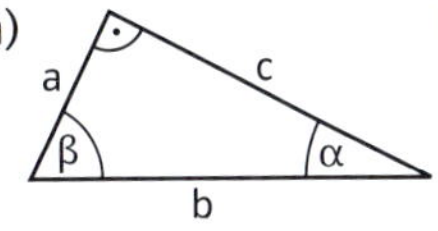

$\frac{a}{b} = \sin\alpha$ $\frac{a}{b} = \sin\beta$

b)

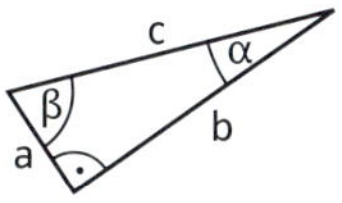

$\frac{b}{c} = \sin\alpha$ $\frac{b}{c} = \sin\beta$

c)

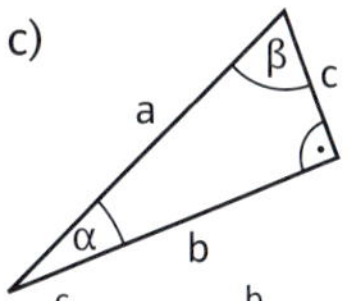

$\frac{c}{a} = \cos\beta$ $\frac{b}{a} = \cos\alpha$

d)

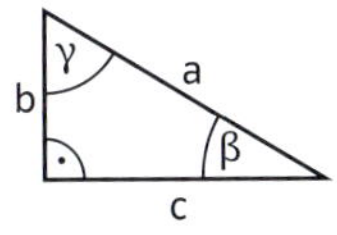

$\frac{c}{b} = \tan\gamma$ $\frac{c}{b} = \tan\beta$

▷ Mathematische Werkstatt, Seite 124 und 126

Info

α	a : c = sin α
1°	0,02
10°	0,17
20°	0,34
30°	0,5
40°	0,64
50°	0,77
60°	0,87
70°	0,94
80°	0,98
89°	≈ 1

Alle Werte sind auf zwei Dezimalstellen gerundet!

Tipp

Verwendet für die Aufgaben eure Tabelle mit den Werten der Seitenverhältnisse.

Berechnung von Seitenlängen oder Winkeln im rechtwinkligen Dreieck

Damit man in einem **rechtwinkligen Dreieck** eine unbekannte Größe bestimmen kann, müssen **zwei Seiten** oder **eine Seite und ein Winkel** (außer dem rechten Winkel) gegeben sein.

Beispiele

a) Lösung mithilfe von sin α

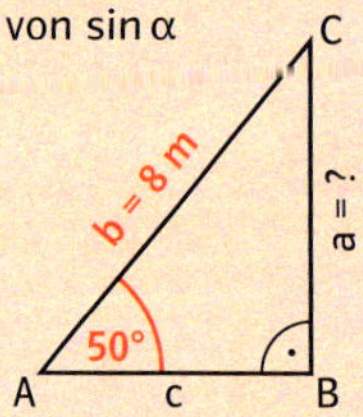

$\sin\alpha = \frac{a}{b}$

$\sin 50° = \frac{a}{8}$

$0{,}77 = \frac{a}{8}$

$a = 8 \cdot 0{,}77$

$a \approx 6{,}16\,m$

Die Kathete a ist etwa 6,16 m lang.

b) Lösung mithilfe von cos γ

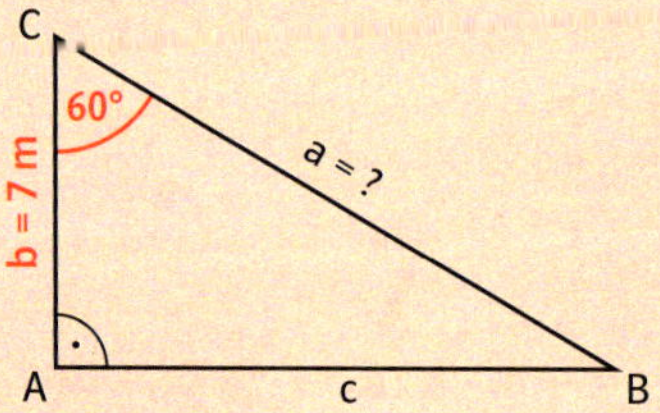

$\cos\gamma = \frac{b}{a}$

$\cos 60° = \frac{7}{a}$

$a = \frac{7}{\cos 60°}$

$a = \frac{7}{0{,}5}$

$a = 14\,m$

Die Hypotenuse a ist 14 m lang.

c) Lösung mithilfe von tan β

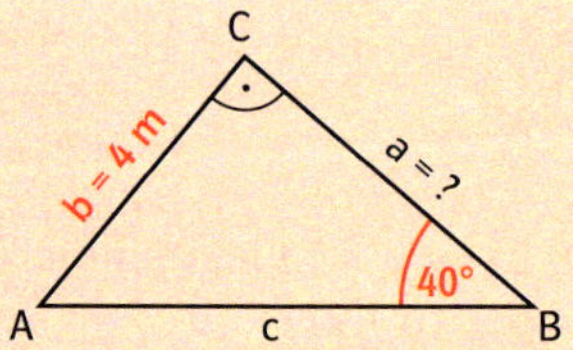

$\tan\beta = \frac{b}{a}$

$\tan 40° = \frac{4}{a}$

$a = \frac{4}{\tan 40°}$

$a = \frac{4}{0{,}84}$

$a \approx 4{,}76\,m$

Die Kathete a ist etwa 4,76 m lang.

3 [👥] Berechnet die unbekannten Seiten. Vergleicht eure Lösungen.

a)

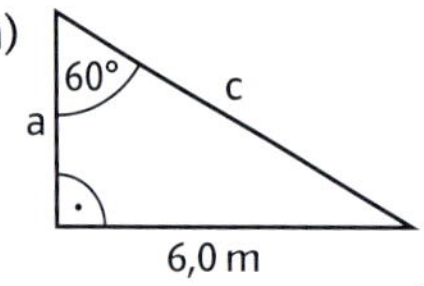

b)

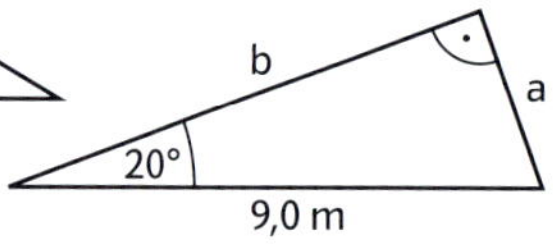

c)

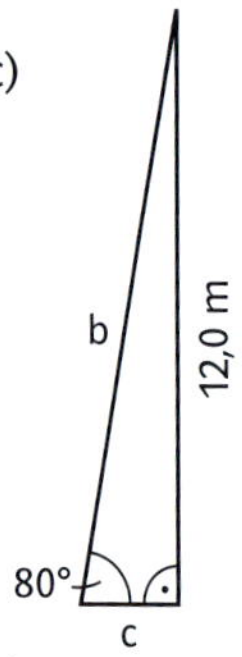

d)

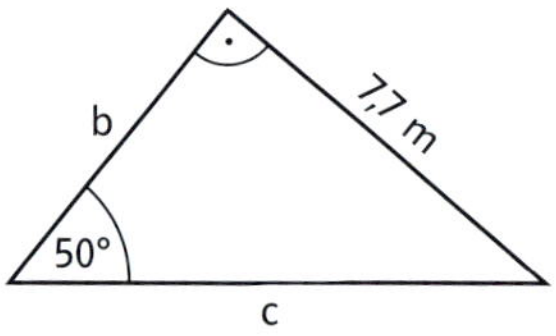

e)

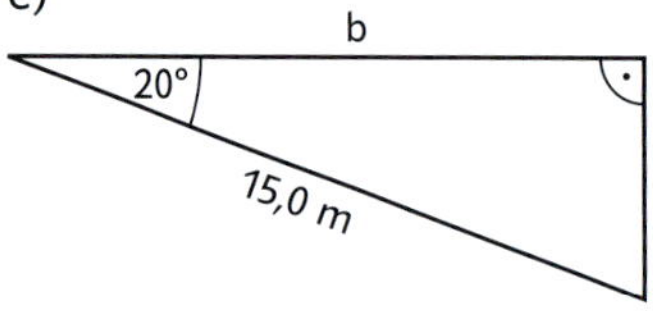

f)

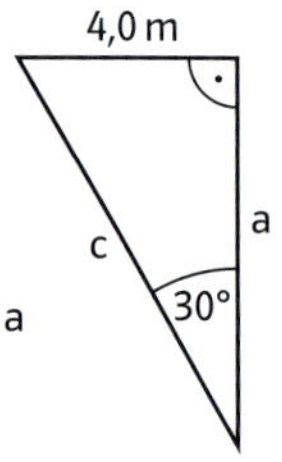

4 Berechne die Seitenverhältnisse, runde auf zwei Stellen und lies die zugehörigen Winkel aus der Tabelle ab.

a)

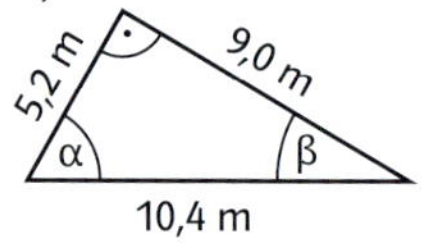

b)

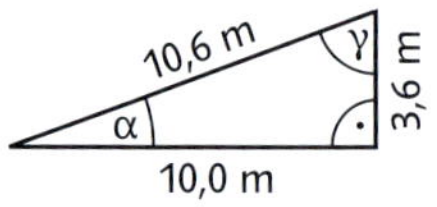

5 Welcher Fehler wurde hier bei der Berechnung der Winkel gemacht? Korrigiere die Rechnung.

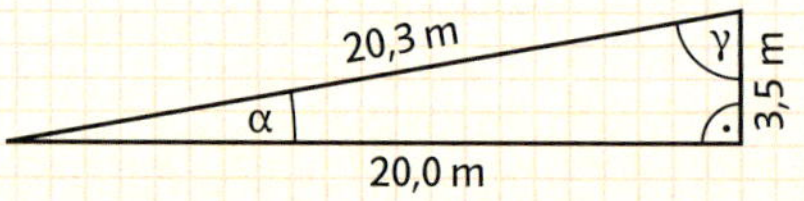

$\sin\alpha = \frac{20{,}0}{20{,}3}$

$\sin\alpha = 0{,}9852$

$\alpha = 80{,}13 \approx 80°$

$\gamma = 90° - 80°$

$\gamma = 10°$

Sinus-, Kosinus- und Tangenswerte mit dem Taschenrechner ermitteln

Die **Tangenswerte** der Seitenverhältnisse in rechtwinkligen Dreiecken können bei gegebenem Winkel α auf deinem Taschenrechner mit der Taste [tan] angezeigt werden.

Beispiel: Tangenswert von 35°:
[tan] [3] [5] [=] 0,7002075 ≈ 0,7
Für Sinus- oder Kosinuswerte musst du die entsprechenden Tasten [sin] oder [cos] verwenden.

Umgekehrt wird der Winkel zu einem errechneten oder gegebenen Tangenswert mit der Tastenfolge für $\tan^{-1}$ ermittelt.
Z. B: Welcher Winkel gehört zum Tangenswert 2,74747?
[$\tan^{-1}$] [2] [.] [7] [4] [7] [4] [7] [=] 70°

6 [▦] Berechne die fehlenden Seiten.

a)

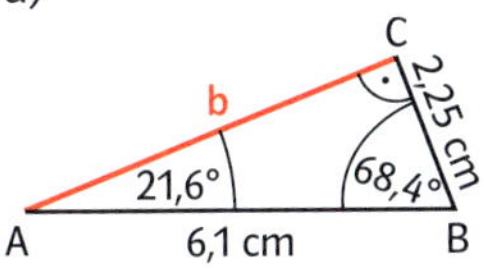

b)

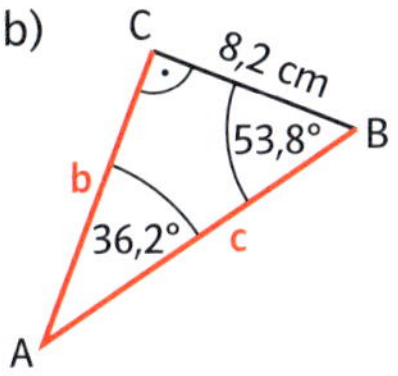

c)

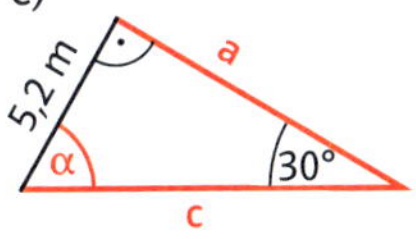

d)

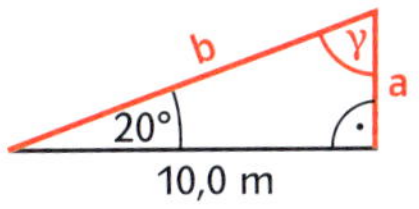

7 [▦] Berechne die fehlenden Winkel.

a)

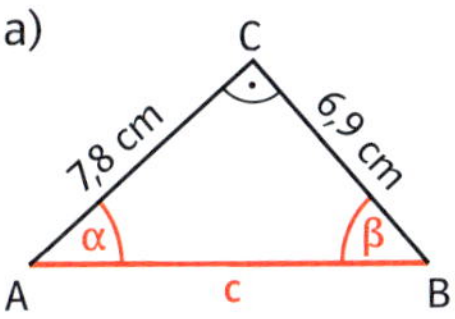

b)

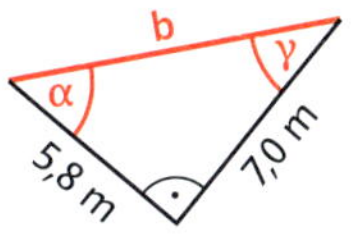

c)

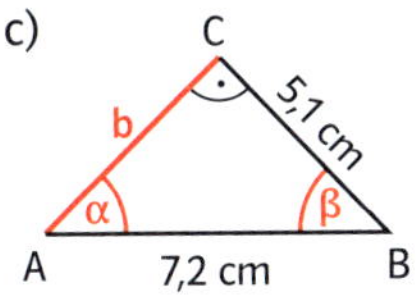

d)

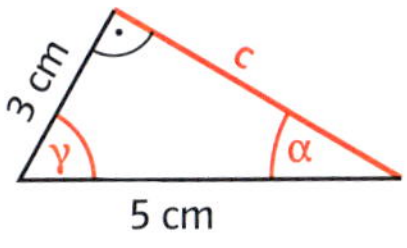

8 [▦] Berechne die unbekannten Größen. Eine Planfigur kann hilfreich sein.

	a)	b)	c)	d) [●]	e) [●]
a in cm	4,5		5,8	6,5	6,4
b in cm		9,6		2,3	
c in cm					3,6
α	38°	90°			
β		72°	58°		90°
γ	90°		90°	90°	

9 Falte ein DIN-A4-Blatt zweimal diagonal. In welchem Winkel schneiden sich die Diagonalen?
Erstelle eine Planfigur.

10 Wie lang sind die Diagonalen in diesen Rauten?
Schreibe deine Rechnungen sorgfältig auf.

a)

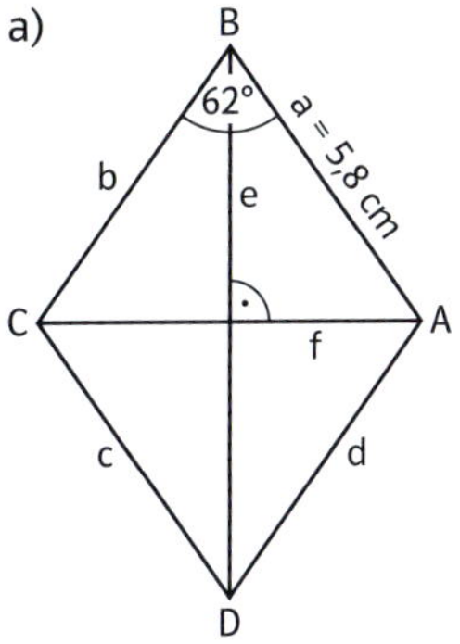

b)

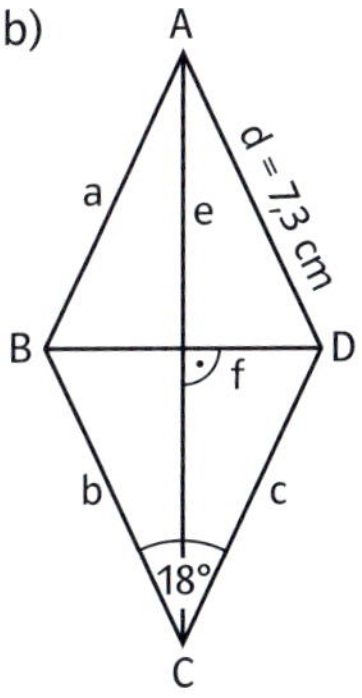

11 [●] Berechne den Umfang und den Flächeninhalt des Trapezes.

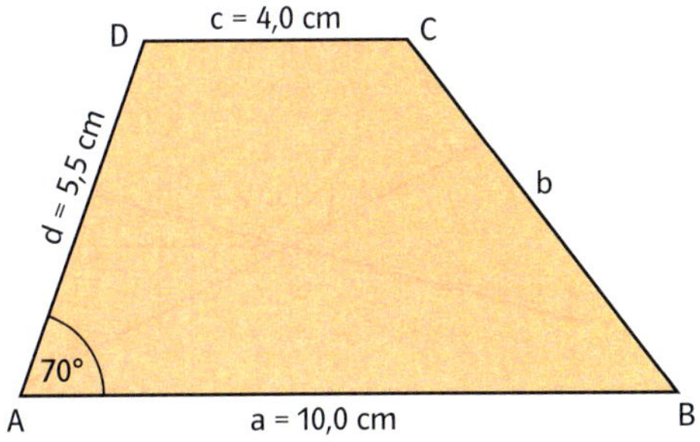

Tipp: Zeichne zwei Hilfslinien ein, sodass rechtwinklige Dreiecke entstehen.

▷ Mathematische Werkstatt, Seite 123/124 und 126

Messverfahren im Gelände

1 [👥 ✂] Höhenberechnung

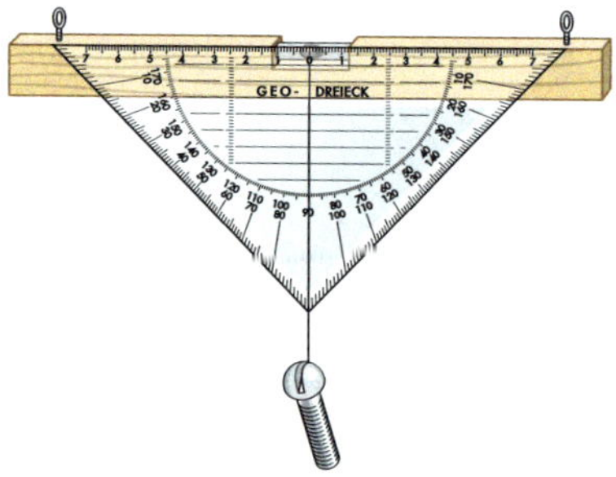

Bau eines Höhenwinkelmessers
- Klebt an die obere Kante eines Schulgeodreiecks eine Wasserwaage.
- Befestigt an dem Nullpunkt des Geodreiecks eine Schnur mit Gewicht.
- Dreht zur besseren Anvisierung in die Wasserwaage zwei Ösenschrauben ein.

Messung mit dem Höhenwinkelmesser
Wollt ihr die Höhe eines Baums, eines Hauses, eines Turms bestimmen, dann
- fertigt eine Skizze an.
- legt fest, welche Größen ihr messen müsst.
- beschreibt den Rechenweg.
- führt die Messung im Gelände aus.
- berechnet die gesuchten Größen.

Skizze:

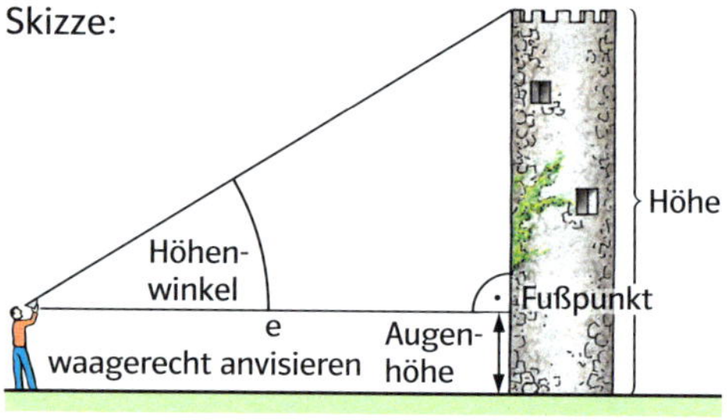

2 [👥 ✂] Entfernungsberechnung

Bau einer Winkelscheibe
- Zeichnet Winkelscheibe, Visier und Zeiger auf Karton und schneidet sie aus.
- Visier falzen und Löcher einstanzen.
- Befestigt die Visierscheibe mit Zeiger drehbar auf der Winkelscheibe.
- Steckt die Winkelscheibe mittig auf das Stativ.

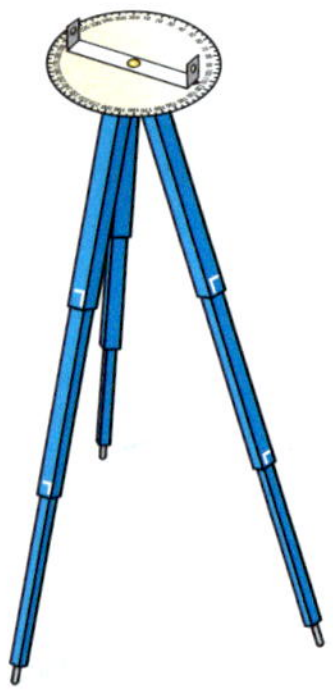

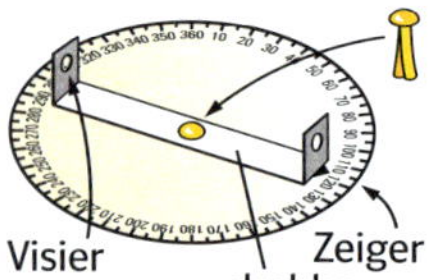

Messung mithilfe einer Winkelscheibe
- Wählt auf eurem Schulhof einen (schwer erreichbaren) Punkt A aus, dessen Entfernung ihr von eurem Standort B aus bestimmen möchtet.
- Peilt mit der Winkelscheibe den Punkt A an und schwenkt dann das Visier um 90° nach links oder rechts.
- Dort stellt sich dann ein Schüler in gut zu messender Entfernung mit einem Stab in Punkt C.
- Tauscht im Standort B die Winkelscheibe mit einem zweiten Stab und geht zu C.
- Peilt nun von Punkt C aus A an, messt den Winkel und die Entfernung $\overline{BC}$.

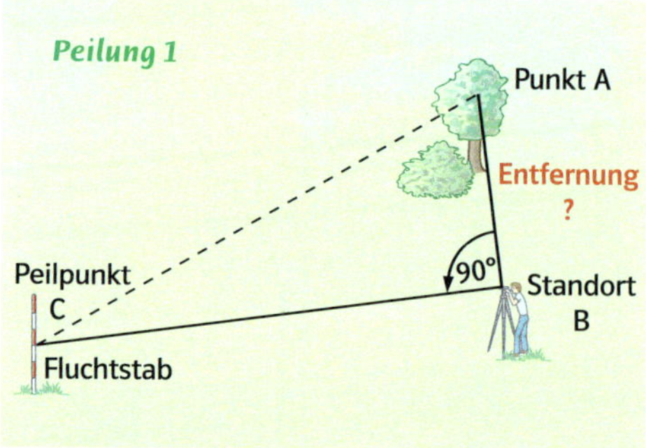

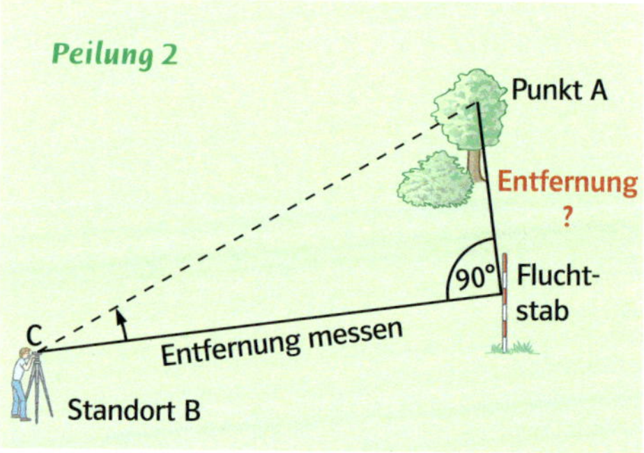

Messen im Gelände

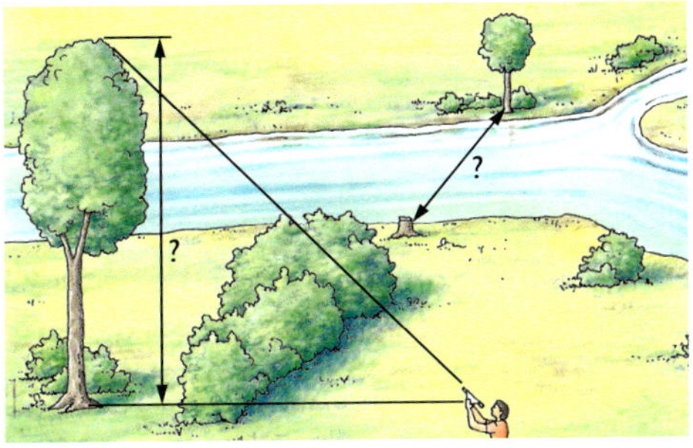

Um die Entfernungen unzugänglicher Geländepunkte zu bestimmen, muss man oft mit sin, cos oder tan rechnen.

Arbeitsschritte

1. Schritt im Klassenraum:
- *Messverfahren festlegen.*
- *Skizze erstellen und zu messende Winkel und Längen markieren.*
- *Tabelle für die Eintragung von Messergebnissen vorbereiten.*

2. Schritt draußen im Gelände:
- *Messpositionen festlegen.*
- *Rechten Winkel festlegen.*
- *Messungen mehrmals durchführen, um Fehler zu vermeiden.*
- *Messergebnisse in die Tabelle eintragen.*

3. Schritt wieder im Klassenraum:
- *Berechnungen durchführen.*

1 Auf dem Schulhof soll die Höhe eines Baumes berechnet werden.

a) Welche Messwerte braucht man?

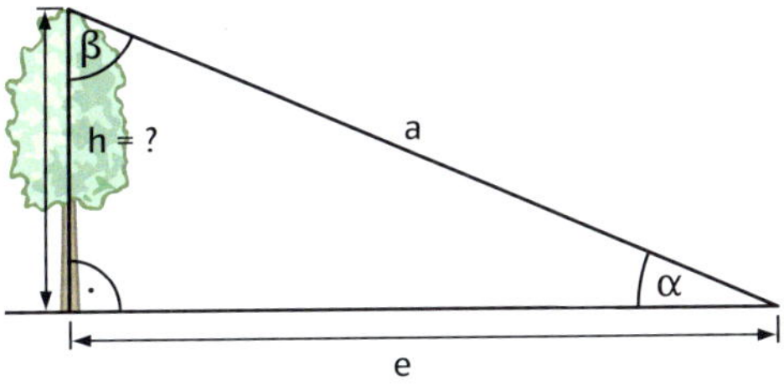

b) An einem Teichufer liegen zwei Punkte A und B, deren Abstand voneinander berechnet werden soll. Welche Skizze ist richtig?

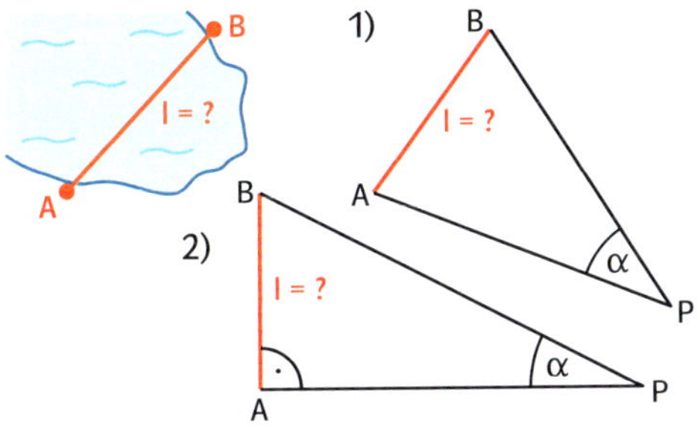

2 [ooo] Sucht euch ähnliche Messobjekte aus und führt selbst Messungen und Berechnungen durch.

3 [●] Ein Gebäude wirft auf den Schulhof einen 18,5 m breiten Schatten. Vom Schattenrand wird die Oberkante des Gebäudes unter einem Höhenwinkel von 39° angepeilt.

a) Wie hoch ist das Gebäude?

b) Welche Auswirkung auf das Ergebnis haben Messfehler von 1°?

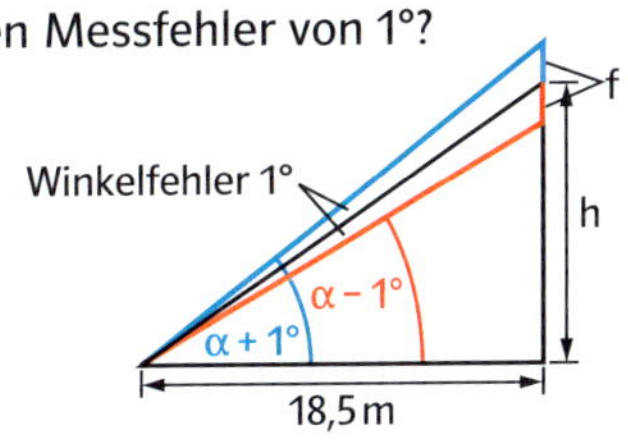

4 [ooo] Bestimmt die Breite des Flusses.

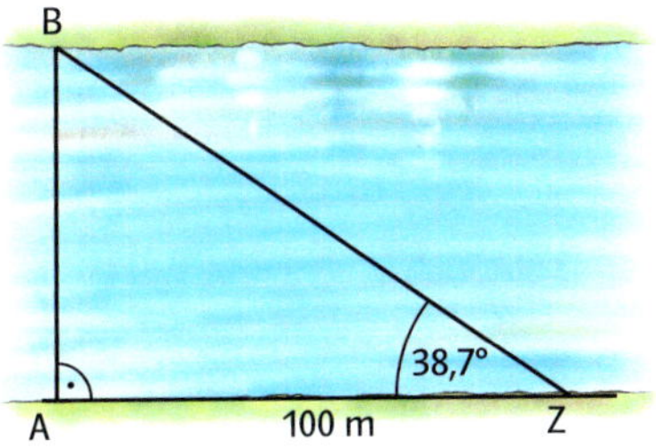

Beschreibt das Messverfahren. Vergleicht eure Lösungswege.

Steigungen – auf und ab

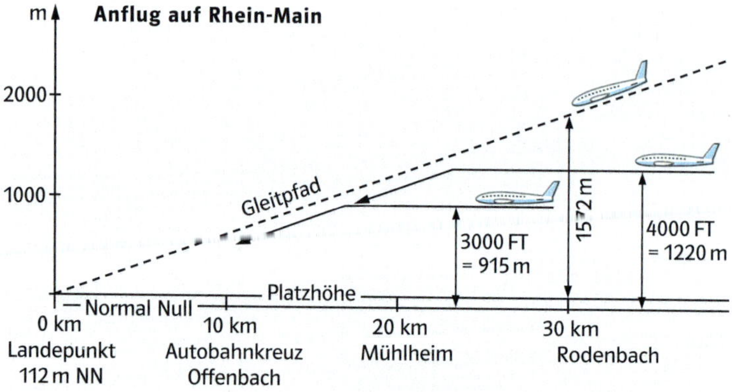

5 a) Gib die Steigung des Lande-Gleitpfades in Grad und in Prozent an.
b) Wie viele Kilometer gleiten die Flugzeuge auf dem Gleitpfad, die in 3000 Fuß bzw. 4000 Fuß Höhe auf die Bahn einschwenken?
c) Welche Höhe hat ein Flugzeug auf der Gleitbahn, das noch 25 km vom Flughafen entfernt ist?

Info

1 Fuß = 30,5 cm

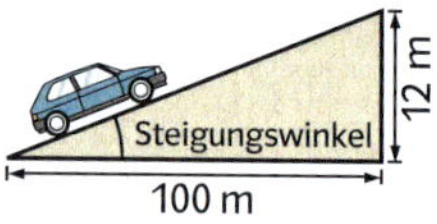

Steigung:
$\frac{12\,m}{100\,m} = 0{,}12 = 12\,\%$
Welcher Steigungswinkel ergibt sich?

6 Bei Geländewagen ist die Steigfähigkeit wichtig.
a) Wagen A hat 25 % Steigfähigkeit, Wagen B kann 16° Steigung bewältigen. Vergleiche.
b) Ein Unimog fuhr 1992 den Weltrekord an Steigfähigkeit im Gelände ein. Er schaffte in Vorwärtsfahrt eine Steigung von 100 %. Welchen Steigungswinkel hatte die Strecke?

7 Wie viel Grad Steigung hat diese Straße?

8 An einem Gebäude soll eine Auffahrtsrampe für Rollstuhlfahrer errichtet werden. Wie lang muss sie sein, wenn der Steigungswinkel höchstens 5° betragen darf?

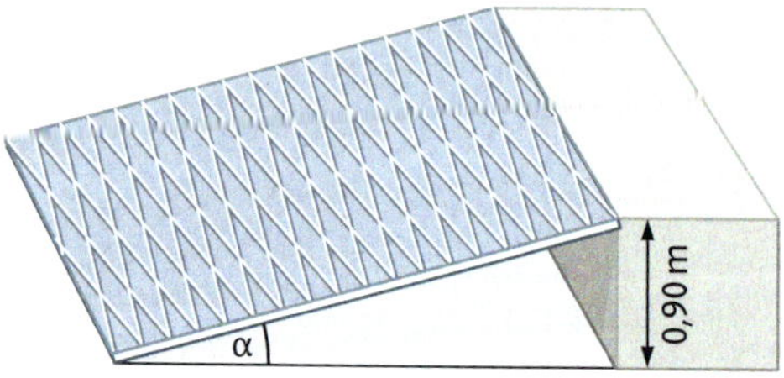

9 a) Schätze den Steigungswinkel dieser Brücke.
b) Versuche mithilfe von Vergleichsgrößen den Steigungswinkel der Brücke möglichst genau zu bestimmen.

10 Eine Etappe der *Tour de France* führte durch die französischen Alpen. Hier mussten die Radfahrer große Höhenunterschiede bewältigen.
a) Wie groß war auf der Strecke von *La Madeleine* nach *Aigueblanche* das durchschnittliche Gefälle?
b) Wie groß war die durchschnittliche Steigung von *Aigueblanche* nach *Courchevel*?

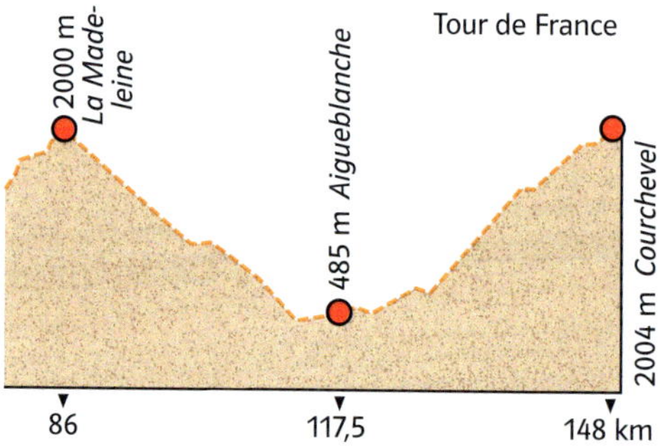

▷ Mathematische Werkstatt, Seite 112/113

Seitenverhältnisse in rechtwinkligen Dreiecken

In rechtwinkligen Dreiecken mit $\gamma = 90°$ gilt:

$\sin\alpha = \frac{\text{Gegenkathete von } \alpha}{\text{Hypotenuse}}$

$\cos\alpha = \frac{\text{Ankathete von } \alpha}{\text{Hypotenuse}}$

$\tan\alpha = \frac{\text{Gegenkathete von } \alpha}{\text{Ankathete von } \alpha}$

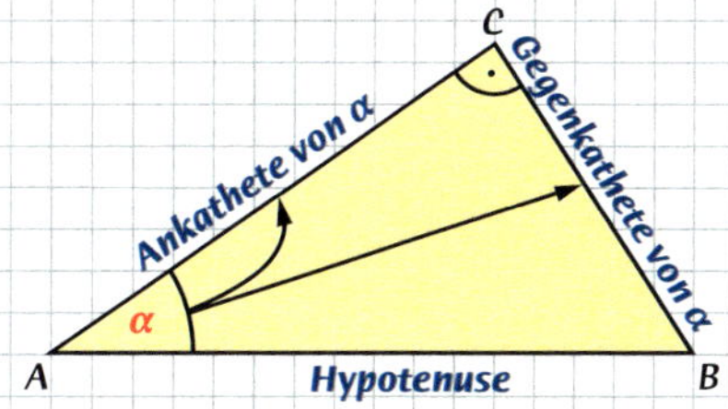

Berechnungen in rechtwinkligen Dreiecken

Mithilfe der Seiten-Winkel-Beziehungen kann man in rechtwinkligen Dreiecken aus
- zwei Seiten **einen Winkel** berechnen.

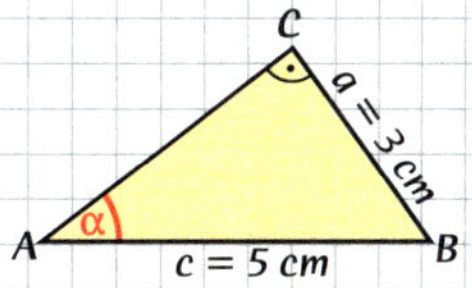

$\sin\alpha = \frac{\text{Gegenkathete von } \alpha}{\text{Hypotenuse}} = \frac{3\,\text{cm}}{5\,\text{cm}} = 0{,}6$

$\alpha \approx 36{,}9°$

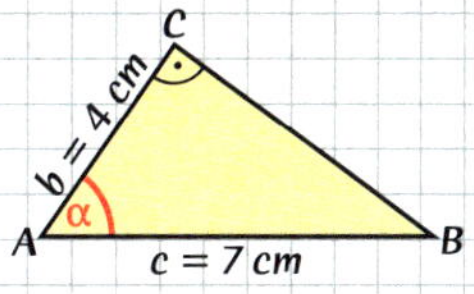

$\cos\alpha = \frac{\text{Ankathete von } \alpha}{\text{Hypotenuse}} = \frac{4\,\text{cm}}{7\,\text{cm}} \approx 0{,}571$

$\alpha \approx 55{,}2°$

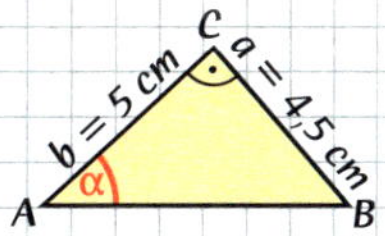

$\tan\alpha = \frac{\text{Gegenkathete von } \alpha}{\text{Ankathete von } \alpha} = \frac{4{,}5\,\text{cm}}{5\,\text{cm}} = 0{,}9$

$\alpha \approx 42{,}0°$

- aus einer Seite und einem Winkel **eine weitere Seite** berechnen.

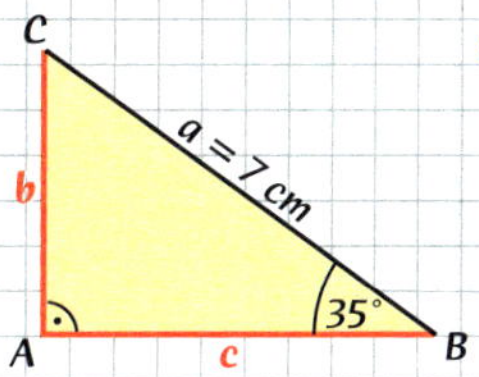

$\sin 35° = \frac{b}{7\,\text{cm}}$

$b = 7\,\text{cm} \cdot \sin 35°$

$b \approx 7\,\text{cm} \cdot 0{,}573$

$b \approx 4{,}0\,\text{cm}$

Sinus-, Kosinus- und Tangenswerte mit dem Taschenrechner ermitteln

Die **Tangenswerte** der Seitenverhältnisse in rechtwinkligen Dreiecken können bei gegebenem Winkel α auf deinem Taschenrechner mit der Taste [tan] angezeigt werden.

Tangenswert von 35°:

[tan] [3] [5] [=] 0,7002075 ≈ 0,7

Für Sinus- oder Kosinuswerte musst du die entsprechenden Tasten [sin] oder [cos] verwenden.

Umgekehrt wird der Winkel zu einem errechneten oder gegebenen Tangenswert mit der Tastenfolge für [tan⁻¹] ermittelt.

Welcher Winkel gehört zum Tangenswert 2,74747?

[tan⁻¹] [2] [.] [7] [4] [7] [4] [7] [=] 70°

[leicht]

1 Sind die Seitenverhältnisse richtig oder falsch ausgedrückt?

a) 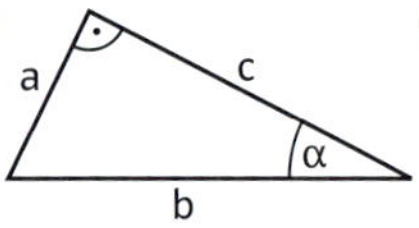

$\frac{a}{c} = \tan\alpha$

b) 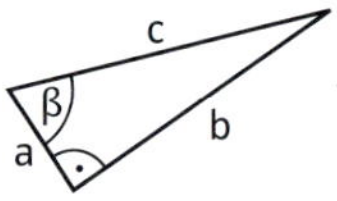

$\frac{b}{c} = \cos\beta$

2 Bestimme die unbekannten Größen.

a) 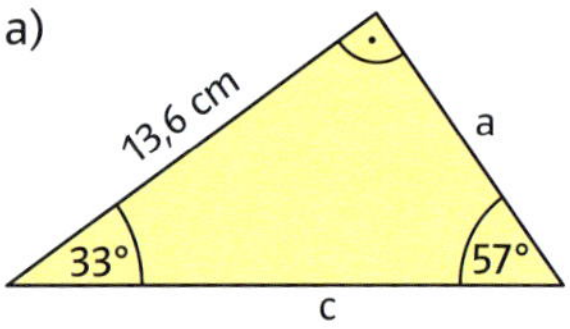

b) 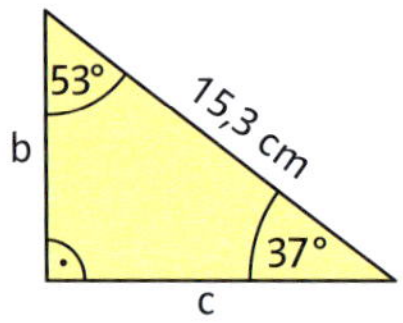

3 Eine 24 m hohe Tanne wirft einen 51,5 m langen Schatten. In welchem Winkel treffen die Sonnenstrahlen auf den Erdboden?

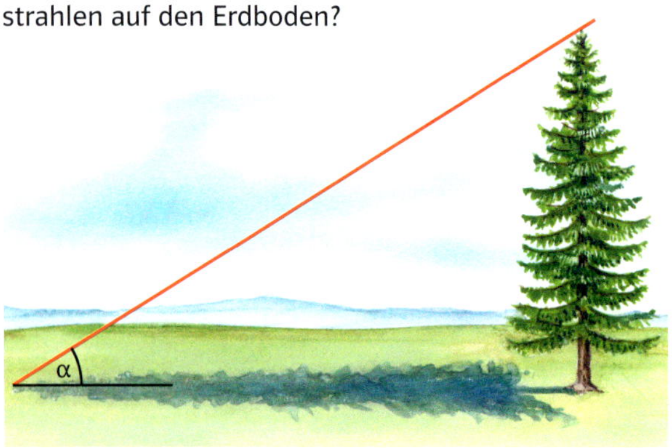

4 Eine Straße steigt auf einer horizontalen Länge von 150 m um 18 m an.

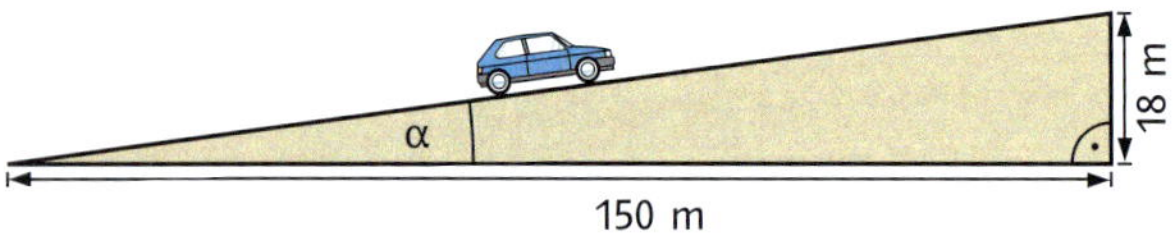

a) Berechne die Steigung der Straße in %.
b) Wie groß ist der Steigungswinkel α?

[mittel]

1 Was ist an der folgenden Berechnung falsch?

$\sin 60° = \frac{6,0}{x} \quad | : 6,0$

$\frac{\sin 60°}{6,0} = x$

$\frac{1,73}{6,0} = x$

$x \approx 0,28\,\text{cm}$

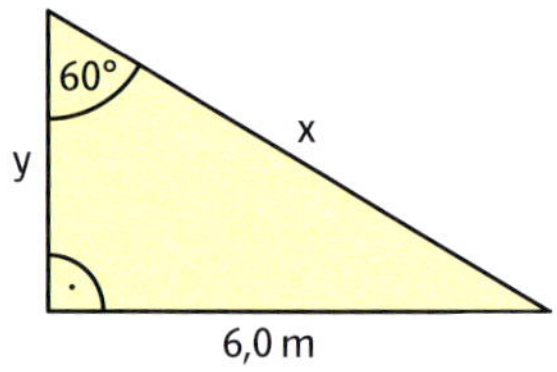

2 Eine Sendeantenne ist mit Abspannseilen verankert.

a) Wie hoch ist die Sendeantenne?
b) Wie lang sind die Abspannseile?

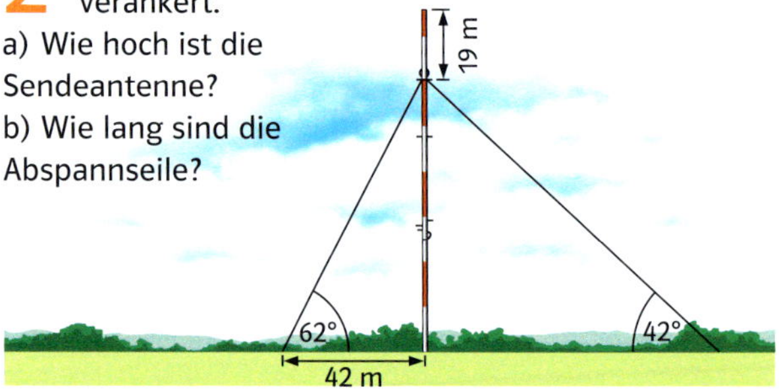

3 Punkt B auf der anderen Flussseite wird in einem Winkel von 41° angepeilt. Wie breit ist der Fluss?

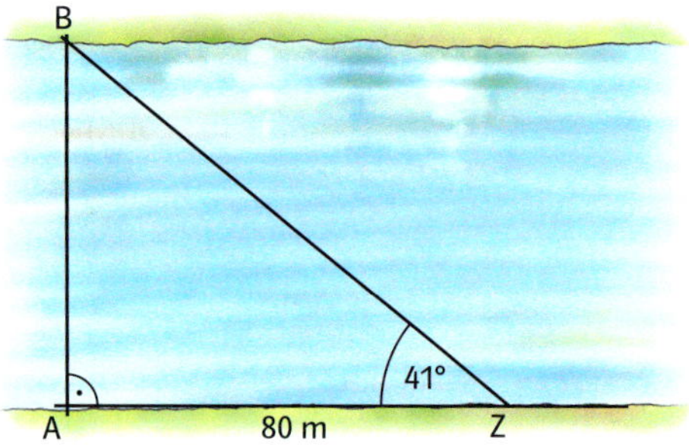

4 Von einem 20 m hohen Turm aus wird ein Punkt A am Ufer eines Flusses angepeilt. Beschreibe, in welchen Schritten man die Entfernung des Turmes vom Flussufer berechnen kann.

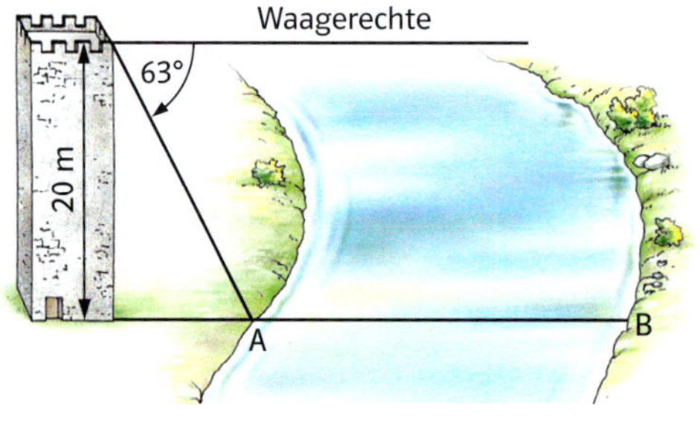

 ▻ Lösungen zum Test, Seite 152

Wachstum

Bevölkerungsprognosen
Zurzeit wächst die Weltbevölkerung um 1,2 %, die Bevölkerung Deutschlands schrumpft um 0,2 % pro Jahr.
Wie viele Menschen muss die Erde in 50 Jahren ernähren? Wie viele Menschen brauchen dann wie viel Energie?
Sollen die Entwicklungen so weiterlaufen wie jetzt?
Um solche oder ähnliche Fragen beantworten zu können, werden **Prognosen** erstellt.

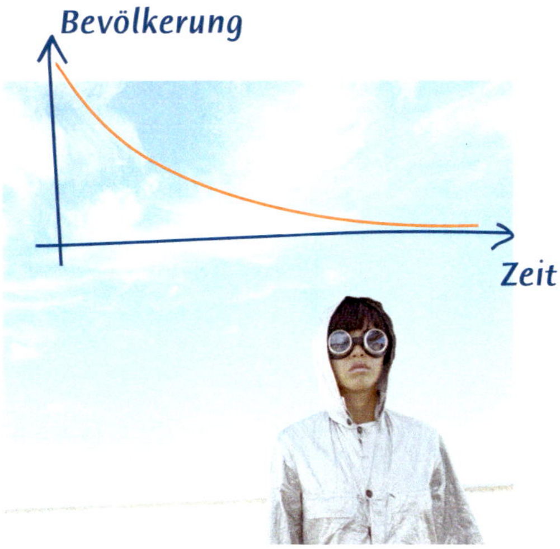

Zinsen
Geld kann zwar nicht wachsen und sich vermehren wie Dinge in der Natur, aber wenn man Geld zu einem bestimmten Zinssatz anlegt, bekommt man nach ein paar Jahren das Geld mit **Zins** und **Zinseszins** zurück.

In diesem Kapitel lernt ihr,

- wie man Daten zur Bevölkerungsentwicklung erhält.
- welche mathematischen Modelle man zur Beschreibung von Wachstum benutzen kann.
- wie man aus gegebenen Zunahmewerten und Abnahmewerten zukünftige Entwicklungen berechnet.
- wie man Zinsen und Zinseszinsen einfach berechnen kann.
- wie sich lineares und exponentielles Wachstum unterscheiden.

Check-in

Über diese Dinge solltest du Bescheid wissen, bevor du dich mit dem Thema „Wachstum" beschäftigst. Lege ein Blatt auf die Buchseite und kreuze an, wie du dich einschätzt.
Mit den Aufgaben auf der rechten Seite kannst du deine Einschätzung überprüfen

Wenn du nach dieser Überprüfung noch Kreuzchen in der dritten oder vierten Spalte hast, findest du in der Mathematischen Werkstatt am Ende des Buches Zusammenfassungen und Übungsaufgaben zu vielen Themen. Du kannst aber auch Mathe-Bücher aus den vorherigen Schuljahren oder die Formelsammlung benutzen oder jemanden fragen, der sich damit auskennt.

Checkliste	Kann ich schon	Da bin ich fast sicher	Ich bin noch unsicher	Kann ich noch nicht
1 *Ich kann mit Prozenten rechnen und kenne den Zusammenhang von Prozentangaben und Dezimalzahlen.*	☐	☐	☐	☐
2a *Ich kann die Zinsen berechnen, wenn Kapital und Zinssatz bekannt sind.*	☐	☐	☐	☐
b *Ich kann aus dem Anfangskapital und den Zinsen den Zinssatz berechnen.*	☐	☐	☐	☐
3 *Ich weiß, was die Potenzschreibweise bedeutet und kann Potenzen berechnen.*	☐	☐	☐	☐
4a *Ich kann zu einer Funktionsgleichung eine Wertetabelle erstellen und damit einen Graphen zeichnen.*	☐	☐	☐	☐
b *Ich kann mit einem Computerprogramm zu einer Funktionsgleichung den entsprechenden Graphen zeichnen.*	☐	☐	☐	☐
5 *Ich kann mit linearen Funktionen umgehen.*	☐	☐	☐	☐
6 *Ich kann sinnvolle mathematische Fragestellungen aus Grafiken, Zeitungsartikeln oder realen Situationen entwickeln.*	☐	☐	☐	☐

In der Mathematischen Werkstatt findet ihr:

- ▹ Prozent- nd Zinsrechnung, Seite 112/113
- ▹ Funktionen, Seite 117/118
- ▹ Potenzen, Seite 109 und 111

Aufgaben zur Checkliste

1 Mit Prozenten umgehen

a) Schreibe als Prozentzahl.

0,25; 0,465; 0,05; 1,1

b) Schreibe als Dezimalzahl.

12 %; 100 %; 98,2 %; 210 %

c) Bestimme jeweils den neuen Wert.
   1) Ein Wert von 130 nimmt um 1 % zu.
   2) Ein Wert von 500 nimmt um 14 % ab.
   3) Ein Wert von 930 schrumpft auf 92 % seiner Größe.
   4) Auf einen Wert von 160 werden 19 % aufgeschlagen.

d) Gib die Anteile in Prozent an.
   1) 200 von 400
   2) 68 von 80
   3) 159 von 120

e) Um wie viel Prozent ist der Anfangswert gestiegen oder gefallen?
   1) Zunahme von 320 auf 330
   2) Abnahme von 10 377 auf 9266

2 Rund um Zinsen

a) Auf einem Sparbuch wurden 878 € für ein Jahr mit einem Zinssatz von 3,9 % angelegt. Wie viel wird nach einem Jahr ausbezahlt?

b) Jakob hat 500 € angelegt. Nach einem Jahr bekommt er Zinsen in Höhe von 17,50 €. Zu welchem Zinssatz wurde das Geld angelegt?

3 Mit Potenzen umgehen

a) Schreibe als eine Potenz und berechne.
   1) $0{,}8 \cdot 0{,}8 \cdot 0{,}8$ 2) $2^5 \cdot 2 \cdot 2$

b) Schreibe als Faktoren und berechne.
   1) 3^4 2) $0{,}5^3$

4 Darstellung von Funktionen

a) Stelle zur Funktion mit der Gleichung $f(x) = 0{,}25\,x^2 + 1$ eine Wertetabelle im Bereich von −3 bis 3 auf und zeichne dann den Graphen der Funktion in diesem Bereich.

b) Zeichne den Graphen zur Funktion mit der Gleichung $f(x) = 0{,}25\,x^2 + 1$ mit dem Computer.

5 Lineare Funktionen

a) Welcher der Graphen zu den folgenden drei Funktionsgleichungen hat die größte beziehungsweise die kleinste Steigung?
   1) $f(x) = x + 1$
   2) $f(x) = -0{,}25\,x + 3$
   3) $f(x) = 2x - 1$

b) Lies jeweils den Achsenabschnitt b ab und schreibe die Funktionsgleichung auf. Die Steigung bei beiden Graphen ist a = 1.

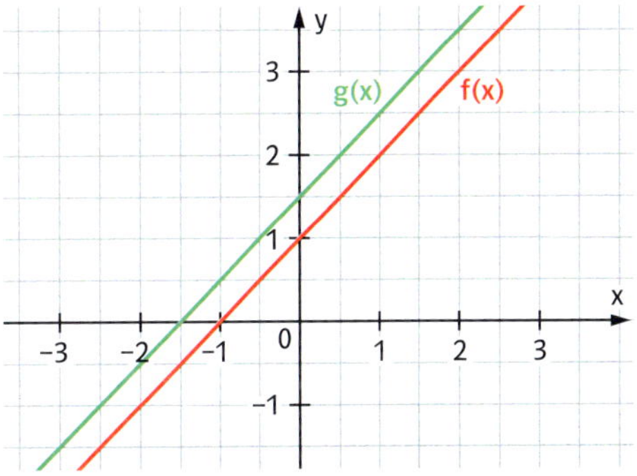

c) Zeichne eine Gerade durch die Punkte P(1|3) und Q(5|2). Zeichne ein Steigungsdreieck ein und bestimme die Steigung der Geraden.

6 Reale Situationen und mathematische Modelle

Finde möglichst viele mathematische Fragestellungen, die man mithilfe der Daten des folgenden Zeitungsartikels bearbeiten könnte. Schreibe jeweils die Frage, die aus dem Artikel dafür benötigten Daten und den Lösungsansatz auf.

Jeden Tag sterben 150 Arten aus

Die genaue Zahl der Pflanzen- und Tierarten auf der Erde wird auf rund 15 Millionen geschätzt, von denen nur etwa 1,8 Millionen beschrieben sind. Derzeit sterben jeden Tag etwa 150 Arten aus. Von 1970 bis 2005 ging nach Berechnungen der Umweltstiftung WWF die biologische Vielfalt auf der Erde um 27 Prozent zurück.

(Weserkurier 29.5.08)

▻ Lösungen, Seite 148

Bevölkerungsverteilung

1 [] **Der Ist-Zustand – ein Spiel**
Als Regionen in diesem Spiel gelten: Europa (ohne Russland), Russland, Asien (ohne Russland), Afrika, Nordamerika, Lateinamerika, Ozeanien.
Deckt die Daten in der Tabelle unten für die Spielrunden ab, bis ihr sie braucht.

1. Runde:
Die Regionen der Welt sollen durch insgesamt 21 Stühle dargestellt werden, die ähnlich wie auf einer Weltkarte gruppiert werden. Je größer ihr die Fläche einer Region vermutet, desto mehr Stühle müsst ihr dafür bereitstellen.
Ihr dürft die Stühle so lange neu gruppieren, bis ihr euch auf eine Lösung geeinigt habt. Korrigiert anschließend eure Lösung mit den gegebenen Daten.

2. Runde:
Ihr stellt die Bevölkerung dieser Regionen dar, indem ihr euch auf die Stuhlgruppen verteilt. Wenn ihr glaubt, dass eine Region relativ wenig Bevölkerung hat, können dort noch Stühle frei bleiben, ist eine Region dicht besiedelt, werdet ihr dort übereinander sitzen müssen. Am Ende korrigiert eure Lösung wieder mit den gegebenen Daten.
a) Wo lagen zwischen euren Lösungen und den realen Daten die größten Unterschiede? Stellt Vermutungen über die Gründe für eure Fehleinschätzungen an.
b) Berechnet die durchschnittliche Bevölkerungsdichte (Einwohner/km²).
Welche Besonderheiten muss man eurer Meinung nach noch berücksichtigen, wenn man die Bevölkerungsdichte in den einzelnen Ländern betrachtet?

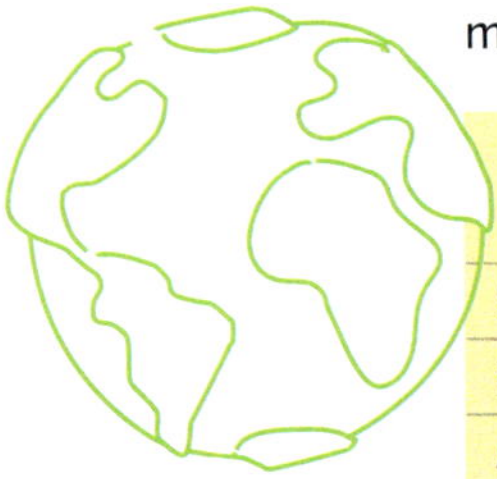

Online Link
720380-0941

Erdteile	Fläche		Einwohner[1]	
	in 1000 km²	in %	in Mio.	in %
Europa[2]	5901		591	
Russland	17075		142	
Asien[3]	31027		4010	
Afrika	29805		944	
Nordamerika	18730		335	
Lateinamerika	20187		569	
Ozeanien	8429		35	
Gesamtsumme	**131154**		**6626**	

[1] Stand Mitte 2007 [2] ohne Russland, Türkei und Grönland [3] ohne Russland, mit Türkei

Stimmt diese Angabe aus dem Internet so?

Übrigens

Da Bevölkerungdaten Schätzwerte enthalten, findet man in unterschiedlichen Statistiken oft auch unterschiedliche Daten. In diesem Kapitel werden die Daten der *Deutschen Stiftung Weltbevölkerung (DSW)* benutzt, wenn nichts anderes vermerkt ist. (Stand Juli 2008)

Tipp

Bei Aufgabe 3 und 4 könnt ihr auch ein Tabellenkalkulationsprogramm benutzen.

Solche oder ähnliche Meldungen wie oben findet man häufig in der Zeitung. Sie sind ein Ausdruck dafür, dass die Entwicklung unserer Weltbevölkerung für die Menschen ein wichtiges Thema ist. Die Mathematik ist bei dieser Diskussion beteiligt – in Form von **Prognosen**.

2 In den Jahren von 1960 bis 1999 hat sich die Weltbevölkerung von 3 Mrd. auf 6 Mrd. verdoppelt.
Schätze, wie groß die Weltbevölkerung im Jahr 1900 gewesen sein könnte und skizzieren einen Graphen.

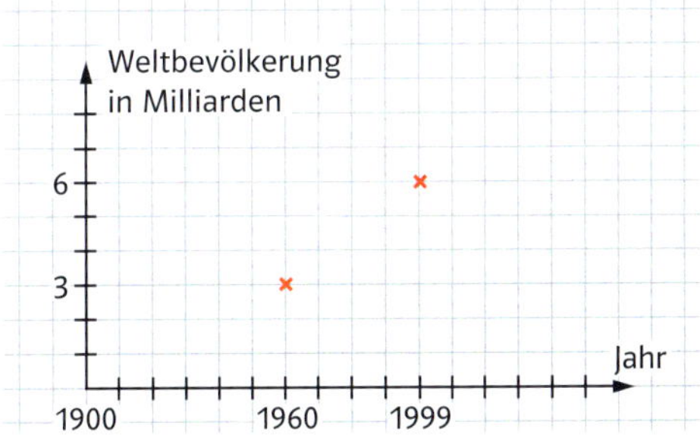

3 [●] Im Jahr 2000 lebten auf der Erde ca. 6,1 Mrd. Menschen.
Die Vereinten Nationen gingen davon aus, dass sich die Menschheit pro Jahr um 1,2 % vermehrt.

a) Passen diese Daten zu der Zahl von 6,625 Mrd. Menschen, die im Jahr 2007 die Erde bevölkerten?
b) Nimm an: Die prozentuale Zunahme bleibt gleich. Erstelle eine Hochrechnung über die Anzahl der Erdbevölkerung im Jahr 2020.
c) [@] Schlage nach, was die Begriffe *Hochrechnung* und *Prognose* bedeuten.
d) Beschreibe in Stichworten oder als Formel, wie du bei deiner Hochrechnung vorgegangen bist.

4 [●●] Im Jahr 2007 hatte Deutschland 82,3 Mio. Einwohner und eine jährliche Bevölkerungsabnahme von 0,2 %. Nimm an, die Abnahmerate der Bevölkerung bleibt gleich. Wann besitzt Deutschland dann unter 80 Mio. Einwohner?

Wachstumsprozentsatz, Wachstumsfaktor

Die Zahl der über 65-jährigen Menschen in Deutschland wuchs von 16,30 Mio. im Dezember 2006 bis Ende 2007 um 1,35%. Wie viele über 65-jährige lebten Ende 2007 in Deutschland?

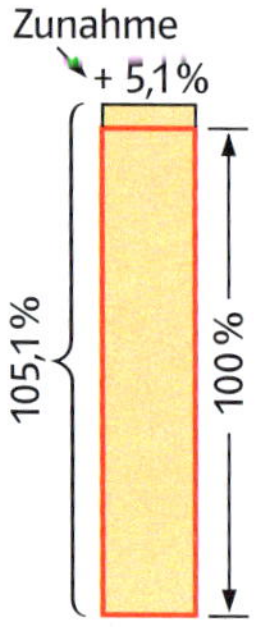

Gibt man eine Zunahme mit einem Prozentsatz an, so bezeichnet man den Prozentsatz als **Wachstumsprozentsatz**. Aus dem Wachstumsprozentsatz p% kann man den **Wachtumsfaktor a** bestimmen.

$$\mathbf{a = 100\,\% + p\,\% = 1 + \frac{p}{100}}$$

Der Wachstumsfaktor hat den Vorteil, dass man in einem Schritt ausrechnen kann, auf welchen Wert die alte Größe angewachsen ist.

Beispiel

2008 hatte Nigeria 148,1 Mio. Einwohner, der Wachstumsprozentsatz lag bei 2,5%.
Wie viele Einwohner hatte Nigeria im Jahr 2009?
Man kann rechnen:

$2{,}5\,\%$ von $148{,}1 = 148{,}1 \cdot \frac{2{,}5}{100} = 3{,}7025$

Einwohner im Jahr 2009 (in Mio.): $148{,}1 + 3{,}7025 \approx 151{,}8$

Schneller hat man das Ergebnis mit dem Wachstumsfaktor berechnet:
Berechnung des Wachstumsfaktors

$a = 100\,\% + 2{,}5\,\% = 102{,}5\,\% = 1{,}025$ oder $a = 1 + \frac{2{,}5}{100} = 1 + 0{,}025 = 1{,}025$

Einwohner im Jahr 2009 (in Mio.): $148{,}1 \cdot 1{,}025 \approx 151{,}8$

1 Berechne mit dem Wachstumsfaktor.
a) Im Jahr 2006 hatte die Türkei 73,1 Mio. Einwohner, der Wachstumsprozentsatz lag bei 1,2%. Wie viele Einwohner hatte die Türkei im Jahr 2007?
b) Berlin hatte im Jahr 2007 insgesamt 3,416 Mio. Einwohner, die Bevölkerung wuchs um 0,4%. Wie viel Einwohner hatte Berlin im Jahr 2008?

2 Ende 2007 hatten in Deutschland 18,5 Mio. Haushalte einen DSL-Anschluss. Bis Ende 2008 stieg die Zahl der Haushalte mit DSL-Anschluss um 13%. Wie viele Haushalte mit DSL-Anschluss gab es Ende 2008 in Deutschland?

3 a) Bestimme zu diesen Wachstumsprozentsätzen den zugehörigen Wachstumsfaktor.

p	6%	32,3%	0,4%	20%	2%	0,2%	200%
a							

b) Bestimme zu diesen Wachstumsfaktoren den zugehörigen Wachstumsprozentsatz.

a	1,05	1,55	1,005	1,3	1,03	1,003	3
p%							

4 Wo wurde falsch gerechnet? Korrigiere.

a	1,035	1,2	3,5	1	1,03
p%	35%	2%	250%	100%	0,3%

▻ Mathematische Werkstatt, Seite 112/113

Exponentielles Wachstum

Das Bevölkerungswachstum ist in den einzelnen Ländern der Welt sehr unterschiedlich. Am stärksten wächst die Weltbevölkerung zur Zeit in Zentralafrika. Zum Beispiel besitzt im Jahr 2007 die *Demokratische Republik Kongo* (Zaire) 62,6 Mio. Einwohner. Der Wachstumsprozentsatz beträgt 3 %. Werden 10 Jahre später bei gleich bleibendem Wachstumsprozentsatz in *Zaire* mehr Einwohner als 2007 in Deutschland wohnen?

Hier findest du drei Lösungen.
- Beschreibe die unterschiedlichen Lösungswege.
- Wie hängen sie zusammen?
- Welche Vor- und Nachteile siehst du in den einzelnen Lösungswegen?

Arbeitsvorschlag: Benutzt für die Aufgaben die Methode *Think-pair-share* (S. 133).

Tipp
2007 besaß Deutschland 82 Mio. Einwohner.

Bevölkerungswachstum in Zaire

2008: $62{,}6 + \frac{62{,}6 \cdot 3}{100}$

$\approx 62{,}6 + 1{,}878 = 64{,}478$

2009: $64{,}478 + \frac{64{,}478 \cdot 3}{100}$

$\approx 64{,}478 + 1{,}934 = 66{,}412$

2010: $66{,}412 + \frac{66{,}412 \cdot 3}{100}$

Bevölkerung Zaire 2008 – 2017

2008: $62{,}6 \cdot 1{,}03 = 64{,}478$

2009: $64{,}478 \cdot 1{,}03 \approx 66{,}414$

2010: $66{,}414 \cdot 1{,}03 \approx 68{,}404$

Bevölkerung Zaire 2007 – 2017

2007: 62,6

2008: $62{,}6 \cdot 1{,}03 = 64{,}478$

2009: $62{,}6 \cdot 1{,}03 \cdot 1{,}03 = 62{,}6 \cdot 1{,}03^2$

2010: $62{,}6 \cdot 1{,}03^3$

2017: $62{,}6 \cdot 1{,}03^{10} = \underline{\underline{84{,}129}}$

Es ist mühsam, bei einer Hochrechnung jeden Zwischenwert einzeln zu berechnen. Wenn die Werte in den gleichen Zeitabschnitten um den gleichen Wachstumsprozentsatz wachsen, dann kann man sich eine Berechnungsvorschrift für jedes beliebige Jahr herleiten.

Jahr	2007	2008	2009	2010	…	…	n
Anzahl der Zeitabschnitte	0	1	2	3			
Wert für das nächste Jahr	62,6 (Anfangswert)	$62{,}6 \cdot \mathbf{1{,}03}$	$62{,}6 \cdot \mathbf{1{,}03} \cdot \mathbf{1{,}03} = 62{,}6 \cdot \mathbf{1{,}03^2}$	$62{,}6 \cdot \mathbf{1{,}03^2} \cdot \mathbf{1{,}03} = 62{,}6 \cdot \mathbf{1{,}03^3}$			$62{,}6 \cdot \mathbf{1{,}03^n}$

Wachstumsfaktor: $\cdot 1{,}03$ $\quad \cdot 1{,}03$ $\quad \cdot 1{,}03$ …

Übrigens
Den Wert für ein beliebiges Jahr („n-tes Jahr") bezeichnet man als **f(n)**. Sprich: f von n.

Wenn eine Größe jedes Jahr immer um den gleichen Prozentsatz wächst, liegt ein **exponentielles Wachstum** vor. Man kann den Wert nach beliebig vielen Jahren in einem Schritt mithilfe einer Wachstumsfunktion berechnen: $\mathbf{f(n) = c \cdot a^n}$.

c: Anfangswert; a: Wachstumsfaktor

Beispiel

Mitte 2007 hatte China 1,318 Mrd. Einwohner und einen Wachstumsprozentsatz von 0,5 %. Wie viele Menschen werden im Jahr 2025 voraussichtlich in China leben?

Anfangswert:	1,318 Mrd.
Wachstumsfaktor:	$a = 100\,\% + 0{,}5\,\% = 100{,}5\,\% = 1{,}005$
Funktionsgleichung:	$f(n) = 1{,}318 \cdot 1{,}005^n$
Zeitspanne:	von 2007 bis 2025: 18 Jahre
Prognose für 2025:	$f(18) = 1{,}318 \cdot 1{,}005^{18} \approx 1{,}442$

Im Jahr 2025 werden 1,442 Mrd. Menschen in China leben.

Übrigens
f(18) steht für „Bevölkerung nach 18 Jahren".

1 Türkei 2007: 74,0 Mio. Einwohner, Wachstumsprozentsatz 1,2 %. Erstelle auf dieser Basis eine Prognose für 2025.

2 Niederlande 2007: 16,4 Mio. Einwohner, Zunahme der Bevölkerung: 0,3 %. Wie viele Einwohner werden die Niederlande im Jahr 2020 haben, wenn der Wachstumsprozentsatz gleich bleibt?

3 Frankreich 2006: 61,7 Mio. Einwohner, Wachstumsprozentsatz 0,4 %. Rechne auf dieser Basis die Bevölkerungszahl Frankreichs im Jahr 2015 hoch.

4 Berechne die fehlenden Werte mithilfe der Funktionsgleichung $f(n) = c \cdot a^n$. Skizziere dann die Graphen.

	c	p	a	f(5)	f(8)	f(10)
a)	1000		1,4			
b)	1	200 %				
c) [●]	500		0,7			
d)	2		1,25			
e) [●]	100	−20 %				

5 Jeweils drei der folgenden Aussagen gehören zusammen.
Ordne zu und erstelle eine Liste mit gleichen Aussagen.

A) steigt um 3 %
C) sinkt auf 70 %
B) nimmt um 30 % zu
D) Wachstumsfaktor 1,03
E) steigt auf das 1,3-fache
F) sinkt um 20 %
G) 20 % mehr
H) 80 % des Ausgangswerts
I) steigt auf 103 %
J) schrumpft um 30 %
K) nimmt 20 % ab
L) Wachstum von 20 %
M) Wachstum von 30 %
N) 30 % weniger
O) Steigerung auf das 1,2fache

Schrumpfen statt Wachsen

Wenn ein Ausgangswert um einen festen Prozentsatz abnimmt, fasst man das als **negatives Wachstum** auf. Der Wachstumprozentsatz ist dann **negativ**.
Der Wachstumsfaktor ist kleiner als 1.

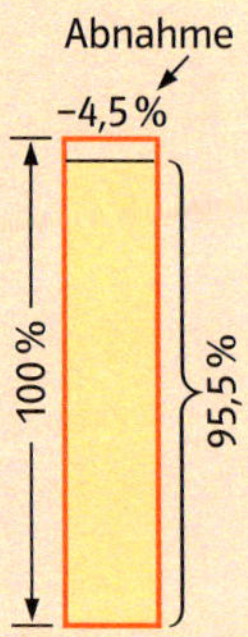

Beispiel:
Im Jahr 2006 lebten 3,50 Mio. Kinder unter 5 Jahren in Deutschland. Ihre Zahl war 2007 um 0,9 % gesunken.

Wachstumsfaktor:
a = 100 % − 0,9 % = 99,1 % = 0,991

Zahl der Kinder unter 5 Jahren in Deutschland im Jahr 2007:
3,50 Mio. · 0,991 = 3,47 Mio.

Zahl der Kinder unter 5 Jahren im Jahr 2015, falls p % = −0,9 % bleibt:
2006 bis 2015: 9 Jahre
$f(9) = 3{,}50\text{ Mio.} \cdot 0{,}991^9 \approx 3{,}23\text{ Mio.}$

Im Jahr 2015 gibt es voraussichtlich 3,23 Mio. Kinder unter 5 Jahren.

6 Gib die zugehörigen Wachstumsprozentsätze bzw. Wachstumsfaktoren an.
a) 2 %
b) 58 %
c) −10 %
d) 150 %
e) −3 %
f) 1,0
g) 1,3
h) 0,6
i) 2
j) 0,995

7 [●] Die Zahl der Jugendlichen zwischen 15 und 21 Jahren betrug im Jahr 2005 in Deutschland 5,77 Mio. Die Zahl der Jugendlichen war 2006 um 1% gesunken. Erstelle eine Prognose bei gleich bleibenden Abnahmeprozentsatz für 2015.

▷ Mathematische Werkstatt, Seite 112/113

Übrigens
Die Anzahl der Menschen, um die die Weltbevölkerung gestiegen ist, heißt **absoluter Zuwachs**.

8 a) Berechne, wie groß die Weltbevölkerung in den Jahren 1971, 1991 und 2001 war.
b) Vergleiche jeweils den Zuwachs und den Wachstumsprozentsatz. Was fällt dir auf?

	Weltbevölkerung	Wachstumsprozentsatz in dem Jahr
1970	3,708 Mrd.	2,07 %
1990	5,284 Mrd.	1,57 %
2000	6,080 Mrd.	1,26 %

9 In der Amtssprache der UN heißen die Länder der Dritten Welt *Less Developed Countries* (LDC), die anderen Länder *More Developed Countries* (MDC). Einteilungskriterium in LDC und MDC ist das Pro-Kopf-Einkommen.

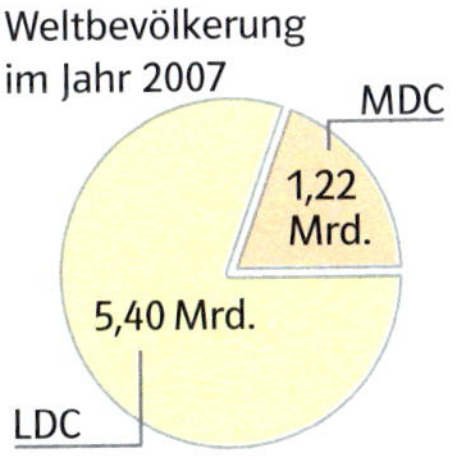

a) Wie viel Prozent der Weltbevölkerung lebten im Jahr 2007 in den LDC, wie viel in den MDC?
b) Wie wird diese Verteilung im Jahr 2020 aussehen, wenn folgende jährliche Wachstumsprozentsätze vorausgesetzt werden:

	LDC	MDC
2000 – 2010	1,34 %	0,25 %
2010 – 2020	1,14 %	0,16 %

Übrigens
Die reichsten Länder mit einem Fünftel der Weltbevölkerung haben einen Anteil von 86 % am privaten Konsum, während dem ärmsten Fünftel nur 1,3 % bleiben.

10 [● 💻] a) Berechne auf der Datenbasis von 2007 mithilfe eines Tabellenkalkulationsprogramms die Einwohnerzahlen und die Bevölkerungsdichte für 2010, 2020, … bis 2100 von *Bangladesch*. Stelle Einwohnerzahl und Bevölkerungsdichte grafisch dar.

> ***Bangladesch** (Stand 2007)*
> ***Fläche**: 144 000 km²;*
> ***Einwohner**: 149 Mio.;*
> ***Bevölkerungswachstum**: 1,9 % pro Jahr;*
> ***Bevölkerungsdichte**: 1035 Einwohner/km²*
> *Tipp: **Bevölkerungsdichte** = $\frac{\text{Einwohnerzahl}}{144\,000\ \text{km}^2}$*

b) Wie bewertest du diese Prognose?

11 **Die Welt als Dorf im Jahr 2030**
In der Grafik unten ist die Welt als Dorf mit 100 Einwohnern im Jahr 2007 abgebildet.
a) Wie viele Einwohner werden 2030 in dem Dorf wohnen. Wie verteilen sie sich?

Wachstumsprozentsätze der Erdteile pro Jahr (Stand 2007):

Afrika	2,4 %
Europa	– 0,1 %
Asien	1,2 %
Lateinamerika	1,5 %
Nordamerika	0,6 %

b) Berechne, wie viel Prozent der Weltbevölkerung 2030 in den einzelnen Erdteilen leben.
c) Beschreibe die Veränderungen von 2007 zu 2030.

Die Welt – ein Dorf

Wenn die Welt ein Dorf…
mit nur 100 Einwohnern wäre…

…wären davon: 14 Afrikaner
5 Nordamerikaner
11 Europäer
9 Lateinamerikaner
und 61 Asiaten.

28 wären Kinder unter 15 Jahren. 7 älter als 65.
50 Menschen im Dorf sind weiblich. 50 sind männlich.

Quelle: Deutsche Stiftung Weltbevölkerung

Arbeitsvorschlag: Langzeitaufgaben oder ein Gruppenpuzzle
Wachstum spielt auch bei Geld eine Rolle. Auf diesen beiden Seiten findet ihr dafür Beispiele, die eure Kenntnisse zu Zinsen und Wachstum noch erweitern können. Ihr könnt euch Aufgaben aussuchen, die euch interessieren und Aufgaben dazu bearbeiten.
– Für die **Langzeitarbeit** solltet ihr euch mindestens drei Aufgaben (ab Nr. 14) vornehmen. Eine Lösung solltet ihr besonders sorgfältig als Musterlösung aufschreiben.
– Für ein **Gruppenpuzzle** oder eine arbeitsteilige Gruppenarbeit mit Präsentation eignen sich zum Beispiel die Aufgaben Nr. 14, 15 und 21.
Überlegt nach dem Vorstellen der Aufgaben gemeinsam: Was war an den Aufgaben gleich, was war unterschiedlich?

Übrigens
p.a. *per annum* ist eine Abkürzung und bedeutet pro Jahr.

Übrigens
Als **Zinseszins** bezeichnet man die Zinsen, die man auf die schon angesparten Zinsen bekommt.

Geld und Zinsen

12 Ein Geldbetrag von 4000 € wird für 8 Jahre (inklusive Zinsen) zu 5,85 % p.a. fest angelegt.
a) Wie viel Geld wird nach einem Jahr ausbezahlt?
b) Wie viel Geld würde nach 2 Jahren ausbezahlt werden?
c) Wie viel Geld würde nach 8 Jahren ausbezahlt werden?
d) Für die Berechnung des Geldbetrags, der nach 8 Jahren ausbezahlt wird, kann man die Wachstumsfunktion für exponentielles Wachstum benutzen. Was ist in diesem Beispiel der Anfangswert und wie heißt der Wachstumsfaktor?

13 a) Serdar hat vor zwei Jahren ein Sparbuch mit 500 € geschenkt bekommen und es bislang nicht angerührt. Das Geld wird mit 2,5 % p.a. verzinst.
In zwei Jahren will er das Geld für einen Zuschuss für den Führerschein abheben. Über wie viel Geld kann Serdar dann verfügen?
b) Annas Oma hat vor sechs Jahren ein Sparbuch mit 300 € für sie angelegt. Es wird mit 2,75 % p.a. verzinst.
Wie viel Geld ist jetzt auf Annas Sparbuch?

14 [@ 👥] Erkundigt euch bei einer Bank nach aktuellen Zinssätzen für Sparer oder Zinssätzen für Kredite. Formuliert dazu eine Aufgabe für deine Tischnachbarin/deinen Tischnachbarn und löst die Aufgaben gegenseitig.

15 Ein Geldbetrag von 3000 € wird zur Geburt eines Kindes für 15 Jahre (inklusive Zinsen) zu 6 % p.a. fest angelegt.
a) Wie viel wird nach 15 Jahren ausbezahlt?
b) Lege eine Wertetabelle für die Kapitalentwicklung an und zeichne den zugehörigen Graphen.
c) Nimm an, die Zinsen würden jährlich ausbezahlt. Wie viel Zinsen hat man insgesamt nach 15 Jahren erhalten?
d) Lege eine Wertetabelle für die Kapitalentwicklung (Ausgangskapital plus Zinsen) aus Aufgabenteil c) an und zeichne den zugehörigen Graphen in das Koordinatenkreuz von b). Vergleiche die Entwicklungen.

16 [●] *Bundesschatzbriefe* sind Wertpapiere, mit denen die Bundesrepublik Deutschland Kredite aufnimmt. Beim Typ A (6 Jahre Laufzeit) werden die Zinsen jährlich ausbezahlt.
Beim Typ B (7 Jahre Laufzeit) werden sie dem Kapital zugerechnet und mit verzinst.

Laufzeitjahr	Nominalzins
1. Jahr	3,75 %
2. Jahr	4,00 %
3. Jahr	4,00 %
4. Jahr	4,25 %
5. Jahr	4,25 %
6. Jahr	4,5 %
nur Typ B: 7. Jahr	4,5 %

Berechne, wie viel Zinsen für 1000 € nach einem, zwei, … Jahren anfallen.

▷ Mathematische Werkstatt, Seite 112/113

Zinssätze bestimmen

Wenn man aus dem Anfangs- und Endbestand bei einem Kapital den Zinssatz bestimmen möchte, muss man **Gleichungen lösen**.

Beispiel 1:
Einzahlung: 500 €
Auszahlung nach einem Jahr: 522,50 €
Bestimmung des Zinssatzes
Gleichung aufstellen und nach a auflösen:

$500 \cdot a = 522{,}5 \quad | : 500$

$a = \frac{522{,}5}{500} = 1{,}045$

Also ist der Zinssatz p % = 4,5 %.

Beispiel 2:
Einzahlung: 500 €
Auszahlung nach 6 Jahren: 638,14 €
Bestimmung des Zinssatzes

$f(6) = 500 \cdot a^6 = 638{,}14 \quad | : 500$

$a^6 = 1{,}27628$

Um a zu bestimmen, zieht man die 6. Wurzel: $\sqrt[6]{1{,}27628}$

$a \approx 1{,}0415$

Also ist der Zinssatz p % = 4,15 %.

Tipp
Untersucht euren Taschenrechner: Wie kann man z. B. die $\sqrt[6]{\ }$ berechnen?

17 Bestimme den Zinssatz.
a) Einzahlung: 1500 €
Auszahlung nach einem Jahr: 1542,75 €
b) Einzahlung: 750 €
Auszahlung nach einem Jahr: 773,25 €

18 Luzie hat sich einen Flachbildfernseher gekauft. Bei Barzahlung kostet er 699 €. Luzie zahlt in Raten:
12 Monate lang jeden Monat 58,80 €.
a) Wie viel hat sie nach einem Jahr gezahlt?
b) Vergleiche das durch Raten gezahlte Geld mit dem Barzahlungspreis. Welchen Zinssatz hat Luzie gezahlt?

19 Einzahlung: 2000 €, Laufzeit 5 Jahre. Die jährlichen Zinsen werden dem Kapital zugerechnet und mit verzinst. Auszahlung am Ende: 2552,56 €. Zu welchem Zinssatz wurde das Geld verzinst?

20 Berechne die fehlenden Größen.
Die Zinsen werden mit verzinst.

	Anfangskapital	Zeit	Zinssatz	Endkapital
a)	1000 €	3 Jahre	4,5 %	
b)	4500 €	7 Jahre	5,25 %	
c)	1500 €	2,5 Jahre	3,5 %	
d) [●]		12 Jahre	6 %	6036,59 €
e)	1000 €	5 Jahre		1231,35 €
f)	10 000 €	10 Jahre		20 610,32 €

21 [●] Im Jahre 1627 verkaufte ein Indianerstamm die Insel *Manhattan* für 24 Dollar. Im Jahre 1970 wurde der Wert des Landes auf 6 Milliarden Dollar geschätzt.
a) Nimm an, die 24 Dollar wären mit 3 % Jahreszins angelegt worden. Auf welchen Betrag wären sie bis 1970 mit Zinseszins angewachsen? War der Kauf von Manhattan eine gute Geldanlage?
b) Welchem Zinssatz entspricht die Wertsteigerung von 24 Dollar im Jahr 1627 auf 6 Milliarden Dollar im Jahr 1970 unter Berücksichtigung der Zinseszinsen?
c) Thomas überlegt, dass nach einem Drittel der Zeit (etwa nach 1740) die Insel 2 Milliarden Dollar wert gewesen wäre und um 1855 (nach etwa zwei Drittel der Zeit) schon 4 Milliarden Dollar. Erkläre, warum diese Überlegung von Thomas falsch ist.

▻ Mathematische Werkstatt, Seite 112/113

Lineares oder exponentielles Wachstum?

Ein Goldgräber aus *Golden City* hat keine Lust mehr zu buddeln und bietet seinen *Claim* an. Er bekommt zwei Angebote:

1. Angebot:
Er bekommt ein Jahr lang jeden Monat Geld. Im ersten Monat startet er mit 1000 Dublonen. Jeden folgenden Monat erhält er 100 Dublonen mehr als im Vormonat.

2. Angebot:
Er bekommt im ersten Monat 5 Dublonen, jeden folgenden das Doppelte des Vormonats – auch ein Jahr lang.

– Wie würdest du spontan entscheiden?
– Überprüfe deine Entscheidung: Notiere, wie viel der Goldgräber jeweils im ersten, zweiten, … Monat erhält. Stelle dies für beide Angebote in einer Wertetabelle und in einem Koordinatensystem dar.

Tipp

Ihr könnt die Einstiegsaufgabe auch mit einem Tabellenkalkulationsprogramm lösen.

Wenn eine Größe immer um den gleichen Betrag wächst oder abnimmt, liegt ein **lineares Wachstum** vor.
Wenn eine Größe immer um den gleichen Prozentsatz wächst oder fällt, liegt ein **exponentielles Wachstum** vor.

Beispiele

a) **Lineares Wachstum**
Anfangswert: 4
Zunahme pro Zeiteinheit: 3

n	0	1	2	3	10	15
f(n)	4	7	10	13	34	49

(n: + 1, + 1, + 1; f(n): + 3, + 3, + 3)

Funktionsgleichung: $f(n) = 4 + 3n$

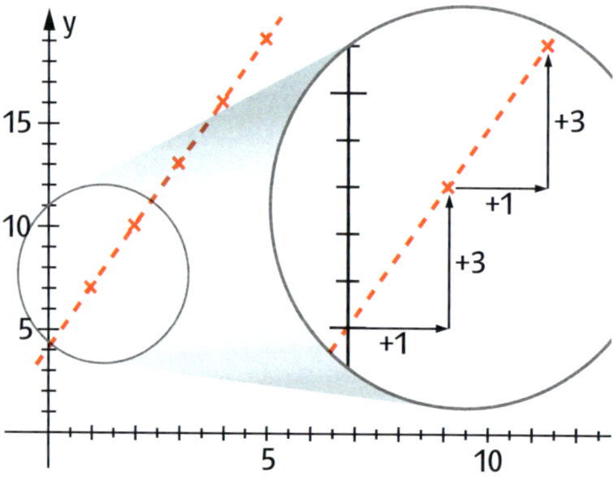

b) **Exponentielles Wachstum**
Anfangswert: 4
Wachstumsprozentsatz: 30 %

n	0	1	2	3	10	15
f(n)	4	5,2	6,76	8,79	55,14	204,7

(n: + 1, + 1, + 1; f(n): · 1,3, · 1,3, · 1,3)

Funktionsgleichung: $f(n) = 4 \cdot 1{,}3^n$

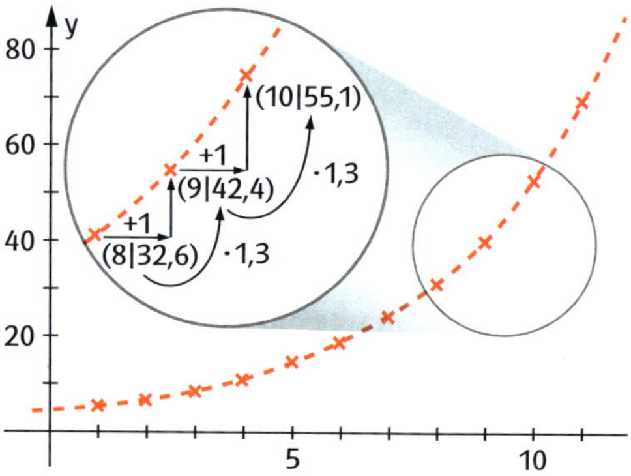

▷ Mathematische Werkstatt, Seite 117/118

1 Gehe von einem Anfangswert 1,8 aus. Das lineare Wachstum beträgt + 1,5 pro Zeiteinheit. Stelle eine Wertetabelle auf und zeichne den Graphen.

2 Gehe von einem Anfangswert 1,8 aus. Die Wachstumsrate beträgt + 40 % pro Zeiteinheit. Stelle eine Wertetabelle auf und zeichne den Graphen.

3 [💻] Zeichne jeweils einen Graphen mithilfe eines Funktionsplotters. Wo wird ein lineares, wo ein exponentielles Wachstum dargestellt?

n	0	1	2	3	5
a) f(n)	1	2	3	4	6
b) f(n)	1	2	4	8	32
c) f(n)	5	4,6	4,2	3,8	3
d) f(n)	10	7,5	5,625	4,22	2,37

4 Welcher der Graphen beschreibt ein lineares, welcher ein exponentielles Wachstum? Begründe!

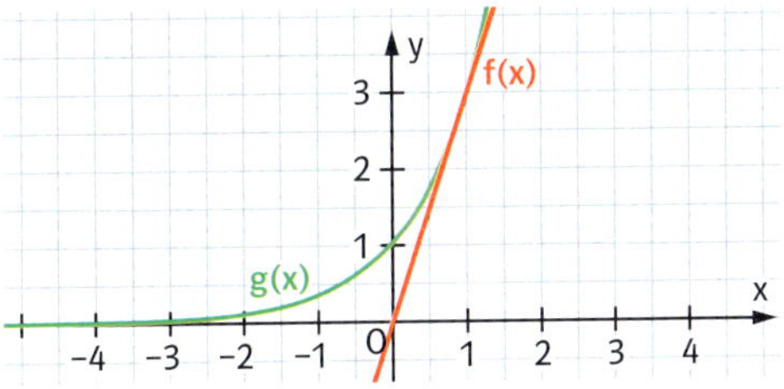

5 a) Im Jahr 2007 hatte Indien 1131,9 Mio. Einwohner, die Bevölkerung wuchs um 1,6 %.
Angenommen, dieser Wachstumsprozentsatz bleibt gleich. Erstelle eine Prognose für die Bevölkerungszahl Indiens im Jahr 2020 und 2025.
b) China war im Jahr 2007 das bevölkerungsreichste Land der Erde und hatte 1318 Mio. Einwohner. Seine Bevölkerung wuchs um 0,5 %. Erstelle auf dieser Basis eine Prognose für 2020 und 2025.
Vergleiche die Bevölkerungsprognosen für China und Indien.

6 Wenn ein 60 kg schwerer Mann 1 Liter Bier trinkt, enthält sein Blut etwa 1 ‰ (Promille) Alkohol. Pro Stunde werden etwa 0,15 ‰ Alkohol abgebaut.
Zeichne einen Graphen zur Abnahme des Alkoholspiegels. Wann ist kein Alkohol mehr im Blut vorhanden?

7 Ein Geldbetrag von 1000 € wird für 10 Jahre (inklusive Zinsen) zu 6 % p. a. fest angelegt.
a) Wie viel wird nach 10 Jahren ausbezahlt?
b) Nimm an, die Zinsen würden jährlich ausbezahlt. Wie viel Zinsen hat man in diesem Fall nach 10 Jahren erhalten?
Vergleiche mit den Zinsen aus Aufgabe a).

8 2004 betrugen die bekannten Erdölvorräte 156,6 Mrd. Tonnen, der jährliche Abbau 4,1 Mrd. Tonnen.
Wie lange reichen diese Reserven, wenn der Verbrauch so bleibt wie im Jahr 2004?
Zeichne einen Graphen zur Abnahme der Rohstoffvorräte und stelle die zugehörige Funktionsgleichung auf.

9 [●] Dieser Zeitungsartikel enthält Fehler.

> **In 50 Jahren über neun Mrd. Menschen**
> Die Menschheit vermehrt sich nach der UN-Statistik zurzeit um 1,2 % oder 77 Millionen Babys pro Jahr. Die Hälfte des Zuwachses entfällt auf nur sechs Länder. Indien hat mit einem Bevölkerungsplus von 21 % im Jahr den weitaus größten Anteil, gefolgt von China mit 12 %, Pakistan mit 5 %, Nigeria und Bangladesch mit jeweils 4 % und Indonesien mit 3 %.

(Weser-Kurier, 1.3.2001)

– Wenn sich die Menschheit um insgesamt 77 Mio. Menschen vermehrt, werden dann 77 Mio. Babys geboren?
– Stell dir ein „Muster-Dorf" mit 100 Menschen aller Altersklassen vor. Was würde ein Bevölkerungsplus von 21 % bedeuten?
– Was könnte mit den Prozentzahlen gemeint sein?

Radioaktivität und Halbwertszeiten*

Halbwertszeiten

Die **Halbwertszeit** gibt an, nach welcher Zeit jeweils die Hälfte der strahlungsfähigen Kerne eines radioaktiven Elements zerfallen:

Jod 131	8 Tage
Cäsium 137	33 Jahre
Strontium 90	28,5 Jahre
Kohlenstoff 14	5730 Jahre
Plutonium	24 110 Jahre
Technetium 99	6 Stunden

Die Zahl hinter den Elementen gibt an, wie viele **Protonen** und **Neutronen** das Atom enthält. Man nennt sie **Massenzahl**.

Am 26. April 1986 ereignete sich im Atomkraftwerk *Tschernobyl* bei *Kiew* ein schwerer Reaktorunfall. Bei dem *Super-GAU* (größter anzunehmender Unfall) wurden große Mengen der radioaktiven Stoffe *Jod 131* und *Cäsium 137*, in geringem Umfang auch *Strontium 90* freigesetzt. Sie wurden durch den Wind über große Teile Europas verbreitet. Durch die Ablagerungen auf Pflanzen und Böden gelangten diese Stoffe auch in die Nahrungskette. Radioaktive Stoffe wandeln sich unter Abgabe von Strahlung in nicht radioaktive Stoffe um. Die Zerfallsgeschwindigkeit gibt man in **Halbwertszeiten** an. Das ist die Zeit, in der sich die Ausgangsmenge halbiert. Der Wachstumsfaktor für diese Zeitspanne ist $a = \frac{1}{2} = 0{,}5$.

1 *Jod 131* hat eine *Halbwertszeit* von 8 Tagen. Die folgende Tabelle gibt an, wie der Zerfallsprozess verläuft.

a) Vervollständige die Tabelle.

Zeit (Tage)	Halbwertszeiten	Rechnung	noch vorhandener Prozentsatz von Jod 131
0	0	100 %	100 %
8	1	$100\,\% \cdot 0{,}5^1$	50 %
16	2	$100\,\% \cdot 0{,}5^2$	25 %
24	3	…	…

b) Nach wie vielen Tagen bzw. Jahren ist nur noch $\frac{1}{8}$ des in *Tschernobyl* freigesetzten *Jod 131*, des *Cäsiums 137* bzw. des *Strontiums 90* vorhanden?

2 In einem Leitartikel der *Badischen Zeitung* über Strombedarf ging es auch um Risiken von Atomkraftwerken:

„Die wichtigste Zahl dabei ist die Halbwertszeit von Plutonium, des giftigsten Stoffes überhaupt: 24 000 Jahre. Doppelt so lange also dauert es, bis Plutonium sich in eine nicht mehr strahlende, harmlose Materie verwandelt hat.“

(Badische Zeitung, 29.07.1998)

Kommentiere diese Aussage.

3 Lebende pflanzliche und tierische Zellen nehmen neben normalem *Kohlenstoff* auch *radioaktives C14* auf. Wenn eine Pflanze abgestorben ist, sinkt der *C14-Anteil* durch Zerfall. Mithilfe des folgenden Graphen kann man bestimmen, wie alt ein historischer Fund ist.

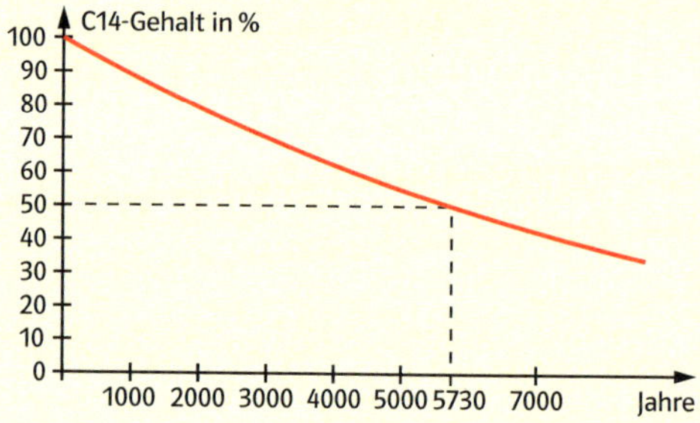

a) 1991 entdeckten Bergsteiger im Eis der *Ötztaler Alpen* eine Leiche, die sich nach ihrer Bergung als die älteste Gletscherleiche der Welt entpuppte. In „Ötzis“ Knochen wurde ein *C14-Gehalt* von 53 % festgestellt.

Vor wie vielen Jahren etwa hat dieser Mensch gelebt?

b) Die Mumie des ägyptischen Königs *Tutanchamun* enthielt noch 68 % des ursprünglichen *C14-Anteils*.

Übrigens

Plutonium schädigt sowohl durch Strahlung als auch durch chemische Giftwirkung. Auch das Zerfallsprodukt ist giftig – also keinesfalls eine „harmlose Materie“.

Wachstumsprozentsatz

Der **Wachstumsprozentsatz** p % gibt die Veränderung einer Ausgangsgröße in einem bestimmten (Zeit-)Abschnitt in Prozent an.

Wachstumsprozentsatz $p\% = 14\%$
Wachstumsfaktor $a = 100\% + 14\%$
$= 1 + 0{,}14 = 1{,}14$

Wachstumsfaktor

Den **Wachstumsfaktor a** berechnet man durch $\mathbf{a = 100\,\% + p\,\% = 1 + \frac{p}{100}}$.

Bei einer Abnahme ist der Wachstumsprozentsatz negativ, der Wachstumsfaktor ist dann kleiner als 1.

Wachstumsprozentsatz $p\% = -3\%$
Wachstumsfaktor $a = 100\% - 3\%$
$= 1 - 0{,}03 = 0{,}97$

$p = 50\%;\ c = 2$: $f_1(x) = 2 \cdot 1{,}5^x$
$p = -30\%;\ c = 20$: $f_2(x) = 20 \cdot 0{,}7^x$

exponentielles Wachstum

Wenn eine Größe in gleich großen Zeitabschnitten immer um den gleichen Prozentsatz wächst bzw. fällt, liegt **exponentielles Wachstum** vor.

Exponentialfunktion

Mit der Gleichung $\mathbf{f(n) = c \cdot a^n}$ kann man den Wert der Größe nach n Zeitabschnitten berechnen.
Dabei gibt c den Ausgangswert, a den Wachstumsfaktor an.

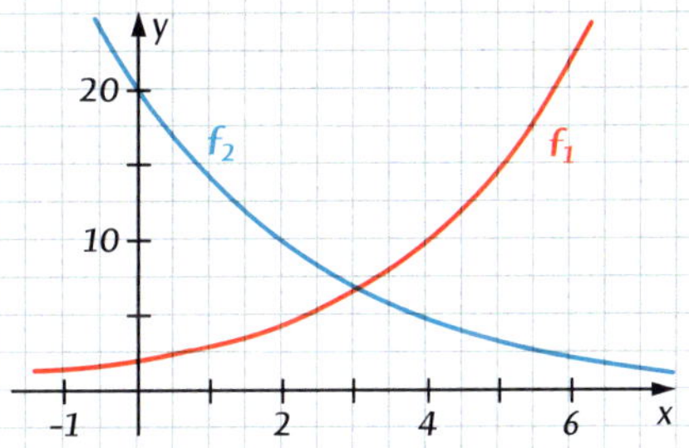

Zinseszinsen

Werden bei einem Kapital die Zinsen mit verzinst, ergibt sich ein exponentielles Wachstum. Der **Zinssatz p %** gibt den Wachstumsprozentsatz an.

Ausgangskapital: 1000 €, *also* $c = 1000$
Zinssatz 5 %, *also* $a = 1 + 0{,}05 = 1{,}05$
Kapital und Zinseszinsen nach 7 Jahren:
$k(7) = 1000 \cdot 1{,}05^7 \approx 1407{,}10$ €

Lineares Wachstum und exponentielles Wachstum

Bei **linearem Wachstum** gehört zu gleich langen Zeitspannen immer eine Zunahme oder Abnahme um den gleichen Betrag.
Bei **exponentiellem Wachstum** gehört zu gleich langen Zeitspannen immer eine Vervielfachung um den gleichen Wachstumsprozentsatz.

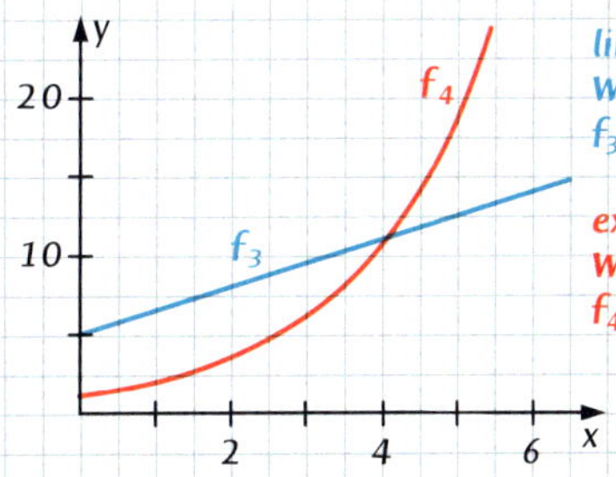

[leicht]

1 Übertrage die Tabelle in dein Heft und ergänze die fehlenden Werte:

Wachstumsprozentsatz p %	25 %			3,5 %
Wachstumsfaktor a		1,02	1,3	

2 Asien hatte im Jahr 2007 eine Bevölkerung von 4,01 Mrd. Menschen, der Wachstumsprozentsatz betrug 1,2 %.

a) Gib den Wachstumsfaktor an.

b) Stelle eine Prognose für das Jahr 2015 auf.

3 Die beiden Graphen beschreiben das Wachstum von zwei unterschiedlichen Wasserpflanzen. Ihre Ausbreitung wird in m² gemessen.

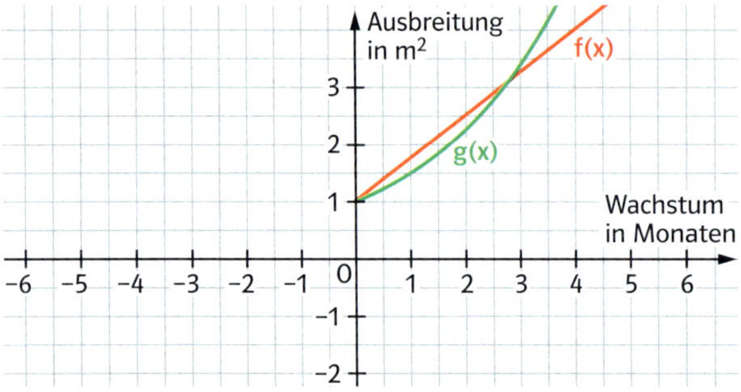

a) Beschreibe die beiden Graphen.

b) Lies ab, auf wie viel m² die beiden Pflanzen sich jeweils nach einen Monat und nach vier Monaten ausgebreitet haben.

c) Wann ist die von den Pflanzen bedeckte Fläche gleich groß?

4 a) Ein Kapital von 2000 € wird für 5 Jahre (inkl. Zinsen) zu einem Prozentsatz von 6 % angelegt. Wie viel Geld wird nach 5 Jahren ausbezahlt?

b) Max hat ein Sparbuch mit 300 € angelegt. Nach einem Jahr sind 308,25 € auf dem Sparbuch. Wie hoch war der Zinssatz?

[mittel]

1 a) Bestimme den Wachstumsfaktor zu p % = 35 % und p % = −12 %.

b) Bestimme den Wachstumsprozentsatz zum Wachstumsfaktor a = 1,4 und a = 0,8.

c) Stelle eine Berechnungsvorschrift für ein exponentielles Wachstum mit dem Anfangswert 2 Mio. und einer jährlichen Wachstumsrate von 5 % auf.

2 Die Bevölkerung Afrikas wuchs von 2007 bis 2008 von 944 Mio. auf 967 Mio. Menschen.

a) Bestimme den Wachstumsprozentsatz.

b) Erstelle mit diesen Daten eine Prognose für das Jahr 2015.

3 Der Graph beschreibt das Wachstum einer Wasserpflanze. Ihre Ausbreitung wird in m² gemessen.

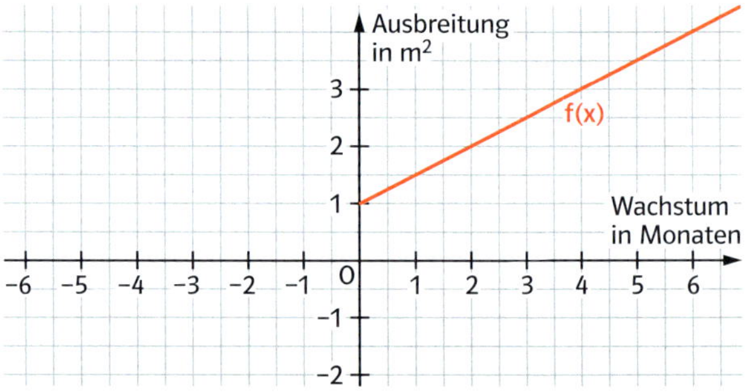

a) Lies ab, auf wie viel m² sich die Pflanze nach zwei und nach vier Monaten ausgebreitet hat und übertrage den Graphen in dein Heft.

b) Das Wachstum einer anderen Wasserpflanze lässt sich durch die Gleichung $f(x) = 1{,}3^x$ beschreiben. Zeichne den Graphen in dein Koordinatensystem aus Teilaufgabe a). Wann ist die von den Pflanzen bedeckte Fläche etwa gleich groß?

c) Beschreibe anhand der Graphen den Unterschied zwischen linearem und exponentiellem Wachstum.

4 Ein Kapital von 2500 € wird für 6 Jahre (inkl. Zinsen) angelegt. Nach 6 Jahren werden 3398,39 € ausbezahlt.

a) Wie viel Zinsen hätte man bei einer Verzinsung mit 4 % erhalten?

b) Mit welchem Zinssatz wurde das Geld verzinst?

 ▹ Lösungen zum Test, Seite 153

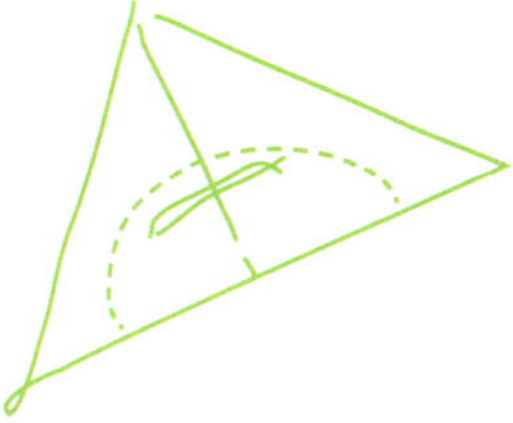

Wie das Handwerkszeug in der Werkstatt, so findet ihr hier all die Rechen- und Zeichentechniken, die ihr immer wieder benötigt. Denn manchmal werdet ihr noch nachschlagen müssen – wie ging das mit der „Prozentrechnung“, wie mit den „Termen und Gleichungen“, … ?

Im Abschlussband der Sekundarstufe I hat die Werkstatt noch eine weitere Funktion: Sie bietet einen Überblick über wichtige mathematische Themenbereiche, die in den Abschlussprüfungen vorkommen könnten. Hier findet ihr Antworten und Aufgaben, falls ihr etwas noch einmal üben wollt.
Ihr könnt auch wichtige Methoden wie z. B. Gruppenpuzzle oder Präsentationstechniken nachschlagen.

Sonderangebote

T-Shirt	19,99 €	−25 %
Hose	59,99 €	−35 %
Kleid	68,89 €	−12 %
Poloshirt	28,98 €	−50 %
Schuhe	98,99 €	−20 %

Anrufe im vorigen Monat

Werte statistisch aus:

Tim	22	Marta	36
Lale	13	Johann	33
Mischa	37	Elka	21
Sandrine	18	Alexander	28
Daniel	12	Mia	32

Thema Kugel

Schätze das Volumen der Kugel.

In dieser Werkstatt findet ihr:

- Brüche, Potenzen und Wurzeln
- Prozent- und Zinsrechnung
- Terme und Gleichungen
- Funktionen
- Zufall und Wahrscheinlichkeit
- Statistik
- Längen, Flächen, Körper
- Tabellenkalkulation und dynamische Geometriesoftware
- Methoden

Rationale Zahlen, Wurzeln

Rationale Zahlen
Alle **rationalen Zahlen** kann man als **Bruch** darstellen.

Auf der **Zahlengeraden** stehen negative Zahlen links von der Null, positive rechts von der Null. Die kleinere von zwei rationalen Zahlen liegt weiter links auf der Zahlengeraden.

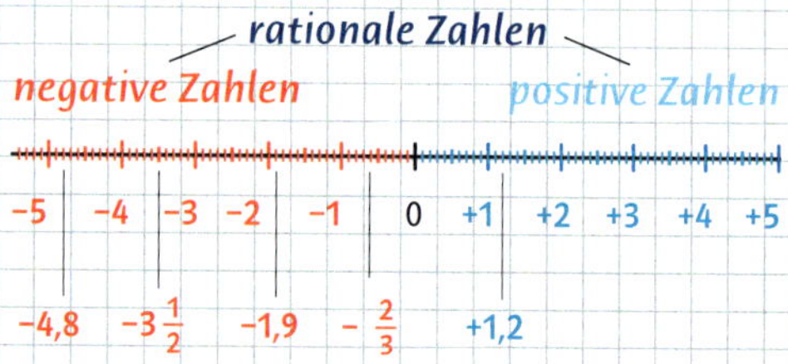

Brüche addieren und subtrahieren
Gleichnamige Brüche werden **addiert** bzw. **subtrahiert**, indem man ihre Zähler addiert bzw. subtrahiert und den gemeinsamen Nenner unverändert lässt.

Um **Brüche mit verschiedenen Nennern** zu addieren oder zu subtrahieren, muss man sie zuerst gleichnamig machen. Dafür bestimmt man einen **gemeinsamen Nenner**.

$\frac{1}{4} + \frac{3}{10}$

1. gemeinsamen Nenner bestimmen: 20
(ein gemeinsames Vielfaches von 4 und 10)
2. Brüche gleichnamig machen:
$\frac{1 \cdot 5}{4 \cdot 5} + \frac{3 \cdot 2}{10 \cdot 2} = \frac{5}{20} + \frac{6}{20}$
3. die nun gleichnamigen Brüche addieren:
$\frac{5+6}{20} = \frac{11}{20}$

Multiplikation eines Bruches mit einem Bruch
Bei der **Multiplikation** eines Bruches **mit einem Bruch** multipliziert man Zähler mit Zähler und Nenner mit Nenner.

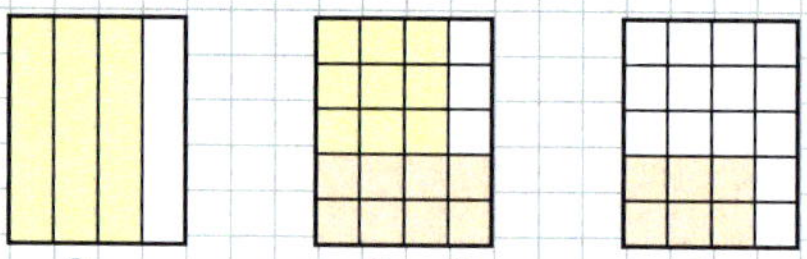

$\frac{3}{4}$ $\quad$ $\frac{2}{5} \cdot \frac{3}{4}$ $\quad$ $\frac{6}{20}$

Kehrwert eines Bruches
Werden in einem Bruch Zähler und Nenner vertauscht, dann wird der **Kehrwert** des Bruches gebildet.

Bruch	Kehrwert
$\frac{2}{3}$	$\frac{3}{2}$
$-\frac{1}{3}$	-3
5	$\frac{1}{5}$

Division eines Bruches durch einen Bruch
Durch einen **Bruch** wird **dividiert**, indem man mit dem **Kehrwert** multipliziert.

$\frac{2}{5} : \frac{1}{3} = \frac{2}{5} \cdot 3$

Vorzeichenregel bei Addition und Subtraktion
+(+3) ist dasselbe wie −(−3),
nämlich „addiere 3" oder in Kurzform: + 3.
+(−3) ist dasselbe wie −(+3),
nämlich „subtrahiere 3" oder in Kurzform: − 3.

$(+16) + (-7) = 16 - 7 = 9$
$(+19) - (-15) = 19 + 15 = 34$
$(-24) + (+13) = -24 + 13 = -11$
$(-12) - (+9) = -12 - 9 = -21$

Vorzeichenregel bei Multiplikation und Division
Haben bei der Multiplikation oder Division beide Zahlen **gleiche Vorzeichen**, so ist das Ergebnis eine **positive Zahl**. Haben sie **verschiedene Vorzeichen**, so ist das Ergebnis **negativ**.

$+ \cdot + = +$
$- \cdot - = +$
$+ \cdot - = -$
$- \cdot + = -$

$(+) : (+) = (+)$
$(+) : (-) = (-)$
$(-) : (+) = (-)$
$(-) : (-) = (+)$

Dezimalzahlen addieren und subtrahieren

Beim **Addieren** bzw. **Subtrahieren** von Dezimalzahlen werden diese
- **stellengenau** untereinander geschrieben und
- Stelle für Stelle von rechts nach links addiert bzw. subtrahiert.

$$23{,}127 + 0{,}075 = 23{,}202$$

$$6{,}00 - 0{,}07 = 5{,}93$$

ergänze Nullen

Dezimalzahlen multiplizieren

Man **multipliziert** Dezimalzahlen, indem man
- sie zunächst **ohne Komma** multipliziert und
- dann das Komma so setzt, dass das Ergebnis **genauso viele Nachkommastellen** hat **wie beide Faktoren** zusammen
- oder man macht einen **Überschlag** und setzt das Komma im Ergebnis entsprechend.

2 Stellen 2 Stellen

$$1{,}25 \cdot 1{,}95$$

$$\begin{array}{r} 195 \\ 390 \\ 975 \\ \hline 2{,}4375 \end{array}$$

4 Stellen

Überschlag: $1 \cdot 2 = 2$

Division einer Dezimalzahl durch eine natürliche Zahl

Eine Dezimalzahl wird nach den gleichen Regeln wie eine natürliche Zahl **dividiert**. Wird jedoch das Komma überschritten, so muss im Ergebnis ein Komma gesetzt werden.

E z ; E z h t

$$1{,}7 : 4 = 0{,}425$$

$$\begin{array}{l} 0 \\ \hline 17 \\ 16 \\ \hline \;\;10 \\ -\;\;8 \\ \hline \;\;\;\;20 \\ \;\;-20 \\ \hline \;\;\;\;\;\;0 \end{array}$$

Komma setzen

Division einer Dezimalzahl durch eine Dezimalzahl

Um eine **Dezimalzahl durch eine Dezimalzahl zu dividieren**, verschiebe das Komma bei beiden Zahlen um gleich viele Stellen nach rechts, sodass in der zweiten Zahl kein Komma mehr steht. Dann rechne so wie bei der Division einer Dezimalzahl durch eine natürliche Zahl.

$$8{,}48 : 1{,}6 = 84{,}8 : 16 = 5{,}3$$

$$\begin{array}{r} -80 \\ \hline 48 \\ -48 \\ \hline 0 \end{array}$$

Potenzen und Quadratwurzeln

Sind in einer Multiplikationsaufgabe alle Faktoren gleich, so kann die Aufgabe auch als **Potenz** geschrieben werden:

Grundzahl — 5^3 — Hochzahl

Potenz

$$\underbrace{5 \cdot 5 \cdot 5}_{\text{3-mal}} = 5^3 = 125$$

Die **Quadratwurzel** einer positiven Zahl a ($\sqrt{a}$) ist die positive Zahl, die mit sich selbst multipliziert a ergibt.

Es gilt: $\sqrt{a} \cdot \sqrt{a} = a$ bzw. $(\sqrt{a})^2 = a$

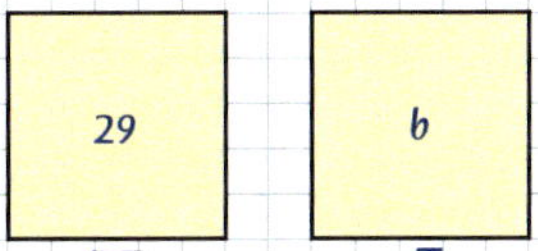

$\sqrt{29}$ $\sqrt{b}$

$\sqrt{0} = 0$

1 Übertrage den Zahlenstrahl in dein Heft und ergänze die Zahlen.

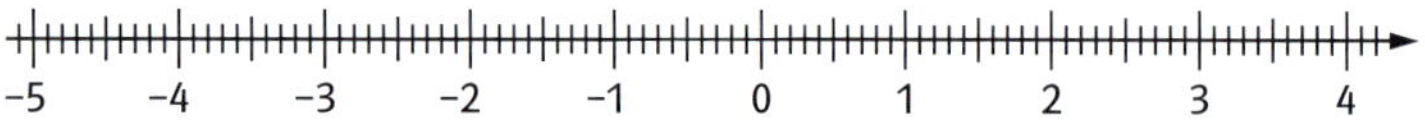

a) 1,5; −2,5; 3,2; −4,7; −0,9
b) $\frac{1}{2}$; $-3\frac{1}{2}$; $2\frac{1}{4}$; $-3\frac{1}{4}$; $\frac{3}{5}$

2 [●] Zeichne einen geeigneten Ausschnitt aus dem Zahlenstrahl und trage die Zahlen ein.
Achte darauf, dass die Unterteilung fein genug ist.
a) 0,6; 0,1; 0,9
b) −0,8; −2,0; −1,6
c) $\frac{1}{2}$; $-\frac{3}{4}$; −0,1

3 a) Schreibe als Dezimalzahl.
$\frac{1}{2}$; $\frac{1}{4}$; $-\frac{1}{8}$; $-\frac{3}{2}$; $5\frac{1}{5}$; $-\frac{7}{10}$
b) Schreibe als Bruch.
0,2; 2,5; −4,75; 0,01; −1,25

4 Ergänze die Tabelle im Heft.

$\frac{3}{4}$	$\frac{2}{5}$			$\frac{7}{25}$		
0,75		0,8				1,75
75 %			11 %		16 %	

5 Rechne im Kopf.
a) Was ist größer: $\frac{1}{5}$ oder 5 %?
b) Was ist kleiner: $\frac{4}{7}$ oder $\frac{5}{8}$?
c) Welcher Bruchteil von 5 € sind 20 Cent?
d) Wie viel sind $\frac{3}{4}$ von 200 g?

6 Vergleiche möglichst ohne zu rechnen. Setze <; > oder = ein.
a) $\frac{2}{3}$ ☐ $\frac{2}{5}$
b) $\frac{2}{3}$ ☐ $\frac{3}{4}$
c) $\frac{2}{3}$ ☐ $\frac{4}{9}$
d) $\frac{3}{5}$ ☐ $\frac{3}{10}$
e) $\frac{6}{10}$ ☐ $\frac{3}{5}$
f) $\frac{2}{5}$ ☐ $\frac{4}{9}$

7 Bilde jeweils die Summe und die Differenz der Brüche.
a) $\frac{2}{3}$ und $\frac{4}{9}$
b) $\frac{5}{6}$ und $\frac{3}{4}$
c) $\frac{5}{11}$ und $\frac{2}{7}$

8 Wann wird die Summe größer als 1 (2)?
a) $\frac{1}{2}+\frac{1}{3}+\frac{1}{4}+\dots$
b) $\frac{1}{2}+\frac{1}{4}+\frac{1}{6}+\frac{1}{8}+\dots$

9 Überprüfe, ob richtig gerechnet wurde. Verbessere falsche Aufgaben.
a) $\frac{2}{3}=\frac{4}{12}$
b) $\frac{2}{3}+\frac{3}{5}=\frac{5}{8}$
c) $\frac{8}{9}-\frac{4}{9}=\frac{4}{9}$
d) $\frac{5}{8}-\frac{2}{4}=\frac{3}{8}$

10 Berechne.
a) $\frac{2}{5}+\frac{3}{4}$
b) $-\frac{2}{5}+\left(-\frac{3}{4}\right)$
c) $\frac{2}{5}-\left(+\frac{3}{4}\right)$
d) $-\frac{2}{5}+\frac{3}{4}$
e) $\frac{2}{5}+\left(-\frac{3}{4}\right)$
f) $-\frac{2}{5}-\left(+\frac{3}{4}\right)$

11 Berechne.
a) $\frac{7}{11}\cdot\frac{8}{9}$
b) $\frac{3}{28}\cdot\frac{35}{48}$
c) $\frac{7}{11}:\frac{8}{9}$
d) $\frac{3}{28}:\frac{35}{48}$

12 Überprüfe, ob richtig gerechnet wurde. Verbessere falsche Aufgaben.
a) $\frac{1}{5}\cdot\frac{2}{5}=\frac{3}{5}$
b) $\frac{5}{8}\cdot\frac{2}{4}=\frac{5}{16}$
c) $\frac{4}{9}:\frac{2}{3}=\frac{2}{3}$
d) $\frac{8}{9}:\frac{4}{9}=\frac{2}{9}$

13 Berechne.
a) $\frac{2}{3}\cdot\frac{5}{7}$
b) $-\frac{2}{3}\cdot\left(+\frac{5}{7}\right)$
c) $\left(-\frac{2}{3}\right)\cdot\left(-\frac{5}{7}\right)$
d) $\frac{2}{3}\cdot\left(-\frac{5}{7}\right)$

14 Berechne.
a) $\frac{3}{5}:\frac{2}{7}$
b) $-\frac{3}{5}:\left(+\frac{2}{7}\right)$
c) $\left(-\frac{3}{5}\right)\cdot\left(-\frac{2}{7}\right)$
d) $\frac{3}{5}\cdot\left(-\frac{2}{7}\right)$
e) $\frac{3}{5}:\left(-\frac{2}{7}\right)$
f) $\left(-\frac{3}{5}\right):\left(-\frac{2}{7}\right)$

15 Führe erst eine Überschlagsrechnung durch. Berechne dann.

a) 4,859 + 0,984 + 0,125 − 1,555
b) 9,987 + 4,045 + 0,78 − 5,121

16 Rechne im Kopf.

a) $3{,}8 \cdot 10$
b) 30,08 : 1000
c) $3{,}8 \cdot 1000$
d) 308 : 1000
e) $0{,}038 \cdot 10\,000$
f) 3,8 : 100
g) $30{,}8 \cdot 100$
h) 0,308 : 100
i) $0{,}0308 \cdot 100$
j) 0,038 : 10 000

17 Mache erst einen Überschlag. Berechne dann schriftlich.

a) $3{,}08 \cdot 1110$
b) 38,038 : 101
c) $38{,}038 \cdot 1025$
d) 0,8308 : 99

18 Setze das Komma im Ergebnis an die richtige Stelle.

a) $46{,}231 \cdot 345$ = 1 5 9 4 9 6 9 5
b) $3{,}564 \cdot 54{,}6$ = 1 9 4 5 9 4 4
c) $23{,}837 \cdot 75{,}1$ = 1 7 9 0 1 5 8 7

19 Berechne nur die erste Aufgabe. Wie lauten die anderen Ergebnisse?

a) $54{,}321 \cdot 1{,}2345$
b) $543{,}21 \cdot 1{,}2345$
c) $5432{,}1 \cdot 12{,}345$
d) $5{,}4321 \cdot 12{,}345$
e) $5{,}4321 \cdot 0{,}123\,45$
f) $0{,}543\,21 \cdot 0{,}123\,45$

20 Setze das Komma im Ergebnis an die richtige Stelle.

a) 33,785 : 14,5 = 2 3 3
b) 3168 : 1,32 = 2 4
c) 0,370 35 : 0,03 = 1 2 3 4 5

21 Musst du wirklich alle Aufgaben ausrechnen?

a) 14445 : 45
b) 14,445 : 4,5
c) 1,4445 : 0,45
d) 144,45 : 0,45
e) 14,445 : 0,045
f) 1444,5 : 45

22 Berechne.

a) −3,7 + (−1,4)
b) 5,4 − 7,3
c) −4,9 − 3,6
d) −8,2 + 6,1
e) 17,6 − (−2,4)
f) 25,2 + (−11,7)
g) −35,9 − (−41,8)
h) +65,4 + 17,7

23 Gib das richtige Vorzeichen an.

a) $(-3{,}8) \cdot (+1{,}5) = \square\ 2{,}3$
b) $4{,}2 \cdot 8{,}6 = \square\ 36{,}12$
c) $8{,}97 : (-3{,}9) = \square\ 2{,}3$
d) $(-25{,}2) : (-5{,}6) = \square\ 4{,}5$

24 Berechne.

a) $5{,}4 \cdot (-6{,}7)$
$(-5{,}4) \cdot (-6{,}7)$
b) $(+8{,}1) \cdot 2{,}3$
$(-8{,}1) \cdot (-2{,}3)$
c) 23,75 : (−9,5)
(−23,75) : 9,5
d) (−43,12) : (−4,4)
43,12 : (−4,4)

25 Rechne möglichst vorteilhaft.

a) $4 \cdot (-32) \cdot (-2{,}5)$
b) $(-20) \cdot 5{,}6 \cdot (-5)$
c) $(-8) \cdot 5 \cdot (-12{,}5) \cdot 20$
d) $(-50) \cdot (-3{,}7) \cdot 1{,}25 \cdot (-2) \cdot 80$

26 Berechne im Kopf.

a) 2^5
b) 5^2
c) 3^4
d) 4^3
e) 10^5
f) 12^2

27 Welche Hochzahl muss hier eingesetzt werden?

a) $100 = 10^{\square}$
b) $8 = 2^{\square}$
c) $27 = 3^{\square}$
d) $625 = 5^{\square}$

28 Ziehe die Wurzeln.

a) $\sqrt{9}$, $\sqrt{0{,}09}$, $\sqrt{0{,}0009}$, $\sqrt{0{,}000009}$
b) $\sqrt{1}$, $\sqrt{121}$, $\sqrt{12321}$, $\sqrt{1234321}$
c) $\sqrt{16}$, $\sqrt{1156}$, $\sqrt{111556}$, $\sqrt{11115556}$
d) Setze die Reihen fort. Schreibe und berechne die nächsten drei Reihenmitglieder.

Prozent- und Zinsrechnung

Prozentrechnung

Anteile mit dem Nenner 100 nennt man auch **Prozent**.
In der Prozentrechnung rechnet man mit
dem **Prozentsatz (p %)**,
dem **Prozentwert (P)** und
dem **Grundwert (G)**.
Der Grundwert entspricht immer 100 %.

Um Anteile an verschiedenen Grundwerten zur vergleichen, ist es sinnvoll, den **Prozentsatz** zu berechnen.

Der **Prozentwert** lässt sich berechnen, wenn der Grundwert und der Prozentsatz gegeben sind.

Sind der Prozentwert und der Prozentsatz bekannt, so lässt sich der **Grundwert** berechnen.

Darstellung von prozentualen Anteilen

Prozentsätze oder prozentuale Anteile kann man sich besser vorstellen, wenn man sie **grafisch darstellt**. Dazu eignen sich z. B. Kreis- oder Blockdiagramme.

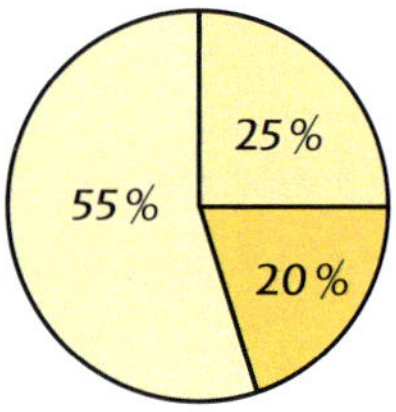

Zinsrechnung

Die Zinsrechnung ist eine Anwendung der Prozentrechnung.

Zinsen Z ≙ Prozentwert	$Z = K \cdot \frac{p}{100}$
Zinssatz p % ≙ Prozentsatz	$p\,\% = \frac{Z}{K}$
Kapital K ≙ Grundwert	$K = \frac{Z}{p} \cdot 100$

Wenn **Zinsen für Tage eines Jahres** berechnet werden, multipliziere mit $\frac{i}{365}$. Dabei gibt i die Anzahl der Zinstage an. Es gilt

$$Z = K \cdot \frac{p}{100} \cdot \frac{i}{365}$$

500 g Erbsen beinhalten ca. 105 g Eiweiß.
Das entspricht einem Anteil von 21 %.

*Berechnung des **Prozentsatzes**:*
Wie viel Prozent sind 35 von 250?

Dreisatz *oder* ***Formel***

Dreisatz	Formel
$250 \triangleq 100\,\%$	$\text{Prozentsatz} = \frac{\text{Prozentwert}}{\text{Grundwert}}$
$1 \triangleq \frac{100}{250}\,\%$	$p\,\% = \frac{P}{G}$
$35 \triangleq \frac{100 \cdot 35}{250}\,\% = 14\,\%$	$p\,\% = \frac{35}{250} = 0{,}14 = 14\,\%$

*Berechnung des **Prozentwerts**:*
Wie viel sind 45 % von 360?

Dreisatz *oder* ***Formel***

Dreisatz	Formel
$100\,\% \triangleq 360$	Prozentwert = Grundwert · Prozentsatz
$1\,\% \triangleq \frac{360}{100}$	$P = G \cdot \frac{p}{100} = G \cdot p\,\%$
$45\,\% \triangleq \frac{360 \cdot 45}{100} = 162$	$P = 360 \cdot \frac{45}{100} = 162$

*Berechnung des **Grundwerts**:*
29 % sind 348. Wie viel sind 100 %?

Dreisatz *oder* ***Formel***

Dreisatz	Formel
$29\,\% \triangleq 348$	$\text{Grundwert} = \frac{\text{Prozentwert}}{\text{Prozentzahl}} \cdot 100$
$1\,\% \triangleq \frac{348}{29}$	$G = \frac{P}{p} \cdot 100$
$100\,\% \triangleq \frac{348 \cdot 100}{29} = 1200$	$G = \frac{348}{29} \cdot 100$

Nach 120 Tagen erhält man auf ein Guthaben von 1500 € 3 % Zinsen.
Geg.: Kapital K = 1 5 0 0 €
Zinssatz p = 3 %
Zinstage = 1 2 0
Ges.: Zinsen Z

$$Z = K \cdot \frac{p}{100} \cdot \frac{i}{365}$$

$$= 1500 \cdot \frac{3}{100} \cdot \frac{120}{365}\,€ \approx 14{,}8\,€$$

Nach 120 Tagen erhält man ca. 14,80 € Zinsen.

Prozentrechnung

1 Ersetze die Buchstaben.

a)

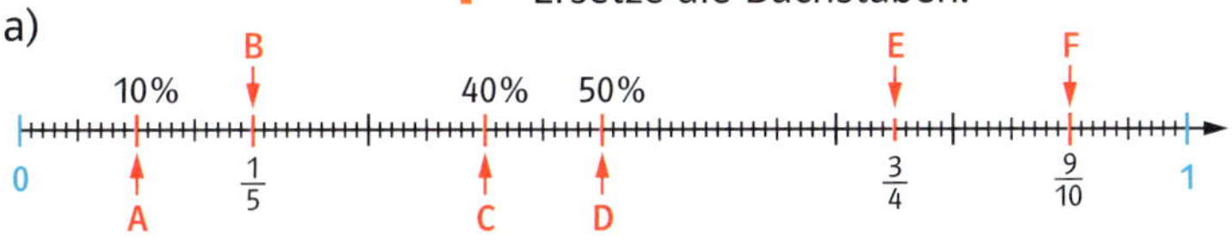

b)

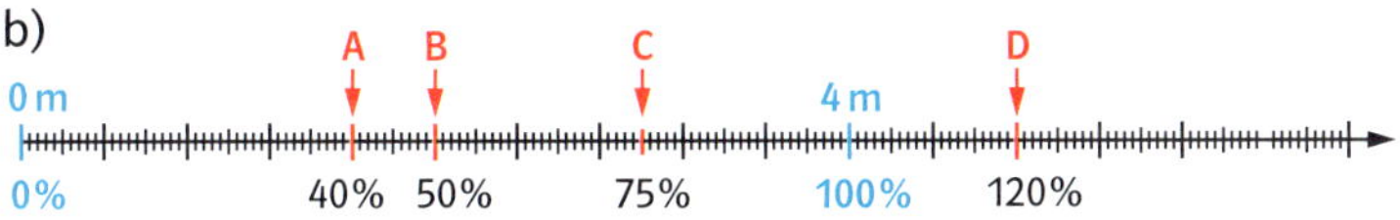

2 Berechne im Kopf.

a) Prozentsatz
7 von 50
15 von 25
18 von 60

b) Prozentwert
25 % von 160 €
40 % von 55 kg
75 % von 1 h

c) Grundwert
4 % sind 24 €
60 % sind 42 l
150 % sind 60 km

3 Berechne den Prozentsatz p % auf zwei Nachkommastellen genau.

a) 0,60 € von 40 €
2,50 € von 70 €
3,45 € von 255 €

b) 20 kg von 205 kg
6 € von 66 €
45 t von 320 t

4 Berechne die fehlende Größe.

	a)	b)	c)	d)
G	840 €	450 g		17,8 t
P		99 g	240 kg	
p %	4 %		80 %	43 %

5 Welche Größe ist hier gesucht?

a) Eine Bäckerei wirbt:

1 Brötchen heute nur 17 Cent statt 23 Cent

b) Zum Geschäftsjubiläum werden alle Preise um 10 % gesenkt. Ein DVD-Player kostet jetzt nur 178 €.

c) An einer Schule mit 1280 Schülern nehmen 65 % am Mensaessen teil.

6 Überschlage, um wie viel Prozent die Preise gesenkt wurden.

Sweatshirt 19,50 € ~~26,00 €~~

Markenjeans 31,85 € ~~49,00 €~~

T-Shirt 12,95 € ~~18,50 €~~

Zinsrechnung

7 Berechne die fehlende Größe.

	a)	b)	c)	d)
K	9000 €	3400 €		2250 €
Z		153 €	28,80 €	
p %	5 %		8 %	6,6 %

8 Lena hat auf ihrem Konto 480 €.

a) Wie viel Zinsen erhält sie nach einem Jahr bei einem Zinssatz von 2,75 %?

b) Wie hoch ist dann ihr Guthaben?

9 [●] Für einen Betrag von 6500 € zahlt die Bank nach sechs Jahren 8962,48 €. Wie hoch ist der Zinssatz?

10 [●] Ist das wirklich so günstig? Berechne den Jahreszinssatz.

!! Günstiger Kredit !!
Für 5000 € zahlen Sie bei uns monatlich nur 50,– € Zinsen.

11 [●] Ein Kapital von 3000 € wird 120 Tage zu einem Zinssatz von 5 % angelegt.

12 [●] Wie viel Zinsen erhält man für 2500 € bei 4,5 % Verzinsung nach

a) 75 Tagen
b) 210 Tagen
c) 270 Tagen
d) 300 Tagen?

13 [●] Marco überzieht sein Girokonto für 21 Tage mit 800 Euro. Wie viel Zinsen muss Marco zahlen, wenn der Sollzinssatz seiner Bank 10,9 % beträgt?

Terme und Gleichungen

Terme, Variablen und Koeffizienten

Terme sind Rechenausdrücke, die sich aus Zahlen, Variablen und Rechenzeichen zusammensetzen.

$2 + 8$; $2 \cdot h$; $7 - a^2$; $5 + \square$; b sind Beispiele für Terme. Aber auch einzelne Zahlen und Variablen können als Terme aufgefasst werden.

Die **Variablen** stellen veränderliche Größen in Termen dar und werden meist mit Buchstaben oder Symbolen beschrieben.

Variablen

Term: $7b + 5c - 3m$

Terme mit Klammern

Enthält ein Term **Klammern**, so sind die Vorzeichenregeln zu beachten:

- Steht ein **Pluszeichen vor der Klammer**, kann die Klammer weggelassen werden.
- Steht ein **Minus vor der Klammer**, so erhalten alle Summanden in der Klammer das umgekehrte Vorzeichen, wenn die Klammer weggelassen wird.

$4m + (3a - 6b) = 4m + 3a - 6b$

$12v - (3k - 8h) = 12v - 3k + 8h$

Werden die Klammern eines als Produkt geschriebenen Terms aufgelöst, so nennt man das **Ausmultiplizieren**.

Werden die Klammern eines als Summe geschriebenen Terms aufgelöst, so nennt man das **Ausklammern**.

Ausmultiplizieren:

$3 \cdot (m + 4n) = 3m + 12n$

Ausklammern:

$2a - 10b = 2 \cdot (a - 5b)$

Gleichungen

Eine **Gleichung** besteht aus zwei Termen, die durch ein Gleichheitszeichen miteinander verbunden sind.

Eine **Gleichung zu lösen** heißt, für die Variable die Zahl zu finden, die man einsetzen muss, damit der Wert der Terme auf beiden Seiten gleich ist.

$2x + 12 = 30 - 2$

$u = 2a + 2b$

$A = l \cdot b \cdot n$

Gleichungen lösen durch schrittweises Umformen

Um Gleichungen zu lösen, darf man sie **schrittweise in einfachere Gleichungen umformen**. Dabei darf sich die Lösung nicht verändern. Folgende **Umformungsschritte** sind erlaubt:

- Auf beiden Seiten der Gleichung wird die gleiche Zahl bzw. der gleiche Term addiert oder subtrahiert.
- Beide Seiten werden mit derselben Zahl multipliziert oder durch dieselbe Zahl dividert (außer 0).
- Der Term auf einer Seite der Gleichung wird in seiner Darstellung verändert oder vereinfacht.

$4x + 1 = x + x + 30 - 13$ Gleichartiges zusammenfassen

$4x + 1 = 2x + 17$ Alle x-Terme nach links, also $-2x$

$2x + 1 = 17$ Alle allein stehenden Zahlen nach rechts, also -1

$2x = 16$ Dividieren durch die Zahl vor x, also $:2$

$x = 8$

Vom Text zur Gleichung

Folgende Schritte können beim **Lösen von Sachaufgaben** hilfreich sein.

Aufgabe:
Ein Zeitungsverkäufer hat 50 € Kosten pro Woche. Am Verkauf einer Zeitung verdient er durchschnittlich 0,05 €. Wie viele Zeitungen muss er mindestens verkaufen, wenn er wöchentlich einen Gewinn von 120 € erreichen will?

1. Worum geht es?
Lies den Text und/oder sieh dir die Abbildung genau an. Notiere wichtige Angaben oder mache eine Skizze dazu. Kläre gegebenenfalls Verständnisfragen.

Ich weiß:
50 € Kosten pro Woche
0,05 € Verdienst pro Zeitung

2. Wonach ist gefragt?
Benenne die gesuchte Größe.

Ich suche:
a (Anzahl der Zeitungen, die in einer Woche verkauft werden müssen, um 120 € zu verdienen.)

3. Stelle eine Gleichung auf.
Formuliere passende Terme zur Aufgabe und fasse sie in einer Gleichung zusammen.

$$a \cdot 0{,}05 - 50 = 120$$

4. Löse die Gleichung.
Forme die Gleichung schrittweise um, bis du den gesuchten Wert erhältst. Führe eine Probe durch. Überprüfe dabei dein Ergebnis am Text.

$$a \cdot 0{,}05 - 50 = 120 \quad | +50$$
$$a \cdot 0{,}05 = 170 \quad | :0{,}05$$
$$a = 3400$$

Probe:
$$3400 \cdot 0{,}05\,€ - 50\,€$$
$$= 170\,€ - 50\,€$$
$$= 120\,€$$

5. Beantworte die Frage.
Formuliere einen Antwortsatz.

Der Zeitungsverkäufer muss in der Woche mindestens 3400 Zeitungen verkaufen, um damit 120 € zu verdienen.

1 Vereinfache den Term.

a) $a + a + a + a + a$ b) $b + c + b + c + b$
c) $5d + 6e + 3d - 2e$ d) $8f + 9g - 2f + g$

2 Welche Terme gehören zusammen?

$a + a - a$ | $2a$ | $4a + a$ | $-a$ | $-2a$ | $-a + 3a$ | $5a$ | $-a - a$ | a | $3a - 4a$

3 Ergänze.

a) $45h + 20h - \square h = 30h$
b) $36k - \square k + 48k = 60k$
c) $17m + 35n + \square m - \square n = 51m + 29n$
d) $34x - \square y + \square x - 75y = 88x - 150y$

4 Ordne jedem Kantenmodell den passenden Term zu.

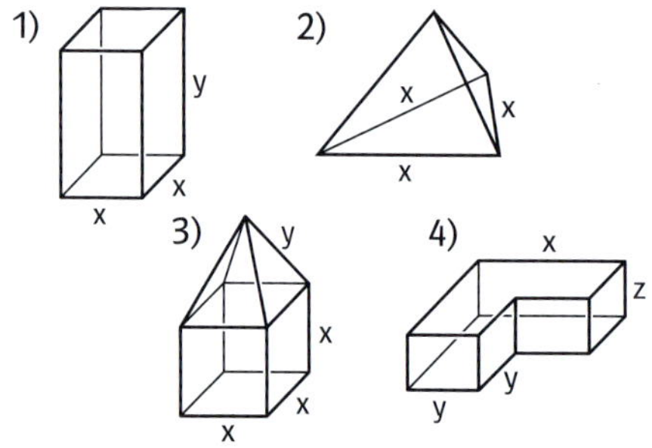

$9x$ | $12x + 4y$ | $8x + 4y$ | $4x + 4y + 4z$ | $8x + 8y$ | $6x$ | $4x + 8y + 6z$ | $6x + 4y + 8z$

5 Fasse die Terme so weit wie möglich zusammen.

a) $5p + 7q + 12p$
b) $32m + 26n + 18mn - 23n$
c) $16r - 43s - 22r - 46s$
d) $-24x - 25 - 45y + 5$

6 Welche Kärtchen gehören zusammen?

$2 \cdot x - 12$ | $3 \cdot x + 6$ | $3 \cdot (x + 4)$ | $4 \cdot (x + 1)$ | $4 \cdot x + 4$ | $4 \cdot x + 2$ | $3 \cdot x + 12$ | $2 \cdot (x - 6)$ | $3 \cdot (x + 2)$ | $2 \cdot (2x + 1)$

7 Löse die Klammern auf.

a) $6 \cdot (a + 3)$ b) $7 \cdot (5 + b)$
c) $2{,}5 \cdot (x - 4)$ d) $3{,}2 \cdot (6 - y)$
e) $-8 \cdot (c + 7{,}5)$ f) $-9 \cdot (5 - n)$

8 Klammere aus und schreibe als Produkt.

a) $3x + 6$ b) $10 - 5y$
c) $a + 76a$ d) $12b + 48b$
e) $-16 + 32m$ f) $-121n - 77$

9 Löse die Gleichungen im Kopf.

a) $25 + x = 56$ b) $v - 43 = 81$
c) $169 = r \cdot 13$ d) $17 + 2 \cdot m = 33$
e) $n : 3 = 2$ f) $0{,}5a + 1{,}5 = 3{,}5$

10 Bestimme die Lösungen.

a) $8x + 43 = 5x + 76$
b) $x - 26 + 4x = 6x - 22 - 3x$
c) $3x + 30 - (x + 28) = 3x - (2x + 4)$

11 [●] Ein Rechteck hat einen Umfang von 240 mm. Die Länge ist um 3,4 cm größer als die Breite.
Wie lang sind die Seiten des Rechtecks?

12 [●] Adrian, Ersin und Felix haben zusammen für 48 € eingekauft.
Adrian hat doppelt so viel ausgegeben wie Felix. Ersin hat 4 € weniger bezahlt als Felix.
Wie viel hat jeder ausgegeben?
(Tipp: Wähle für Felix x.)

Lineare Funktionen

Funktionen

Eine Funktion kann durch eine **Funktionsgleichung**, durch **Worte**, durch eine **Wertetabelle** oder durch einen **Graphen** dargestellt werden, z. B.

Funktionsgleichung: $f(x) = \frac{1}{2}x + 1$

In Worten: Jedem x-Wert wird die Hälfte und Eins zugeordnet.

Tabelle:

x	−2	−1	0	1	2	3
f(x)	0	−0,5	1	1,5	2	2,5

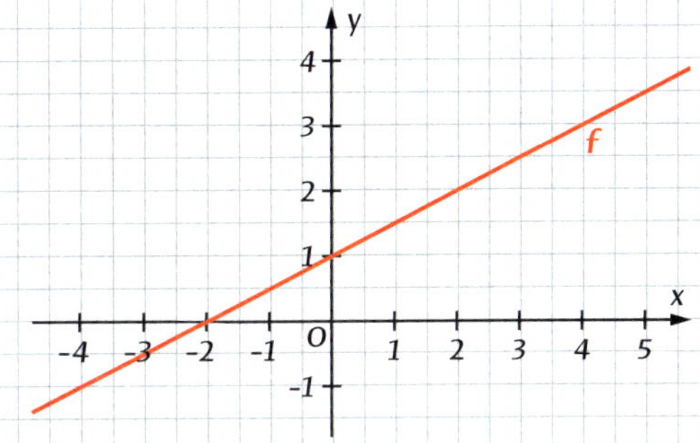

Lineare Funktion

Eine lineare Funktion wird durch eine Gleichung der Form **f (x)** = **a x + b** dargestellt. Ihr Graph ist eine Gerade.

Bestimmung der Funktionsgleichung aus dem Graphen

Eine Gerade ist in ihrem Verlauf bereits durch zwei Punkte festgelegt. Aus dem **Verlauf des Graphen** lässt sich die dazugehörende **Funktionsgleichung bestimmen**.

Die **Steigung a** lässt sich mithilfe eines **Steigungsdreiecks** an der Geraden ermitteln.

Der **Achsenabschnitt b** kann an der y-Achse abgelesen werden.

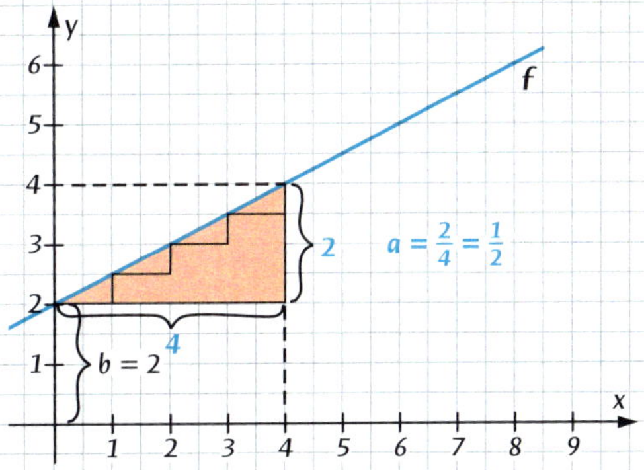

Für die Funktion f ergibt sich:

$a = \frac{1}{2}$ (1 Einheit nach rechts
und $\frac{1}{2}$ Einheit nach oben)

$b = 2$

also: $f(x) = \frac{1}{2}x + 2$

Schnittpunkt zweier Geraden

Schneiden sich die Graphen zweier Funktionen **in einem Punkt**, so haben sie an dieser Stelle **denselben Funktionswert**.

Die **Koordinaten** des Schnittpunktes können im Koordinatensystem **abgelesen** werden.

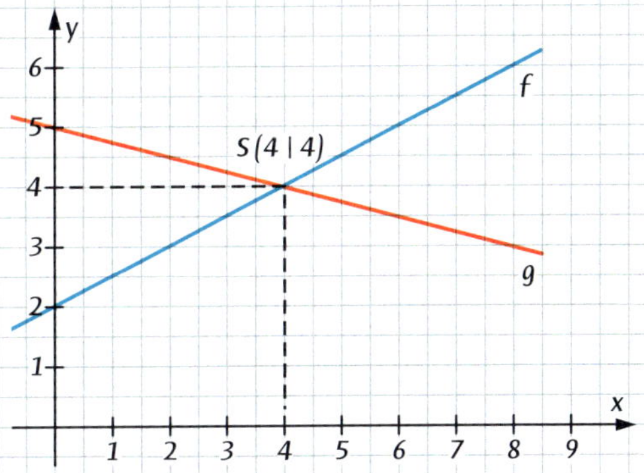

1 Stelle die Funktion auf drei weitere Weisen dar.

a) Jedem x-Wert wird das 4fache zugeordnet.

b) $f(x) = 3x + 2$

c)

x	0	1	2	3	4
f(x)	0	2	4	6	8

d)

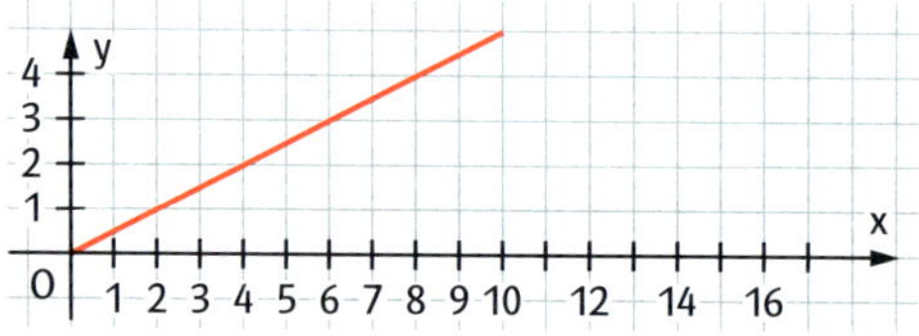

2 Ermittle jeweils die Steigung der Geraden und die Funktionsgleichung.

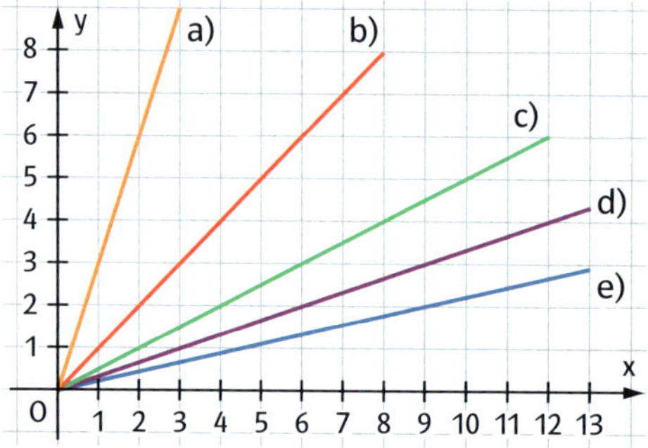

3 Ergänze jeweils die fehlende Koordinate, sodass die Punkte auf dem Graphen von $f(x) = -3x + 4$ liegen.

a) $P_1(1|\square)$ b) $P_2(\square|0)$

c) $P_3(0|\square)$ d) $P_4(\square|8{,}5)$

4 Gib die Funktionsgleichung an.

a)

Menge (l)	1	2	3	4
Preis (€)	1,45	2,90	4,35	5,80

b)

Zeit (min)	1	5	10	20
Preis (€)	0,39	1,95	3,90	7,80

c) [●]

Zeit (min)	10	30	60	120
Weg (km)	5	15	30	60

5 [●] Tom will ein Mountainbike leihen.

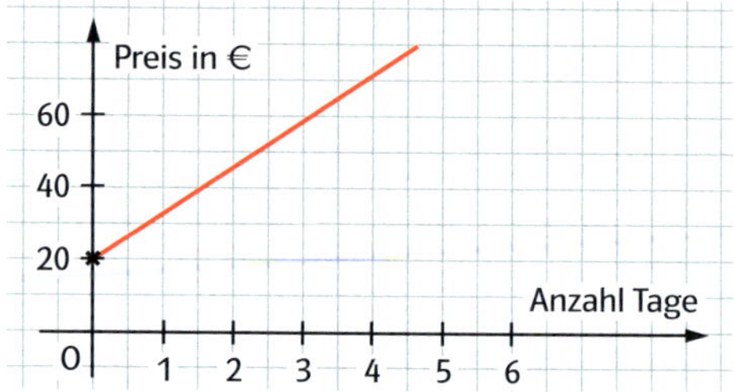

a) Wie viel müsste er für drei Tage, wie viel für 14 Tage zahlen? Stelle eine Funktionsgleichung auf.

b) Erkläre, warum der Graph nicht durch den Koordinatenursprung verläuft.

6 Zeichne die Graphen und bestimme die Koordinaten des Schnittpunktes.

a) $f(x) = 2x + 1$; $g(x) = 3x - 5$

b) $h(x) = \frac{1}{2}x + 4$; $k(x) = 1{,}5x + 2$

7 Silvi möchte ihren Computer reparieren lassen. Dazu vergleicht sie die Preise von zwei Reparaturdiensten.

a) Wie hoch sind jeweils die Kosten bei einer Stunde Reparaturzeit?

	Anfahrtskosten	Kosten je angefangene 15 min
PC-Doc	11 €	11 €
PC-Help	25 €	9 €

b) [●] Bestimme die Funktionsgleichungen.

c) Zeichne die Graphen und bestimme die Koordinaten des Schnittpunktes.

d) [●] Für welchen Reparaturdienst würdest du Silvi raten? Begründe.

Statistik

Statistische Erhebung

Werden Daten in einer Umfrage gesammelt, so spricht man von einer **statistischen Erhebung**.

Die Daten werden in der Regel zunächst in **Strichlisten** und anschließend in **Häufigkeitslisten** festgehalten oder in einer **Urliste** erfasst. Wird die Liste der Größe nach sortiert, spricht man von einer **Rangliste**.

Bei einer Klassenarbeit im Fach Mathematik wurden die folgenden Noten geschrieben und in einer Urliste festgehalten:

2; 2; 5; 6; 4; 3; 3; 2; 1; 1; 2; 4; 1; 2; 6; 2; 2; 1; 5; 3; 4; 4; 2; 1; 4; 5; 3; 3; 2; 1

Rangliste:

1; 1; 1; 1; 1; 1; 2; 2; 2; 2; 2; 2; 2; 2; 2; 3; 3; 3; 3; 3; 4; 4; 4; 4; 4; 5; 5; 5; 6; 6

absolute und relative Häufigkeit

Die Häufigkeit, mit der ein bestimmter Wert vorkommt, heißt **absolute Häufigkeit**.

Der Anteil, den die absolute Häufigkeit an der Gesamtanzahl der Erhebung hat, heißt **relative Häufigkeit**.

Note	1	2	3	4	5	6
Strichliste	卌 I	卌 IIII	卌	卌	III	II
Abs. Häuf.	6	9	5	5	3	2
Rel. Häuf.	$\frac{6}{30}$	$\frac{9}{30}$	$\frac{5}{30}$	$\frac{5}{30}$	$\frac{3}{30}$	$\frac{2}{30}$
	0,2	0,3	0,17	0,17	0,1	0,06

Diagramme

Häufigkeitstabellen können durch Diagramme anschaulich dar gestellt werden. Zum Vergleichen der absoluten Häufigkeit eignen sich besonders **Säulen-** und **Balkendiagramme**. Will man relative Häufigkeiten darstellen, eignen sich **Kreis-** und **Blockdiagramme** gut**.**

Berechnung des Kreisausschnittes:

Note 1: $\frac{6 \cdot 360^\circ}{30} = 72^\circ$

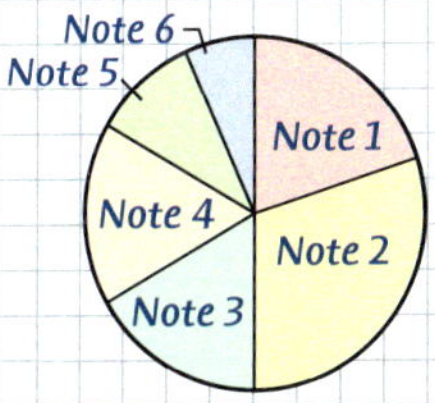

Bei einer Blocklänge von 6 cm entspricht der Anzahl 1 eine Blocklänge von $\frac{6}{30}$ cm = 0,2 cm.

Kennwerte

Die Differenz zwischen dem größten und dem kleinsten Wert heißt **Spannweite**.

Um das **arithmetische Mittel** (auch **Mittelwert** oder **Durchschnitt** genannt) zu berechnen, muss man die Summe aller Werte bilden und durch die Anzahl der Werte dividieren.

Um den **Zentralwert** oder **Median** einer Datenmenge zu bestimmen, muss man die Werte zuerst in einer Rangliste ordnen. Der Wert, der in der Mitte der Rangliste liegt, ist der Zentralwert. Der Zentralwert teilt die Rangliste in eine obere und eine untere Hälfte auf.

Tipp:

Bevor du die Kennwerte bestimmst, ordne die Werte erst in einer Rangliste.

Spannweite:

$6 - 1 = 5$

arithmetisches Mittel:

$\frac{6 \cdot 1 + 9 \cdot 2 + 5 \cdot 3 + 5 \cdot 4 + 3 \cdot 5 + 2 \cdot 6}{30} = 2{,}87$

Zentralwert:

Wert zwischen dem 15. und 16. Wert:

$\frac{2 + 3}{2} = 2{,}5$

1 In der Tabelle haben Schülerinnen und Schüler die Anzahl der gesendeten SMS im letzten Monat notiert.

Anna	23	Frank	4
Ben	3	Gürhan	23
Celine	12	Hanna	12
Daniel	65	Ilic	7
Ela	43	Jessi	3

a) Stelle eine Rangliste auf.
b) Wie viele SMS wurden durchschnittlich verschickt? Wer hat die meisten, wer die wenigsten SMS verschickt? Wie groß ist der Unterschied zwischen dem größten und dem kleinsten Wert?
c) Stelle die Ergebnisse in einem geeigneten Diagramm dar.

2 Der *Eine-Welt-Laden* einer Schule verkauft Dinge des täglichen Schulbedarfs. In einer Strichliste wird der Wochenverkauf festgehalten.

Heft liniert	Heft kariert	Block DIN A5	Bleistift	Lineal	Radiergummi
卌 卌 卌 III	卌 卌 卌 卌 卌 I	卌 卌 III	卌 卌 卌 II	III	卌 II

Stelle das Ergebnis in einer Häufigkeitsliste dar und zeichne ein Kreisdiagramm.

3 Bestimme, falls möglich, jeweils Spannweite, häufigsten Wert, arithmetisches Mittel und Zentralwert und zeichne ein Diagramm wie angegeben.

a)

Wert	4	7	8	9	10	13
abs. H.	3	10	6	7	5	1

Zeichne ein Säulendiagramm.

b)

Wert	5	10	15	20	25	30
rel. H.	18 %	14 %	31 %	24 %	10 %	3 %

Zeichne ein Kreisdiagramm.

c)

Wert	2	4	6	8	10
rel. H.	0,05	0,19	0,13	0,4	0,23

Zeichne ein Blockdiagramm.

4 Welche der statistischen Kennwerte sind für die folgende Erhebung sinnvoll? Bestimme diese Kennwerte.
a) Alter in Jahren: 12; 14; 12; 11; 12; 14; 14; 11; 10; 13; 12; 11; 10; 11; 12
b) Telefonnummern: 8374; 5652; 2895; 2587; 5597; 8725; 6985; 9941
c) Wertung einer Turnübung: 8,7; 8,3; 9,2; 7,5; 9,5; 9,2
d) Ergebnis einer Umfrage: „Wie oft schaust du die Tagesschau?"

immer	häufig	manchmal	selten	nie
5	14	26	15	8

5 [●] Die Schulterhöhe eines Schäferhundes liegt zwischen 55 cm und 65 cm. Ein Züchter wirbt damit, dass seine Schäferhunde besonders groß seien. Denn im Durchschnitt haben sie mehr als 60 cm Schulterhöhe. Eine Messung ergab folgende Maße (in cm).

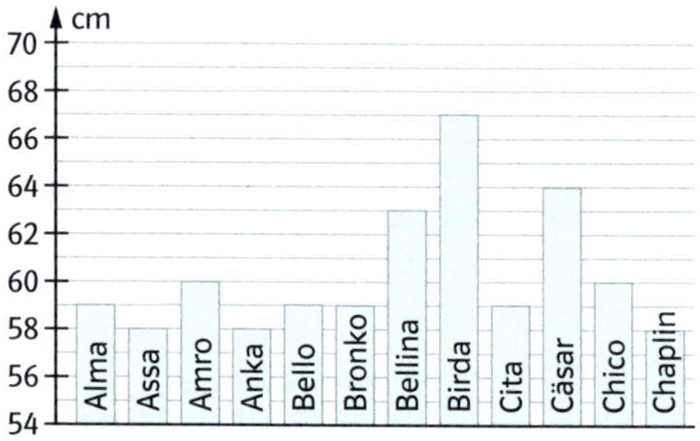

a) Stimmt die Behauptung des Züchters?
b) Wie viele Hunde sind größer als 60 cm?
c) Gibt der Mittelwert oder der Zentralwert eine bessere Auskunft über die Größe?

6 Bei einem Vokabeltest wurden 30 Vokabeln abgefragt.

Anzahl der gewussten Vokabeln
24, 16, 24, 18, 10, 9, 13, 17, 17, 15, 8, 17, 21, 20, 24, 21, 14, 17, 9, 20, 26, 18, 25, 19, 11, 19, 20, 22, 13, 15, 16, 24

a) Wie viele Schüler waren beteiligt?
b) Fertige eine Rangliste an.
c) Berechne Mittelwert, Zentralwert und Spannweite.

Zufall und Wahrscheinlichkeit

Zufallsversuch

Mithilfe von **Zufallsgeräten** wie Glücksrädern, Würfeln, Losen usw. werden Zufallsversuche durchgeführt. Das Ergebnis eines Zufallsversuchs ist zufällig und nicht vorhersagbar.
Zufallsgeräte, die gleich wahrscheinliche Ergebnisse liefern, werden **Laplace-Zufallsgeräte** genannt.

Der Münzwurf hat zwei mögliche Ergebnisse mit der jeweiligen Wahrscheinlichkeit $\frac{1}{2}$.

Wahrscheinlichkeit eines Ergebnisses

Sind alle möglichen Ergebnisse eines Zufallsversuchs gleich wahrscheinlich, so gibt der Bruch $\frac{1}{\text{Anzahl aller möglichen Ergebnisse}}$ die **Wahrscheinlichkeit** eines jeden **Ergebnisses** an.

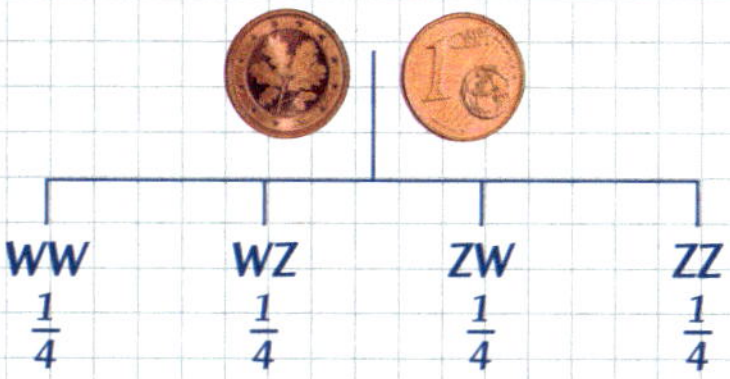

Wahrscheinlichkeit eines Ereignisses

Führen mehrere gleich wahrscheinliche Ergebnisse eines Zufallsversuchs zum Ziel, so nennt man diese Ergebnisse **günstig**.

Der Bruch $\frac{\text{Anzahl der günstigen Ergebnisse}}{\text{Anzahl der möglichen Ergebnisse}}$ stellt die **Wahrscheinlichkeit** eines **Ereignisses** dar.

Das Ereignis „mindestens ein Wappen" hat beim zweifachen Münzwurf die drei günstigen Ergebnisse (WW), (WZ) und (ZW) und somit die Wahrscheinlichkeit $\frac{3}{4}$.

Relative Häufigkeit und Wahrscheinlichkeit

Sind die Ergebnisse eines Zufallsversuchs nicht gleich wahrscheinlich, so muss die Wahrscheinlichkeit eines Ergebnisses geschätzt werden. Dazu führt man den Versuch möglichst oft durch und berechnet die **relative Häufigkeit**.
Wenn man viele Versuche durchführt, dann ändert sich die relative Häufigkeit kaum noch. Diese Zahl nennt man **statistische Wahrscheinlichkeit**.

Die Ergebnisse sind

gleich wahrscheinlich

nicht gleich wahrscheinlich

Zahl der Würfe	Zahl der Einsen	relative Häufigkeit
100	37	37,0 %
500	141	28,2 %
1500	462	30,8 %
5000	1485	29,7 %

Die Wahrscheinlichkeit für eine 1 beträgt rund 30 %. Nach 500 Würfen lässt sich die Wahrscheinlichkeit auf etwa 28 % bis 32 % schätzen.

Deutungen von Wahrscheinlichkeiten

Wahrscheinlichkeitsangaben sind zur Vorhersage von Einzelergebnissen nicht geeignet. Nur in langen Versuchsserien ist eine Wahrscheinlichkeitsaussage brauchbar.

Richtig: In 1000 Würfen bekomme ich mit einem fairen Würfel in rund $\frac{1}{6}$ der Fälle eine 6.
Falsch: In 6 Würfen ist eine 6 dabei.

1 Wie groß ist die Wahrscheinlichkeit, aus dem unten abgebildeten Säckchen eine gelbe (rote, blaue) Kugel zu ziehen?

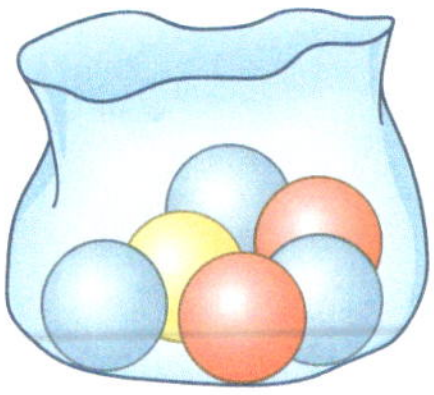

2 Die Wahrscheinlichkeit, ein Gewinnlos zu ziehen, beträgt $\frac{7}{24}$.
a) Wie viele Lose könnten sich in der Lostrommel befinden? Wie viele davon sind Gewinnlose? Nenne mehrere Möglichkeiten.
b) Mit welcher Wahrscheinlichkeit zieht man kein Gewinnlos?

3 In einem Behälter befinden sich zwölf Kugeln. Die Hälfte der Kugeln ist blau. Die restlichen Kugeln sind rot oder grün, wobei es zwei rote Kugeln mehr gibt als grüne.
a) Skizziere den Behälter mit den Kugeln.
b) Mit welcher Wahrscheinlichkeit wird eine rote Kugel gezogen?
c) Wie groß ist die Wahrscheinlichkeit, keine grüne Kugel zu ziehen?
d) Es wurden bereits alle grünen und eine rote Kugel gezogen. Wie groß ist die Wahrscheinlichkeit, beim nächsten Zug eine rote Kugel zu ziehen?

4 a) Mit welcher Wahrscheinlichkeit fällt der 1. April auf einen Sonntag?
b) Wie groß ist die Wahrscheinlichkeit, dass Heiligabend und Silvester auf den gleichen Wochentag fallen?

5 [●] Wie groß ist die Wahrscheinlichkeit mit einem Dodekaederwürfel (Würfel mit 12 Flächen)

a) eine 6 zu würfeln?
b) eine gerade Zahl zu würfeln?
c) eine Primzahl zu würfeln?
d) eine durch 3 teilbare Zahl zu würfeln?

6 Ein Legostein mit vier Noppen wird als Würfel benutzt.
a) Welche möglichen Ergebnisse hat das Werfen mit dem Legostein?
b) Schätzt die Wahrscheinlichkeiten für die verschiedenen möglichen Ergebnisse. Überprüft eure Schätzung. Werft dazu einen Legostein mindestens 100-mal.

7 [●] Luca fällt auf, dass in seiner Tüte mit Gummibärchen keine grünen Bärchen enthalten sind.

Die Fabrik behauptet aber, von jeder Farbe gleich viele Gummibärchen herzustellen. Die folgende Zählung soll dies bestätigen. Nimm Stellung.

Farbe	Gummibärchen (Anzahl)		
	100	1000	10 000
gelb	24	194	1986
grün	18	209	2005
orange	27	181	2012
rot	12	223	1994
weiß	19	193	2003

Längen und Flächen

Längeneinheiten

Längen werden üblicherweise angegeben in

Kilometer	km	**1 km** = 1000 m
Meter	m	**1 m** = 10 dm
Dezimeter	dm	**1 dm** = 10 cm
Zentimeter	cm	**1 cm** = 10 mm
Millimeter	mm	

$5{,}408\ km = 5408\ m$

$36{,}29\ m = 362{,}9\ dm = 3629\ cm$

Flächeneinheiten

Die Einheiten, mit denen **Flächengrößen** üblicherweise angegeben werden, sind mm^2, cm^2, dm^2, m^2, a (Ar), ha (Hektar) und km^2.

1 km² = 100 ha
1 ha = 100 a
1 a = 100 m²
1 m² = 100 dm²
1 dm² = 100 cm²
1 cm² = 100 mm²

Bei der Umrechnung einer Flächeneinheit in die nächst kleinere (größere) verschiebe das Komma um zwei Stellen nach rechts (nach links).

$8{,}45\ m^2 = 845\ dm^2$

$56{,}1\ mm^2 = 0{,}561\ cm^2$

Flächeninhalte, Umfang

Dreieck

$A = \frac{c \cdot h_c}{2}$ $\qquad u = a + b + c$

c: Länge der Grundseite
h_c: Länge der zugehörigen Höhe

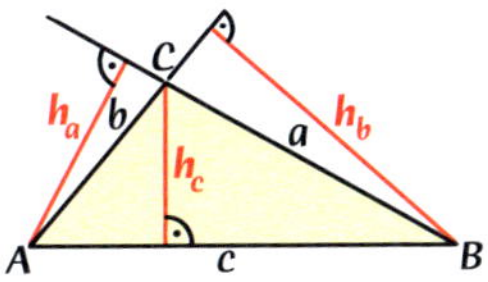

Rechteck

$A = a \cdot b$ $\qquad u = 2 \cdot a + 2 \cdot b$

a, b: Länge der Rechteckseiten

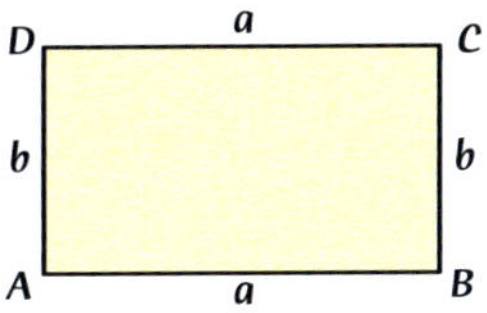

Parallelogramm

$A = a \cdot h_a = b \cdot h_b$ $\qquad u = 2 \cdot a + 2 \cdot b$

a: Länge der Parallelogrammseite
h_a: Länge der zugehörigen Höhe

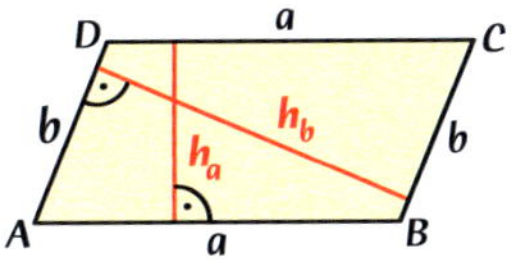

Trapez

$A = \frac{(a + c) \cdot h_a}{2}$ $\qquad u = a + b + c + d$

a, c: Länge der parallelen Seiten
h_a: Abstand der parallelen Seiten

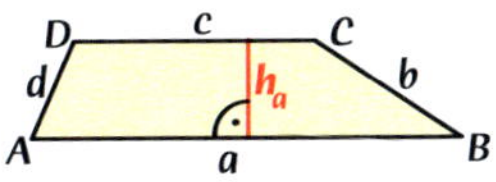

Kreis

$A = \pi r^2 = \frac{\pi d^2}{4}$ $\qquad u = 2 \pi r = \pi d$

r: Radius

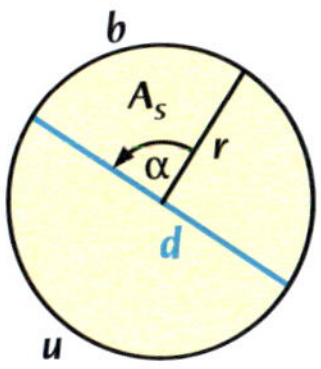

Berechnung des Flächeninhalts des Vieleckes

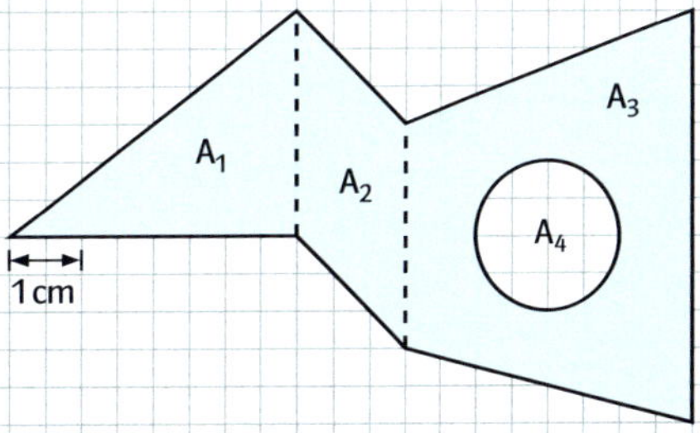

Der Flächeninhalt kann durch Zerlegen in berechenbare Teilflächen berechnet werden, z. B.:

$A_1 + A_2 + A_3 - A_4$

$A_1 = \frac{4 \cdot 3}{2}\ cm^2 = 6\ cm^2$

$A_2 = 3 \cdot 1{,}5\ cm^2 = 4{,}5\ cm^2$

$A_3 = \frac{(5{,}5 + 3)}{2} \cdot 4\ cm^2 = 17\ cm^2$

$A_4 = \pi \cdot 1\ cm^2 \approx 3{,}14\ cm^2$

$A_1 + A_2 + A_3 - A_4 \approx 24{,}36\ cm^2$

Dreiecksformen

Ein **spitzwinkliges** Dreieck hat drei spitze Winkel.

Ein **rechtwinkliges** Dreieck hat einen rechten und zwei spitze Winkel.

Ein **stumpfwinkliges** Dreieck hat einen stumpfen und zwei spitze Winkel.

Ein **gleichschenkliges** Dreieck hat zwei gleich lange Seiten und zwei gleiche Winkel.

Ein **gleichseitiges** Dreieck hat drei gleich lange Seiten und drei gleiche Winkel.

Die **Winkelsumme** im Dreieck beträgt 180°.

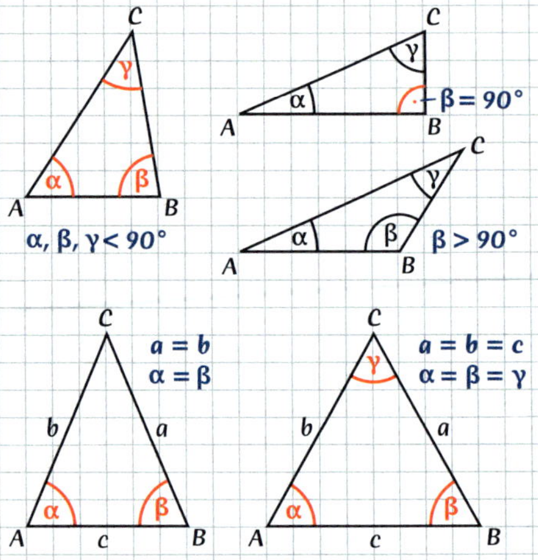

$\alpha + \beta + \gamma = 180°$

Konstruktion von Dreiecken

Für die drei Grundkonstruktionen braucht man

sss drei Seiten
oder
sws zwei Seiten und den eingeschlossenen Winkeln
oder
wsw einer Seite und die zwei anliegenden Winkel.

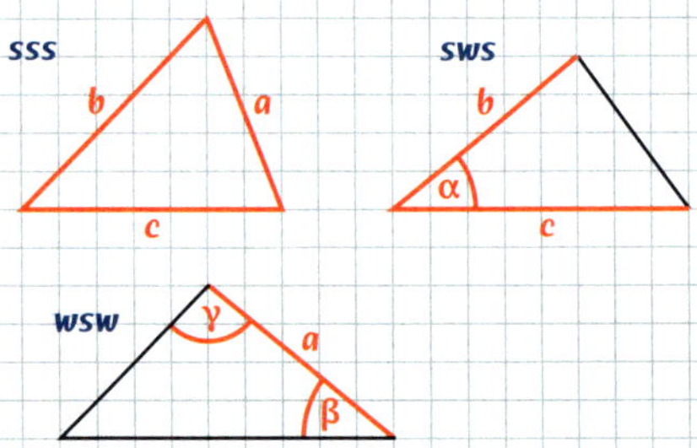

Satz des Pythagoras

In einem rechtwinkligen Dreieck gilt:
Das Quadrat über der **Hypotenuse** (Seite, die dem rechten Winkel gegenüber liegt) hat den gleichen Flächeninhalt wie die Summe der Flächeninhalte der beiden Quadrate über den **Katheten**.

$\mathbf{a^2 + b^2 = c^2}$, wobei c die Hypotenuse ist.

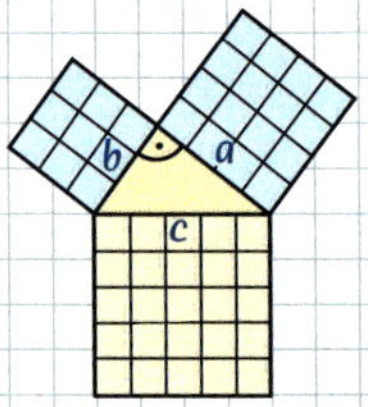

$a^2 + b^2 = c^2$

Gegeben: $a = 4{,}8\,cm$, $c = 6{,}3\,cm$
Gesucht: b

$b^2 = c^2 - a^2$
$= 6{,}3^2 - 4{,}8^2\,cm^2 = 16{,}65$

$b = \sqrt{16{,}65}\,cm \approx 4{,}08\,cm$

Körper

Rauminhalte

Rauminhalte werden üblicherweise angegeben in mm^3, cm^3, dm^3, m^3, ml, l und hl.

$1\,\mathbf{m^3} = 1000\,dm^3$

$1\,\mathbf{dm^3} = 1000\,cm^3$

$1\,\mathbf{cm^3} = 1000\,mm^3$

$1\,\mathbf{l} = 1\,dm^3$ $\quad$ $1\,\mathbf{hl} = 100\,l$

Volumen und Oberfläche von Körpern

Quader

$V = a \cdot b \cdot c$

$O = 2(ab + ac + bc)$

a, b, c: Seitenkanten

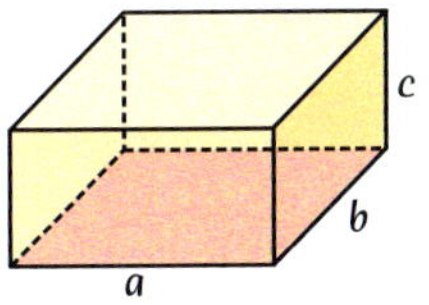

Prisma

$V = G \cdot h$

$O = 2 \cdot G + M$

G: Grundfläche, M: Mantelfläche

h: Höhe

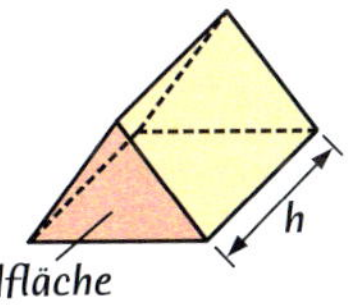

Zylinder

$V = G \cdot h = \pi r^2 \cdot h$

$O = 2 \cdot G + M = 2\pi r^2 + 2\pi r \cdot h$

G: Grundfläche, M: Mantelfläche

r: Radius, h: Höhe

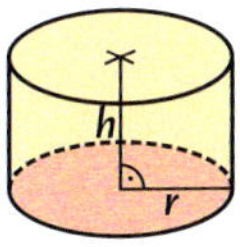

Oberfläche

Die Oberfläche eines Körpers berechnet sich aus der Summe der Flächeninhalte aller Begrenzungsflächen des Körpers.

$O = 2 \cdot G + M$

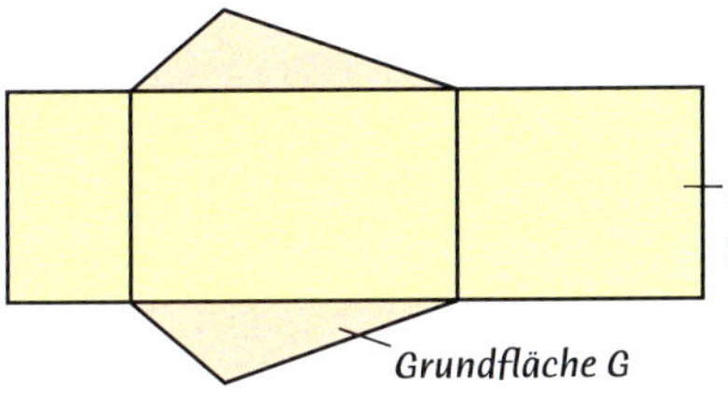

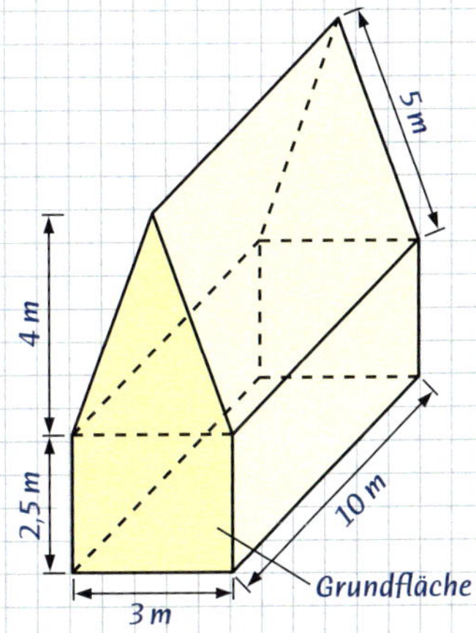

Berechnung des Volumens

$V = G \cdot h$

Die Grundfläche kann in ein Rechteck und ein Dreieck zerlegt werden.

$G = A_R + A_D$

$A_R = 3 \cdot 2{,}5\,m^2 = 7{,}5\,m^2$

$A_D = \frac{3 \cdot 4}{2}\,m^2 = 6\,m^2$

$G = 7{,}5\,m^2 + 6\,m^2 = 13{,}5\,m^2$

$V = 13{,}5\,m^2 \cdot 10\,m = 135\,m^3$

Das Volumen beträgt $135\,m^3$.

Berechnung der Oberfläche

$O = 2 \cdot G + M$

$G = A_\triangle + A_\square$

$= \frac{3 \cdot 4}{2} + 3 \cdot 2{,}5$

$= 13{,}5\,m^2$

$M = 2 \cdot 10 \cdot 2{,}5 + 10 \cdot 3 + 2 \cdot 5 \cdot 10$

$= 180\,m^2$

$O = 2 \cdot 13{,}5\,m^2 + 180\,m^2 = 207\,m^2$

Der Oberflächeninhalt beträgt $207\,m^2$.

1 Berechne die Flächeninhalte der Figuren.

a)

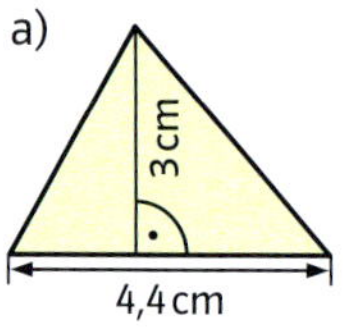

b)

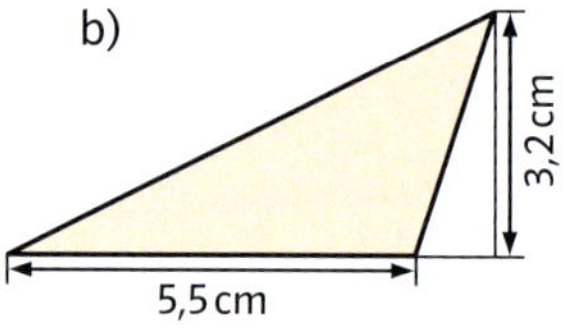

c)

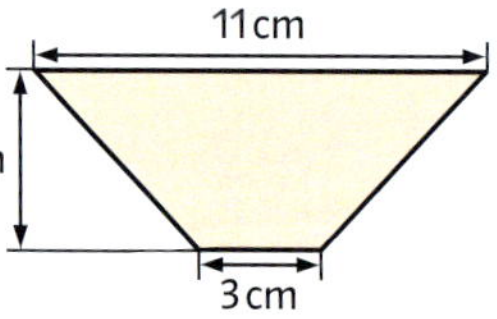

d)

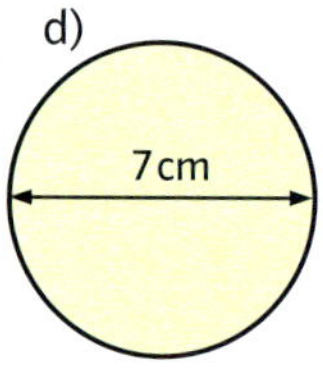

e)

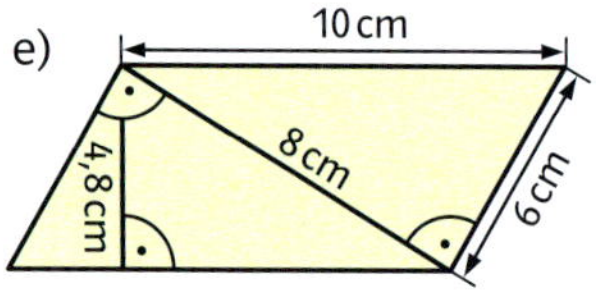

f)

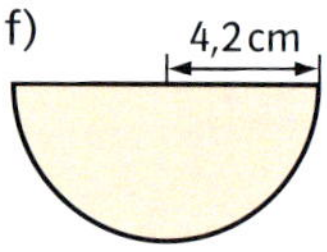

2 Zerlege die Fläche in geeignete Teilflächen und berechne dann den Flächeninhalt. (Angaben in cm)

a)

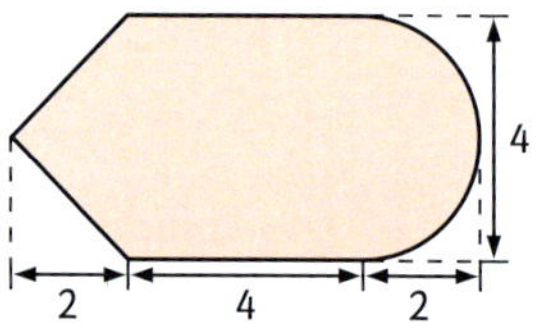

b)

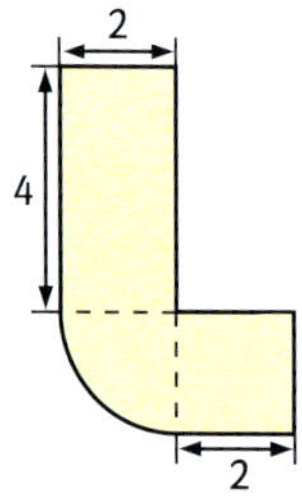

c)

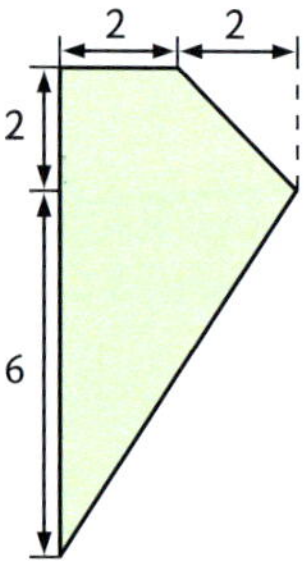

3 Haben die Figuren den gleichen Flächeninhalt? Begründe.

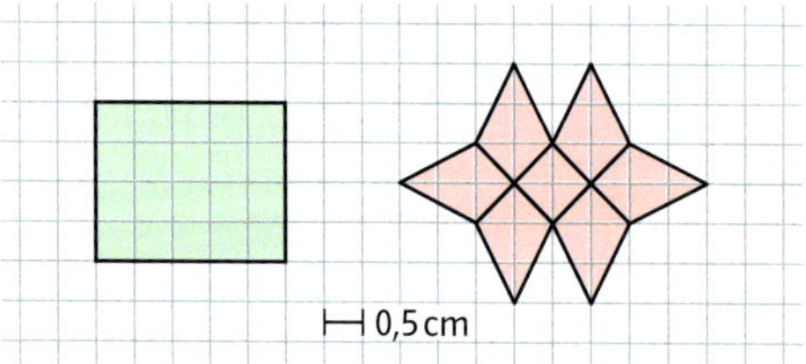

4 Welche Fläche ist größer? Schätze erst und berechne dann.
(Tipp: Du brauchst dazu den Satz des Pythagoras.)

a)

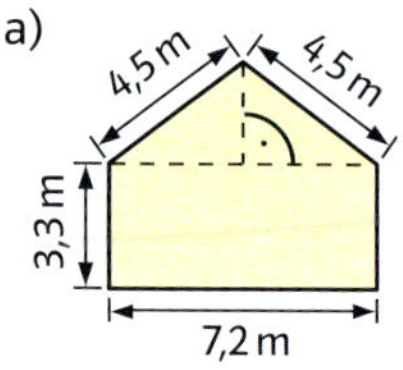

b) [●]

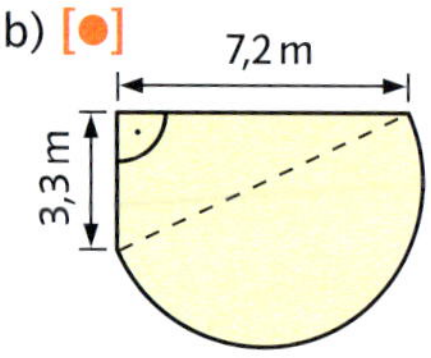

5 Die Ein- und Zwei-Eurostücke bestehen jeweils aus einem silber- und einem goldfarbenen Teil.
Welche Fläche ist jeweils größer – der Rand oder das Innenteil?

6 Die spanischen Inseln *Mallorca* und *Ibiza* locken jedes Jahr viele tausende Urlauber. Bestimme näherungsweise die Größe der Inseln.

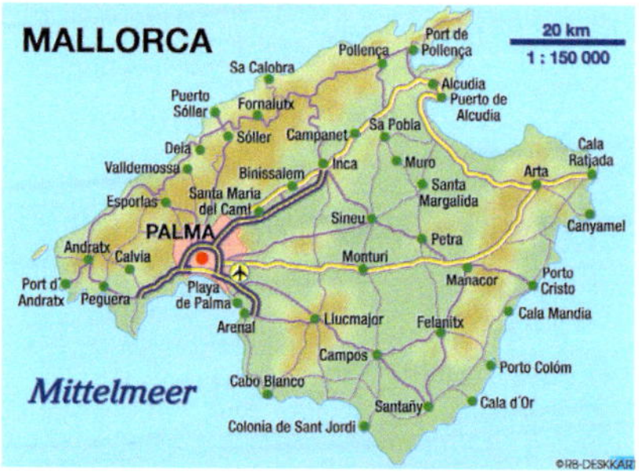

7 a) Welches Prisma hat die kleinste, welches die größte Oberfläche?

1)

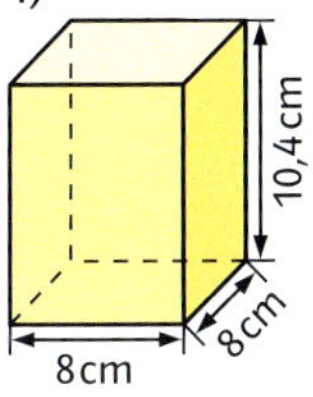

2)

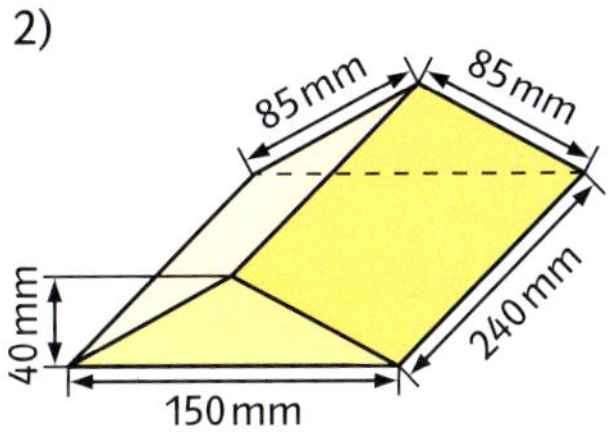

3) [●]

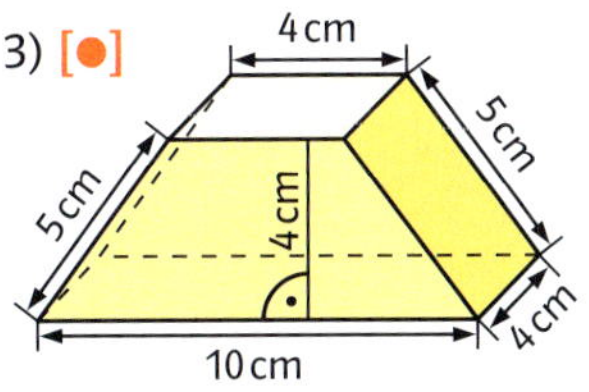

b) Berechne die Rauminhalte.

8 [●] Berechne die Oberfläche und das Volumen. Angaben in cm.

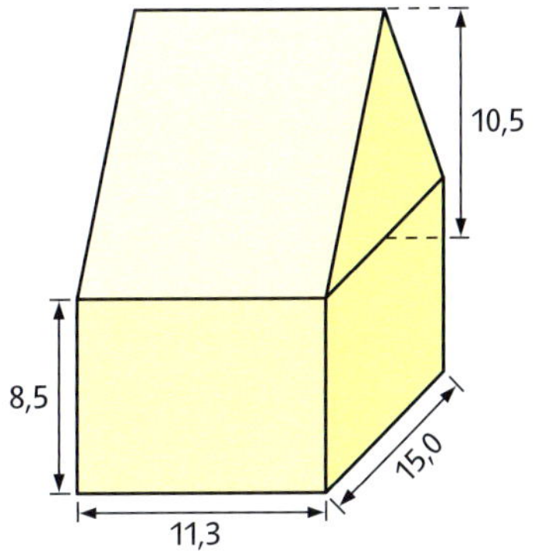

9 Schätze: Welcher der beiden Körper hat das größere Volumen, die größere Oberfläche? Überprüfe deine Vermutung durch Rechnung.

a)

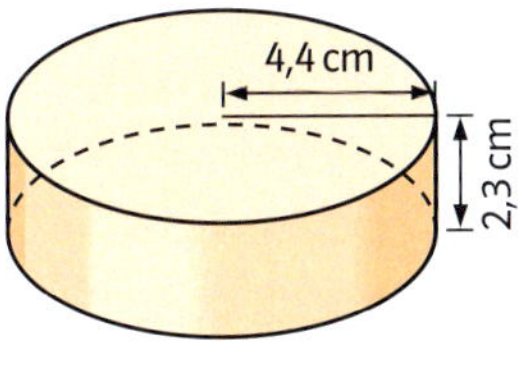

b)

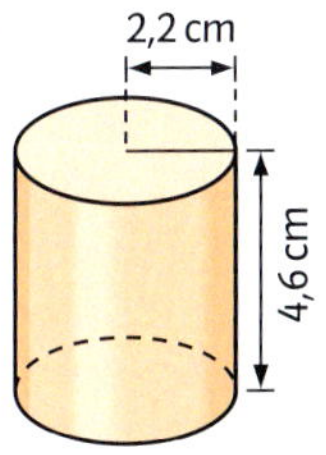

c) [●]

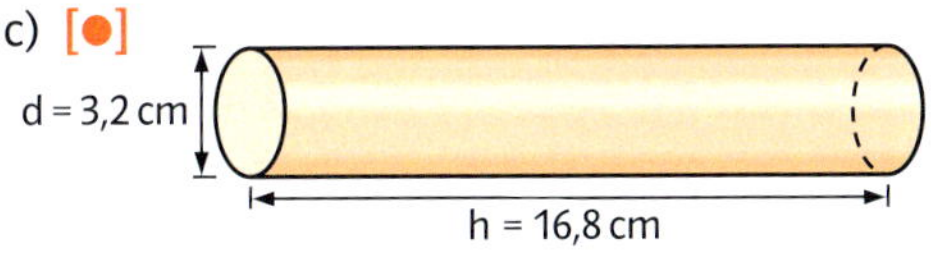

10 Berechne die fehlende Größe. Runde sinnvoll.

a) Quader mit quadratischer Grundfläche: $V = 484\,cm^3$; $a = 5{,}5\,cm$. Berechne h.

b) Quader mit quadratischer Grundfläche: $h = 10\,cm$; $V = 11\,560\,cm^3$. Berechne a.

c) Zylinder: $V = 760\,cm^3$; $r = 22\,cm$. Berechne h.

d) Zylinder: $h = 30\,cm$; $V = 1000\,cm^3$. Berechne r.

11 Berechne die Länge der Linie vom Start bis zum Ziel. (Maße in m)

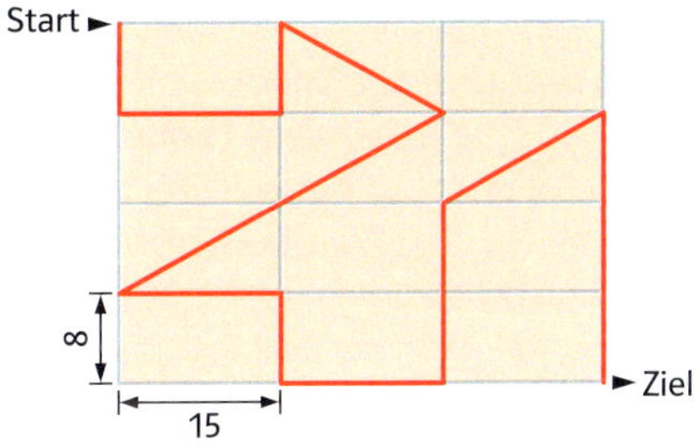

12 [●] Welches Dreieck hat den größten Umfang (Flächeninhalt)?

1)

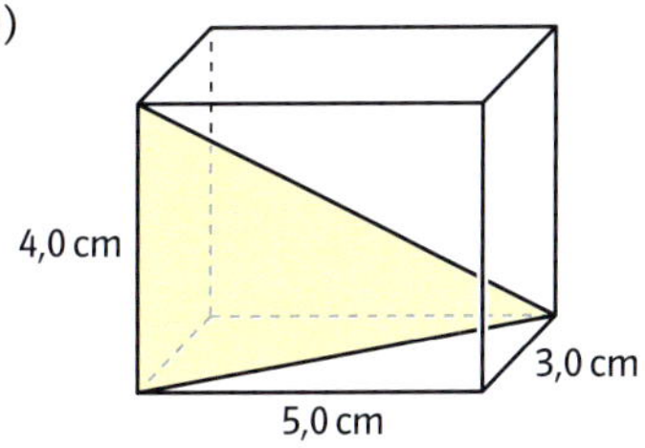

2)

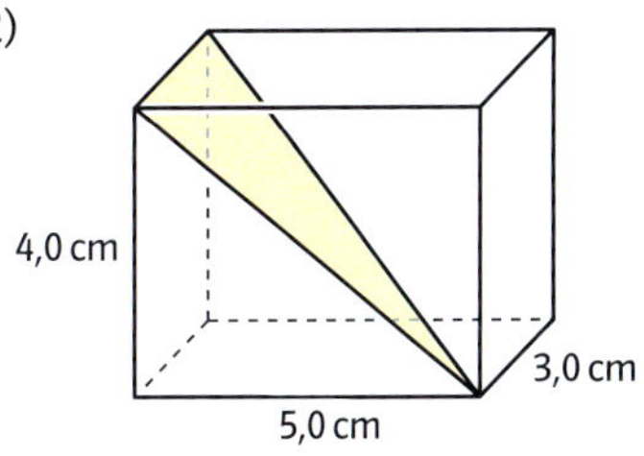

3)

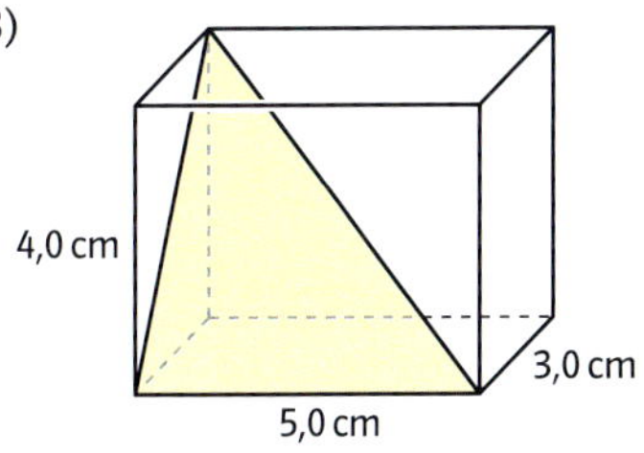

Tabellenkalkulation

Zellen formatieren

Jede Zelle eines Tabellenblattes kann bei Bedarf verbreitert werden (Menü **Format** → **Spalte** → **Breite** oder mit dem Cursor die Spalte in der A/B/C-Leiste auf die gewünschte Breite ziehen). Wie bei einem Textverarbeitungsprogramm können Zellen in der gewünschten Schriftart, Schriftgröße, ... formatiert werden (Menü **Format** → **Zellen formatieren** → **Schrift** bzw. **Zahlen**). Zahlen können unterschiedlich dargestellt werden: als Dezimalzahlen mit einer bestimmten Anzahl an Stellen hinter dem Komma, als Währung (z. B. €, $, ...), als Prozentsatz, als Datum, ...

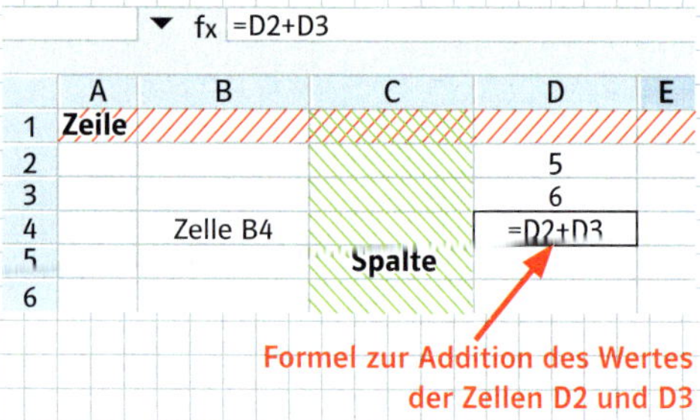

Rechnen

Jede Zelle kann mit einem Rechenausdruck **(Formel)** belegt werden. Das Programm berechnet dann für diese Zelle automatisch den Wert für die eingegebene Größe.
Jede Formel beginnt mit einem Gleichheitszeichen, dahinter steht der Rechenweg. Damit der Rechenweg auch noch bei Änderung der Zahlenwerte gültig ist, gibt man statt der Zahlen die Zellennamen ein, auf die sich der Rechenausdruck bezieht (z. B. =D2+D3). Sollen größere Bereiche addiert werden, erfasst man z. B. mit =Summe(B4:B9) alle Zellen von B4 bis B9.
Unter dem Menü **Einfügen** → **Funktionen** befinden sich außerdem verschiedene Funktionen (z. B. zur Statistik, wie Median, Mittelwert, ...).
Wenn Zellen mit **Formeln vervielfältigt** werden, kann die rechte untere Ecke der Zelle markiert und dann bis zur gewünschten Stelle gezogen werden.

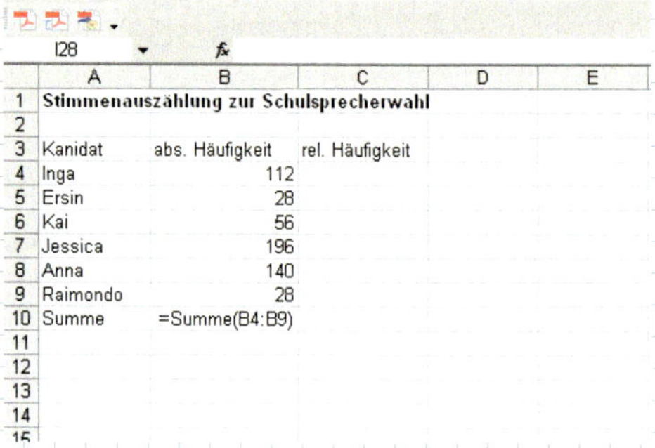

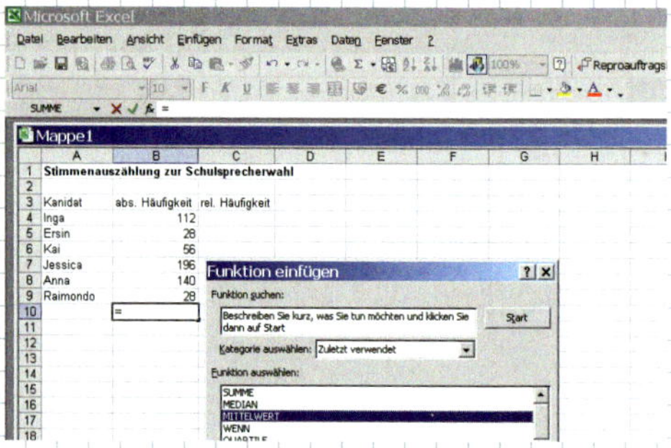

Diagramme erstellen

Um Daten in einem Diagramm zu veranschaulichen, markiert man zuerst die Zeilen und Spalten, die grafisch dargestellt werden sollen. Dann wählt man unter Menü **Einfügen** → **Diagramm** den gewünschten Diagrammtyp aus. In den weiteren Einstellungen können die Daten, die Überschriften und die **Eigenschaften des Diagramms** eingestellt bzw. verändert werden.

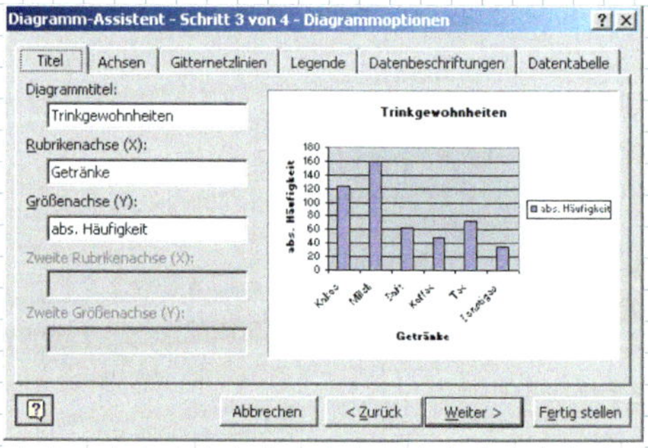

Dynamische Geometriesoftware

Fast alles, was man auf einem Blatt zeichnen kann, kann man auch mit einer **dynamischen Geometriesoftware (DGS)** zeichnen. Die Programme dazu funktionieren ähnlich. Hier wird der Umgang mit einem dynamischen Geometrieprogramm am Beispiel von **GeoGebra** gezeigt, das man kostenlos aus dem Internet laden kann (www.geogebra.org).

Aufbau

Über der Zeichenfläche befindet sich eine **Symbolleiste mit Icons** zu verschiedenen Befehlen zum Konstruieren, Zeichnen und Messen. Mit jedem Icon können verschiedene Befehle aufgerufen werden. In der **Menüleiste** oberhalb der Icons können die Grundeinstellungen vorgenommen werden.
Am unteren Rand befindet sich die **Eingabeleiste**, in der Funktionen (z. B. $f(x) = 3x + 2$) und Variablen (z. B. $a = 12$; $x = 3b$) definiert werden. GeoGebra zeichnet dann z. B. den Funktionsgraphen.
Im **Algebrafenster** werden alle erstellten Objekte angezeigt. Es wird zwischen freien und abhängigen Objekten unterschieden. Abhängige Objekte können sich ändern, wenn man z. B. freie Objekte verschiebt.

Nützliche Befehle

Verschieben des Zeichenbereichs

Vergrößern/Verkleinern

Messen von Längen

Berechnen von Flächen

Falsche Eingaben können rückgängig gemacht werden.

Bewegen eines Objektes
Damit kann z. B. jeder Punkt einer Figur an eine andere Stelle auf dem Arbeitsblatt verschoben werden.

Mit einem **Schieberegler** kann man Variablen unterschiedliche Werte zuweisen. Bei der Erstellung öffnet sich ein Menü, in dem man alle benötigten Werte eintragen kann.

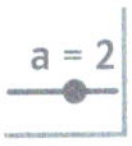

Konstruktion und Untersuchung von Mittelsenkrechten im beliebigen Dreieck.

1. *Drei Punkte einzeichnen.*

2. *Verbindungsstrecken zeichnen.*

3. *Kreise um je zwei Endpunkte einer Stecke zeichnen.*

4. *Schnittpunkte zweier Kreise festlegen.*

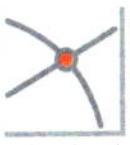

5. *Gerade durch die Schnittpunkte der Kreise zeichnen.*

6. *Konstruktion der anderen Mittelsenkrechten wie im Punkt 1. bis 4. beschrieben.*

*Nach Schritt 2 kann alternativ mit dem Befehl **Mittelsenkrechte** automatisch eine Mittelsenkrechte konstruiert werden.*

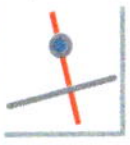

*Nun kann man mit dem Icon **Bewegen** einen oder mehrere Punkte des Dreiecks verschieben.*

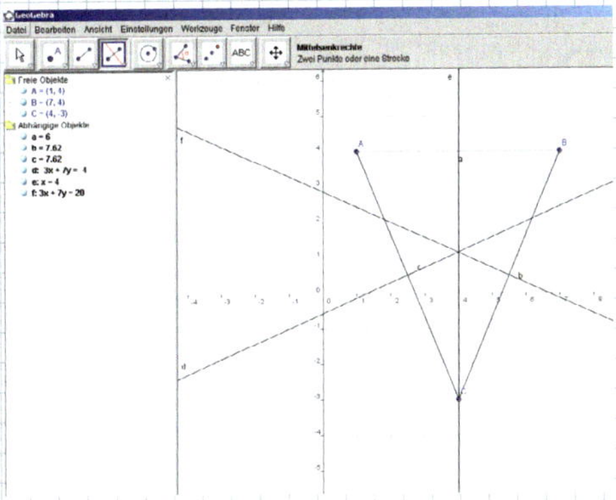

1 [💻] a) Eine Firma kalkuliert ihre Waren mit 30 % Geschäftskosten (Fertigungskosten, Löhne, ...) und 35 % Gewinn.

	A	B	C
1	**Preiskalkulation**		
2	Einkaufspreis		80,00 €
3	Geschäftskosten	35 %	28,00 €
4			-------
5	Selbstkosten		108,00 €
6	Gewinn	30 %	32,40 €
7			-------
8	Nettoverkaufspreis ohne MwSt.		140,40 €
9	Mehrwertsteuer	19 %	26,68 €
10			-------
11	Bruttoverkaufspreis mit MwSt.		167,08 €

Übertrage die Preisberechnung in eine Tabellenkalkulation. Gib in die Zellen, in denen Werte berechnet werden, die entsprechende Formel ein.
b) Wie verändert sich der Bruttoverkaufspreis, wenn du Prozentsätze veränderst?
c) Eine Firma kalkuliert die Geschäftskosten mit 30 % und den Gewinn mit 75 %. Berechne die Bruttoverkaufspreise für die Einkaufspreise 30 €; 75 €; 257 €.

Achtung
Gib vor der gestrichelten Linie ein Anführungszeichen ein, damit sie als Text und nicht als Zahl erkannt wird.

2 [● 💻] a) Gib den Kreditplan in eine Tabellenkalkulation ein. Nach wie vielen Monaten ist der Kredit abbezahlt?
b) Stelle den Kreditplan grafisch dar.

	A	B	C	D	E	F
1		Ratenkredit (Zahlung der Rate am Monatsende)				
2		Kreditsumme	3500 €			
3		Zinssatz (monatlich)	0,55 %			
4						
5	Monat	Kredit	Zinsen	Tilgung	Rate	Restschuld
6	1	3500,00 €	19,25 €	280,75 €	300,00 €	3219,25 €
7	2	3219,25 €	17,71 €	282,29 €	300,00 €	2936,96 €
8	3	2936,96 €	16,15 €	283,85 €	300,00 €	2653,11 €
9	4	2653,11 €	14,59 €	285,41 €	300,00 €	2367,70 €

3 [💻] Bei einem Spielewettbewerb wurden folgende Punktzahlen erreicht.

Anna	48	Holger	78	Margret	84
Aggi	77	Hanno	43	Malte	55
Andreas	34	Iris	44	Nora	21
Anton	80	Igor	57	Nick	81
Birgit	80	Ismail	51	Onno	63
Babsi	36	Jannis	63	Patrik	32
Celim	40	Kerstin	35	Rachel	56
Cilly	38	Karin	69	Siggy	58
Daniel	42	Luca	82	Tim	79
Freddy	81	Lisa	0	Viktor	17

a) Ermittle am Computer den Zentralwert, den Mittelwert und die Spannweite.
b) Stelle die Daten in einem geeigneten Diagramm dar. Welcher Diagrammtyp ist dafür geeignet, welcher nicht?

4 [💻] Ein Glashersteller soll, ein Glas anbieten, das ein Volumen von mindestens 100 cm³ besitzt. Das Online-Arbeitsblatt enthält eine Konstruktion, in der der Längsschnitt durch das Glas zu sehen ist.
a) [●] Beschreibe die Konstruktion. Experimentiere mit verschiedenen Werten für r und h.
b) Welchen Durchmesser muss ein 8 cm hohes Glas mindestens haben?

Online Link zu Aufgabe 4
720380-1301

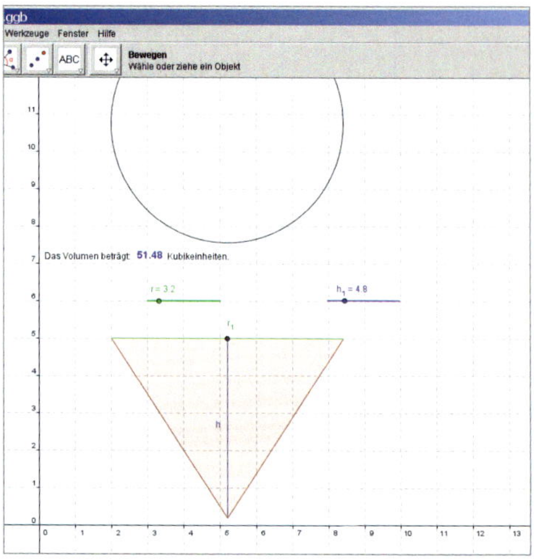

Methode: Ordnen und Sortieren

Oft ist es hilfreich, Gedanken, Ideen und Begriffe zu einem Thema zu sammeln und zu ordnen, um sie schneller erfassen oder in einen Zusammenhang bringen zu können.

Gedanken sammeln

Brainstorming
Bei dieser Methode werden innerhalb kurzer Zeit möglichst viele Ideen und Begriffe zu einem Thema gesammelt und notiert. Dabei wird alles aufgeschrieben, auch „Unsinn“! Danach wird das Geschriebene sortiert, verworfen oder ergänzt.
Das Brainstorming kann auch in der Gruppe durchgeführt werden.

Kartenabfrage
Bei der Kartenabfrage schreibt jeder seine Gedanken zum Thema in Stichpunkten auf eine Karte. Danach werden alle Karten kurz vorgestellt und z. B. an einer Pinnwand ausgehängt, um dann damit weiterzuarbeiten.

Blitzlicht
Ein Blitzlicht ist eine schnelle Meinungsrunde, bei der jeder reihum einen kurzen Kommentar zum Thema abgibt. Dieser darf von den anderen weder kommentiert noch bewertet werden.

Mindmap

Bei einer Mindmap werden Ideen und Begriffe zu einem Thema übersichtlich in Haupt- und Nebenästen um dieses Thema herum angeordnet. Diese Methode eignet sich um Gedanken zu einem Thema übersichtlich zu strukturieren.

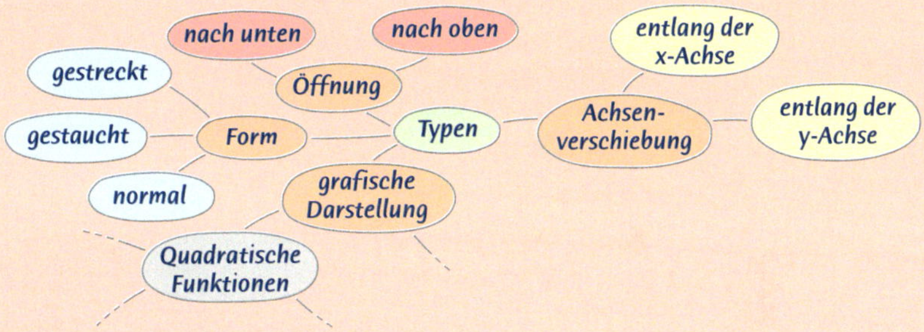

Beim **Erstellen einer Mindmap** gehe so vor:
1. Nimm ein leeres DIN-A4-Blatt (Querformat) und notiere dein Thema in der Mitte.
2. Schreibe die wichtigsten Unterpunkte gleichmäßig um dein Thema herum. Zeichne dazu die Hauptäste.
3. Von diesen Hauptästen aus zeichne Verzweigungen zu Nebenästen und notiere dort Unterbegriffe zu den Begriffen der Hauptäste.

Tipps:
- Damit die Mindmap übersichtlich bleibt, versuche möglichst, nicht mehr als sechs Hauptäste anzulegen.
- Um die Übersichtlichkeit optisch zu unterstützen, kannst du auch Bilder zu deinen Begriffen zeichnen.
- Benutze farbige Stifte, um z. B. besonders wichtige Verzweigungen zu kennzeichnen.

Methode: Arbeit in Gruppen

Das Lernen in einer Gruppe ist manchmal interessanter und effektiver als das Lernen alleine. Bei der Bearbeitung eines Themas ist es zwar wichtig, dass du eigene Überlegungen anstellst, die Ideen deiner Mitschülerinnen und Mitschüler können dich aber zusätzlich auf neue, andere Gedanken bringen.

Gruppenarbeit

1. Vorbereitung

▹ **Gruppenbildung**
Bildet eine Gruppe. Optimal ist eine Gruppengröße von 4 Personen – je größer die Gruppe wird, desto schwieriger ist die Zusammenarbeit.
▹ **Gemeinsame Ziele**
Welche Ziele habt ihr? Lest euch gegebenenfalls euren Arbeitsauftrag noch einmal genau durch und formuliert mit eigenen Worten, was zu tun ist.
▹ **Aufgaben in der Gruppe**
Besprecht, wer was wie und bis wann macht.
Vereinbart auch, wer die Gesprächsführung übernimmt, wer auf die Zeit achtet, wer Arbeitsergebnisse auf ein Plakat überträgt und wer das Gruppenergebnis später vorstellt.
▹ **Arbeitsmittel**
Überlegt, was ihr für eure Arbeit braucht (z. B. Taschenrechner, Zeichenwerkzeug, Stifte und Papier zum Ausprobieren und Berechnen von Lösungen, …) und legt alles bereit.

2. Durchführung

▹ **Aufgaben bearbeiten**
Löst eure Aufgaben. Jeder ist für das Gruppenergebnis mit verantwortlich. Vergleicht und diskutiert gegebenenfalls unterschiedliche Ergebnisse. Gespräche zum Thema innerhalb der Gruppe sind erwünscht. Achtet aber auf ein ruhiges Gesprächsklima.
▹ **Ergebnis festhalten**
Haltet euer Gruppenergebnis schriftlich fest (Hefte, Plakat, …).

3. Nachbereitung

Überlegt nach der Gruppenarbeit gemeinsam, ob alles gut geklappt hat:
▹ **Vorbereitung**
War die Gruppenzusammensetzung sinnvoll?
Wusste jeder, was er tun sollte?
Waren alle Arbeitsmittel vorhanden?
▹ **Durchführung**
Hat jedes Gruppenmitglied seinen Arbeitsauftrag erfüllt?
War die Teamarbeit in Ordnung?
Sind Fragen offen geblieben?

Gab es Probleme? In diesem Fall überlegt gemeinsam, was ihr beim nächsten Mal besser machen wollt und wie ihr das erreicht.

Denken-Austauschen-Vorstellen (auch Ich – Du – Wir oder Think – pair – share)

Arbeiten nach dem Prinzip **Ich – Du – Wir** bedeutet, sich selbst über ein Thema im Klaren zu sein, bevor es gemeinsam besprochen wird. Dabei wird so vorgegangen:

Beispiel: Eine dünne, 24 cm lange Kerze wird in jeder Stunde Brenndauer um 1 cm kürzer. Eine dicke, 15 cm lange Kerze nimmt bei jeder Stunde Brenndauer 0,4 cm ab. Nach wie vielen Stunden Brenndauer sind beide Kerzen gleich lang?

1. Denken
Macht euch erst einmal alleine zu einer bestimmten Aufgabe Gedanken.

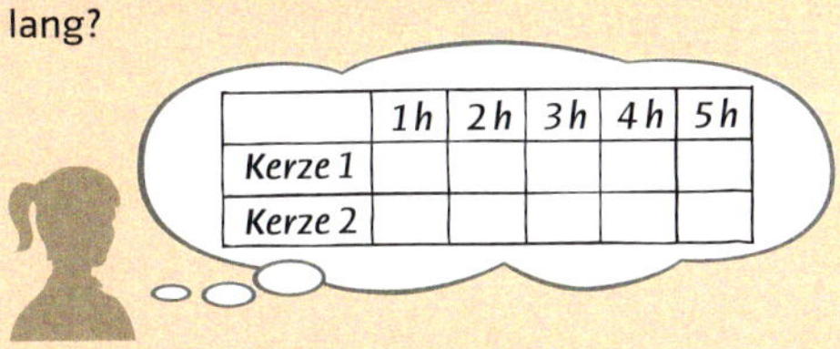

2. Austauschen
Tauscht dann eure Überlegungen z. B. mit den Tischnachbarn aus. Bereitet eure Präsentation vor.

3. Vorstellen
Tragt zum Schluss das Ergebnis der eigenen Überlegungen und des Austausches vor und besprecht dies in der gesamten Lerngruppe.

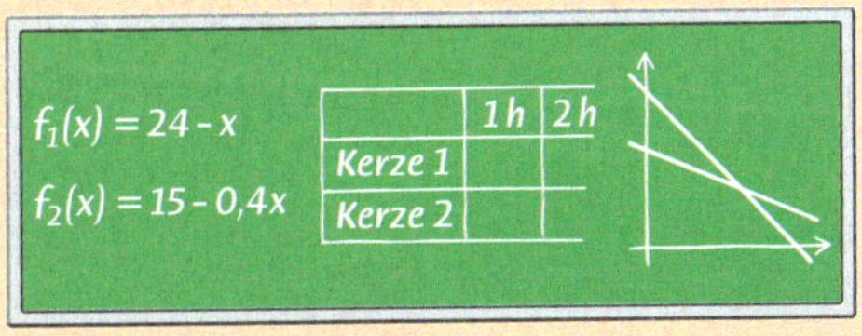

Platzdeckchen (auch Placemat)

Diese Methode ist für die Arbeit in einer Tischgruppe sehr gut geeignet. Dazu wird ein großes Blatt benötigt, auf dem für jeden ein Feld zum Schreiben und in der Mitte ein Feld für die gemeinsame Arbeit eingezeichnet wird.

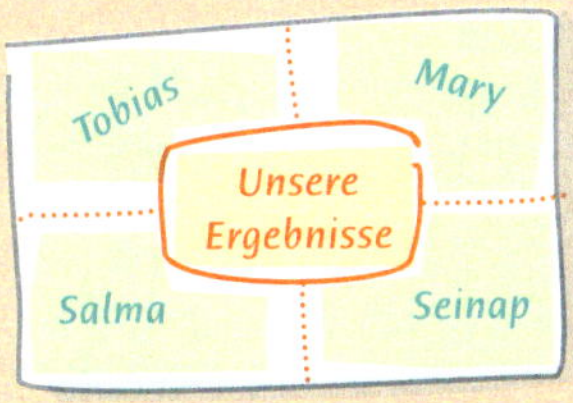

Blatteinteilung: 4 Gruppenmitglieder

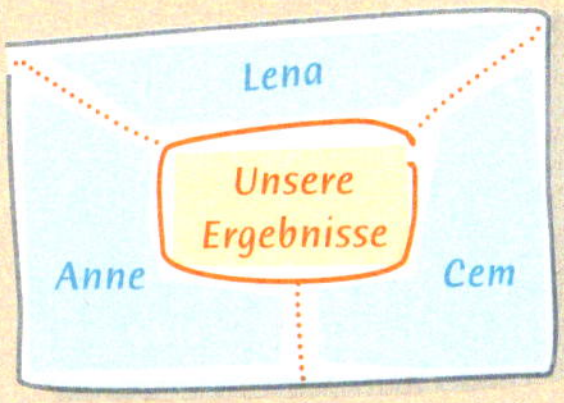

Blatteinteilung: 3 Gruppenmitglieder

1. Jeder schreibt seine Ideen in sein Feld.
2. Dreht nach einer vereinbarten Zeit das Plakat. Kommentiert, ohne zu reden, die Gedanken der anderen schriftlich. Dreht dann jeweils ein Feld weiter, bis ihr alle Ideen kommentiert habt.
3. Wenn das Plakat wieder wie am Anfang liegt, diskutiert in der Gruppe. Formuliert ein gemeinsames Arbeitsergebnis und notiert es im Feld in der Mitte.

Partnerpuzzle

Bei dieser Methode erarbeitet ihr in einer Tischgruppe zusammen z. B. zwei Teilgebiete eines Themas. Bildet zuerst zwei Expertenteams für jedes Teilgebiet:

1. Alleine denken
Arbeitet euch in eurem Expertenteam zunächst allein – jeder für sich – in euer Teilgebiet ein.

2. Arbeit in Expertenteams
Tauscht eure Ergebnisse im Team miteinander aus. Weil jeder als Experte dafür verantwortlich ist, sein Teilgebiet danach einem anderen erklären zu können, bereitet euch darauf vor.

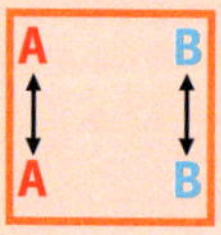

3. Austausch der Experten
Jetzt arbeiten Experten der beiden Themengebiete zusammen. Jeder trägt dem anderen das Ergebnis aus der ersten Phase vor und beantwortet gegebenenfalls Fragen dazu.

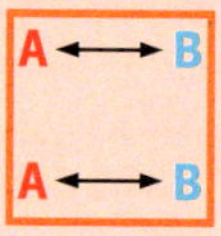

Es können weitere Phasen folgen, in denen weitere Aufgaben bearbeitet werden, die Partner wieder tauschen und auf Grundlage des Erarbeiteten weiterarbeiten.

Gruppenpuzzle

Diese Methode ist eine arbeitsteilige Gruppenarbeit, bei der jeder als Experte gefragt ist. Bildet zuerst Expertengruppen, in denen ihr z. B. zu verschiedenen Teilgebieten eines Themas arbeitet.

1. Alleine denken
Arbeitet euch in der Expertengruppe zunächst allein – jeder für sich – in das jeweilige Teilgebiet ein.

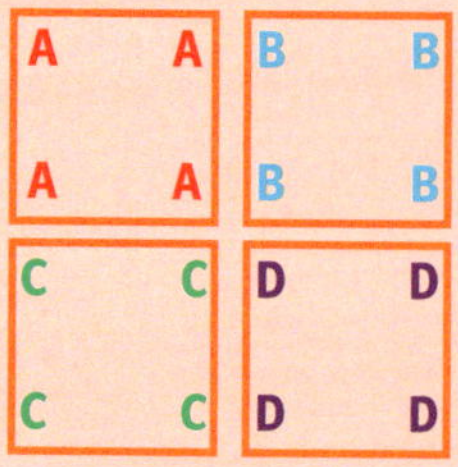

2. Arbeit in Expertengruppen
Danach tauscht euch innerhalb der Expertengruppe untereinander aus und bereitet euch darauf vor, eure Ergebnisse den anderen zu präsentieren.

3. Austausch der Experten
Jetzt werden neue Gruppen gebildet, in denen Experten für alle Teilgebiete zusammenkommen. Jeder Experte trägt den anderen das Ergebnis aus der ersten Runde vor und beantwortet entstehende Fragen dazu.
Wenn ihr eure Ergebnisse später präsentieren wollt, besprecht gemeinsam, was wer wie präsentiert.

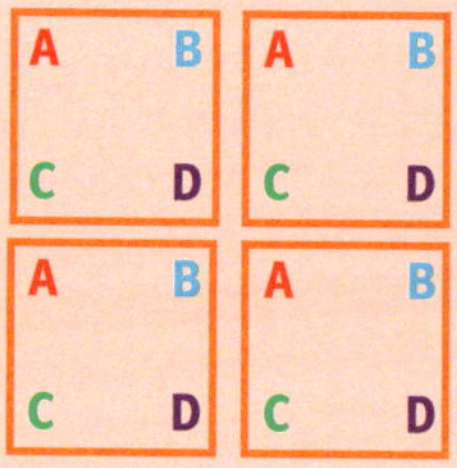

Methode: Dokumentieren und Präsentieren

Präsentation

In der Schule, aber auch später im Beruf, kann es wichtig sein, dass Arbeitsergebnisse und die Wege dorthin vorgestellt (präsentiert) werden.

1. Vorüberlegungen
Überlege dir zuerst und halte schriftlich fest:
▻ **Inhalt:** Was möchte ich darstellen?
(eine Aufgabenbearbeitung, eine Sammlung von interessanten Ergebnissen, einen Arbeitsprozess, …)
▻ **Ziel:** Wozu soll die Darstellung dienen?
(Präsentation von Arbeitsergebnissen, Darstellung meiner Arbeit, Wecken der Aufmerksamkeit für ein Problem, …)
▻ **Zielgruppe:** Wer soll an der Präsentation teilnehmen?
(Klasse, Schule, Lehrer, Eltern, Öffentlichkeit, …)
▻ **Medien:** Welche Hilfsmittel sollen eingesetzt werden?
(Plakat, Overhead-Folien, Computerpräsentation, Kopien, …)

2. Ausarbeitung
Wenn du deine Präsentation ausarbeitest, halte deine Vorüberlegungen im Hinterkopf.
▻ **Aufbau:** Bringe die Inhalte deiner Präsentation in eine sinnvolle und nachvollziehbare Reihenfolge. (Der „rote Faden" soll erkennbar sein.)
▻ **Einstieg:** Überlege dir einen interessanten Einstieg, z. B. eine Geschichte, ein Rätsel oder ein Experiment.
▻ **Medien:** Plane genau, welche Informationen enthalten sein sollen und wie du diese durch Bilder, Tabellen, Diagramme, … untermalen möchtest.
▻ **Schluss:** Ebenso wichtig wie ein gelungener Einstieg ist der Schluss deiner Präsentation. Man sagt: Der letzte Eindruck bleibt. Deshalb fasse zum Schluss deine Ergebnisse zusammen und beantworte entstandene Fragen.
Oft hilft es, um sich selbst sicherer zu fühlen, vor der Präsentation eine Generalprobe mit Freunden oder der Familie durchzuführen.

3. Präsentieren
Nun ist es endlich soweit. Die Präsentation kann beginnen.
▻ Tritt ruhig vor deine Zuhörer.
Wenn du gut vorbereitet bist, hast du keinen Grund nervös zu sein.
▻ Erkläre deinen Zuhörern, was du bei deiner Präsentation vorhast.
▻ Sieh deine Zuhörer während deiner Präsentation an.
▻ Sprich laut und deutlich. Deine Sätze sollten nicht zu lang werden und den Inhalt auf den Punkt bringen.
▻ Bedanke dich zum Schluss für die Aufmerksamkeit.
Biete an, noch Fragen zu beantworten.

Lerntagebuch

Ein Lerntagebuch stellt die persönliche Entwicklung dar. Wie in ein richtiges Tagebuch werden alle Gedanken, Ideen, Entdeckungen, Erfahrungen, Probleme, Ergebnisse usw. regelmäßig hineingeschrieben – auch Irrwege und Kritik.

In regelmäßigen Abständen solltest du auch einen **Arbeitsrückblick** schreiben. Dabei geht es darum, dass du dir die Inhalte der vorangegangenen Tage noch einmal vor Augen führst und überlegst, was du als nächstes erledigen musst, z. B.

„Ich habe gelernt, …"
„Besonders interessant fand ich …"
„Noch nicht verstanden habe ich …"

Das Lerntagebuch kann dabei helfen, das eigene Lernen zu planen, Fragen zu formulieren und Schwierigkeiten zu überwinden.

Plakat

Bei der Gestaltung eines Plakates ist folgendes zu beachten:
▻ **Größe:** Wähle ein großes Plakat, damit es wahrgenommen wird. Gut geeignet sind z. B. DIN-A1-Bögen (ca. 60 cm x 80 cm).

▻ **Schrift:** Die Schrift sollte gut lesbar sein. Schreibe Überschriften etwas größer oder dicker als den übrigen Text. Du kannst sie auch unterstreichen. Verwende grundsätzlich möglichst Druckbuchstaben, längere Texte kannst du auch mit dem Computer schreiben.

▻ **Eyecatcher:** Jedes Plakat sollte einen sogenannten Eyecatcher (deutsch: Blickfang) haben. Dieser sollte auffällig und deutlich erkennbar sein, z. B. ein interessantes Foto zum Thema oder ein Logo. Der Eyecatcher sollte das erste sein, das man auf dem Plakat sieht. Deshalb sollte der Eyecatcher zusammen mit dem Thema, dem Ziel der Präsentation und dem Namen des Verfassers abgebildet werden.

▻ **Inhalt:** Sortiere wichtige Informationen unter verschiedenen Überschriften. Formuliere kurze Sätze, die den Inhalt auf den Punkt bringen. Klebe evtl. Bilder, Tabellen, Diagramme … zu deinen Texten.

Ausstellung

Zu manchen Themen des Mathematikunterrichts entstehen viele interessante Ergebnisse, die in einer **Ausstellung** auch anderen vorgestellt werden könnten. Dazu muss überlegt werden:

▻ **Was soll präsentiert werden?** Nur die Ergebnisse oder auch die Wege dorthin?
▻ **Wie soll präsentiert werden?** (Plakate, Schaukästen, Computerpräsentation, Homepage, …)
▻ **An wen soll sich die Ausstellung richten?** (Schüler, Eltern, Öffentlichkeit, …)
▻ **Wo soll präsentiert werden und wie viel Platz steht zur Verfügung?** (Schule, Öffentliche Gebäude, …)

In einem **Zeit- und Arbeitsplan** mit den jeweils Verantwortlichen könnt ihr alle Phasen von der Vorbereitung über Durchführung bis zum Abbau der Ausstellung genau festlegen.

Fit für den Abschluss

Du hast jetzt alle wichtigen Inhalte im Fach Mathematik gelernt und stehst kurz vor der **Abschlussprüfung.** Mit den Aufgaben in diesem Kapitel kannst du dich gut auf die Prüfung vorbereiten und dich anhand der Lösungen selbst kontrollieren.

Die Aufgaben sind in zwei Kategorien unterteilt:
Der **erste Teil** enthält Aufgaben, die das **Basiswissen** abfragen.
Der **zweite Teil** enthält **komplexere Aufgaben** zu einem bestimmten Thema. Hier musst du vernetzt denken und mehr als einen mathematischen Inhalt im Blick behalten.

Arbeite konzentriert.

Liegt alles bereit?

Bilde Lerngruppen.

Am Besten du bearbeitest die Aufgaben wie in der Prüfungssituation: Wähle dazu einen Basiswissen-Test und eine komplexe Aufgabe. Stelle dir dann eine Uhr auf 90 Minuten.
Lies die Aufgaben sorgfältig durch. Wenn du eine Aufgabe nicht kannst, beiße dich nicht solange daran fest, sondern stelle diese zurück. Wenn möglich, überprüfe deine Ergebnisse durch eine kurze Probe. Bei den komplexeren Aufgaben helfen dir oft Hilfsskizzen, Tabellen oder Überschlagsrechnungen weiter.

Tipps zur Prüfungsvorbereitung

- Beginne frühzeitig mit der Prüfungsvorbereitung.
- Erstelle einen Lern- und Zeitplan für die letzten Wochen vor der Prüfung.
- Bilde mit anderen eine Lerngruppe. So könnt ihr euch gegenseitig unterstützen.
- Lege dir einen Tag vor der Prüfung alle Materialien und Hilfsmittel (z. B. Bleistift, Taschenrechner, Geodreieck …) für die Prüfung zurecht und kontrolliere, ob alles intakt ist.

Test 1 Basiswissen

Hinweis
Bei diesem Test sollten **keine** Formelsammlung oder Taschenrechner verwendet werden.

1 Fülle die Tabelle aus.

Dezimalzahl	Bruch	Prozent
	$\frac{1}{4}$	
0,7		
		120 %
0,532		
		0,5 %
	$\frac{9}{2}$	

2 Ordne die Zahlen der Größe nach. Beginne mit der kleinsten Zahl.

a) $-7;\ -\frac{1}{7};\ 1{,}7;\ -7{,}7;\ \frac{3}{7};\ \frac{7}{3}$

b) $\frac{1}{5};\ \frac{3}{5};\ \frac{5}{3};\ \frac{3}{4};\ \frac{4}{3};\ \frac{4}{6}$

3 Setze das Komma richtig.

a) $3{,}4 + 0{,}68 = 4\ 0\ 8$

b) $3{,}4 \cdot 6{,}8 = 2\ 3\ 1\ 2$

c) $3{,}4 : 6{,}8 = 5$

d) $\sqrt{6{,}8} \approx 2\ 6\ 1$

4 a) Das Diagramm zeigt eine Straßenbahnfahrt.
- Wie lang hat die Fahrt gedauert?
- Wie oft hat die Bahn gehalten?
- Wann hatte die Straßenbahn die größte Geschwindigkeit? Begründe deine Antwort.

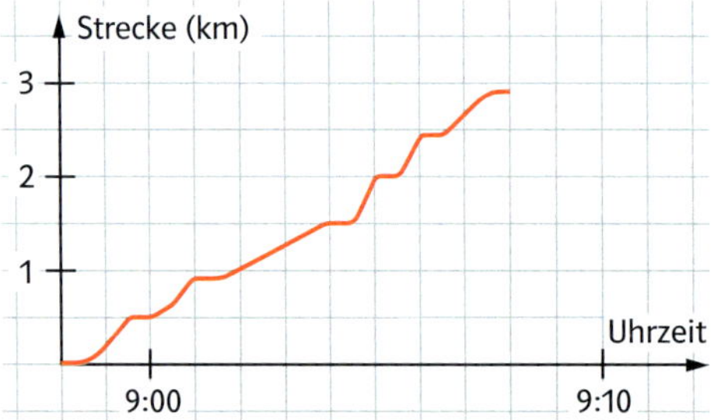

b) Dirks Schulweg ist 2,5 km lang. Er fährt mit dem Fahrrad zur Schule. Er verlässt um 7:15 Uhr das Haus und ist 25 Minuten später an der Schule. Auf halbem Weg kauft sich Dirk noch ein Brötchen. Erstelle zu Dirks Schulweg ein passendes Schaubild.

5 Schätze den Flächeninhalt ab. Beschreibe, wie du vorgegangen bist.

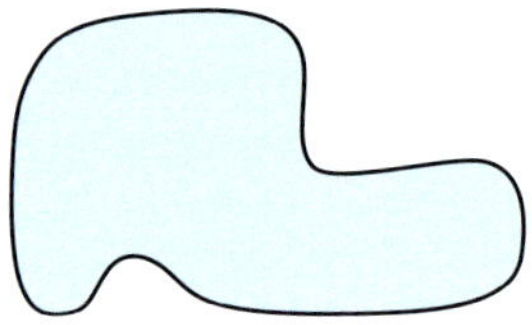

6 Ordne die Graphen den Funktionsgleichungen oder Wertetabellen zu.

a) $f(x) = x + 2$

b) $f(x) = \frac{1}{2}x$

c) $f(x) = 3x + 2$

d) $f(x) = -2x$

A)

x	−2	−1	0	1	2
f(x)	0	1	2	3	4

B)

x	−2	−1	0	1	2
f(x)	−4	−1	2	5	8

C)

x	−2	−1	0	1	2
f(x)	−1	−0,5	0	0,5	1

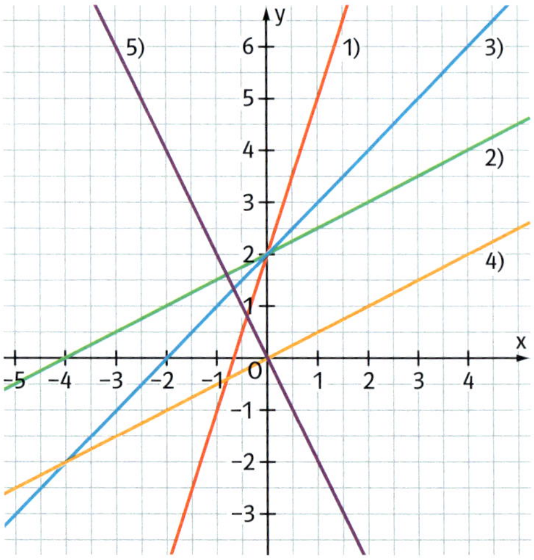

7 Berechne x.

a) $x + 5 = 41$

b) $2{,}5x - 12 = 12 - 1{,}5x$

▷ Lösungen, Seite 154

Test 2 Basiswissen

Hinweis
Bei diesem Test sollten **keine** Formelsammlung oder Taschenrechner verwendet werden.

1 a) Schätze ab, wie viel Prozent die farbigen Teile jeweils sind.

1)

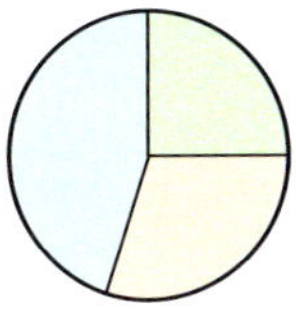

2)

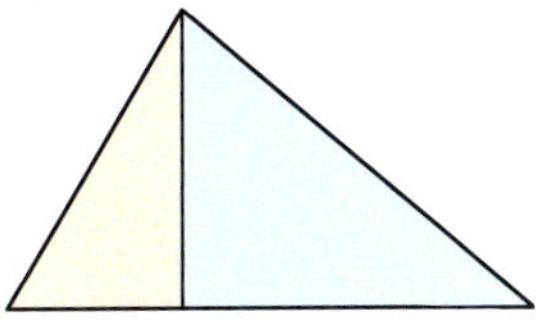

b) Gib den genauen Prozentsatz an.

1)

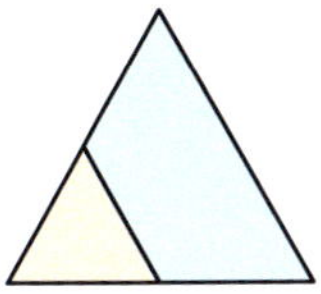

2)

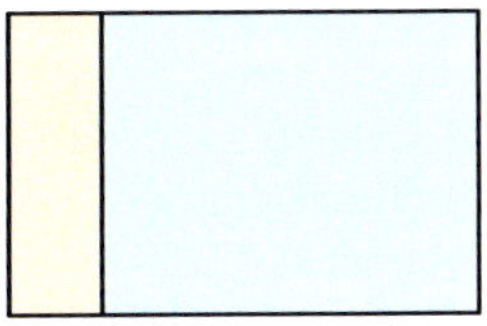

2 Gib den ungefähren Wert der Wurzeln an.

a) $\sqrt{16}$ b) $\sqrt{100}$ c) $\sqrt{200}$ d) $\sqrt{0{,}9}$

3 a) In welcher Region haben
– etwa $\frac{1}{3}$ der Bevölkerung weniger als einen Dollar pro Tag zur Verfügung?
– etwa die Hälfte der Bevölkerung zwischen ein und zwei Dollar zur Verfügung?
– etwa 75 % mehr als zwei Dollar?
b) Schätze in Prozent, wie viele Menschen in Nordafrika zwischen 1 und 2 Dollar pro Tag besitzen.

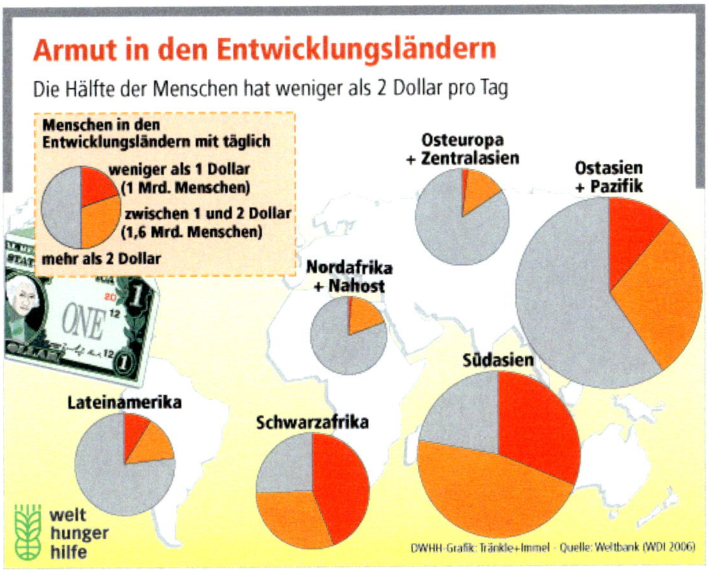

4 Setze >, < oder = ein.

a) $0{,}3 \;\square\; \frac{3}{10}$ b) $0{,}03 \;\square\; \frac{3}{10}$
c) $3{,}0 \;\square\; \frac{10}{3}$ d) $3{,}0 \;\square\; \frac{30}{10}$

5 Wie viel sind 100 %?

a) 2 % sind 35 € b) 25 % sind 2300 €

6 Setze ein und berechne den fehlenden Wert.

a) $u = 2a + 2b$ mit $u = 23\,cm$ und $b = 4{,}5\,cm$
b) $A = \pi \cdot r^2$ mit $r = 4\,m$ und $\pi = 3$
c) $V = a \cdot b \cdot c$ mit $V = 27\,m^3$; $a = 9\,m$; $b = 1{,}5\,m$

7 Ergänze im Ergebnis das Komma an der richtigen Stelle.

a) $202 \cdot 4{,}3 = 8\,6\,8\,6$
b) $20{,}2 \cdot 0{,}43 = 8\,6\,8\,6$
c) $0{,}0202 \cdot 43 = 8\,6\,8\,6$

8 a) Welche Angaben sind Flächenmaße?
b) Welche Angaben sind Raummaße?
c) Ordne die Flächenangaben der Größe nach.

$1\,m^3$ $2\,l$ $0{,}01\,km^2$ $3\,dm^2$ $4\,ha$ $5\,kg$ $6\,cm^2$ $7\,cm^3$ $8\,hl$ $0{,}8\,m$ $3500\,mm^2$

9 a) Zeichne das Viereck ABCD mit A(4|−1), B(0|3), C(−4|1) und D(0|−3) in ein Koordinatensystem.
b) Welche Figur ist entstanden?
A) Parallelogramm B) Rechteck
C) Quadrat D) Raute

10 Wo ist $\frac{1}{3}$ falsch markiert? Warum?

a)

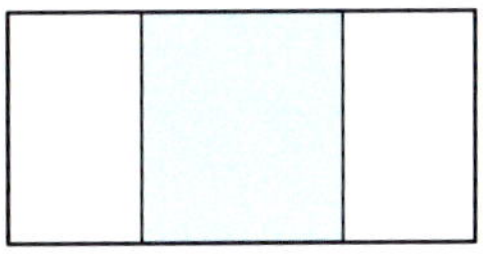

b)

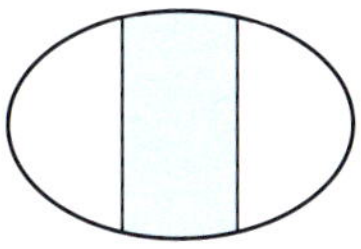

▹ Lösungen, Seite 154

Test 3 Basiswissen

Hinweis
Bei diesem Test dürfen Formelsammlung und Taschenrechner verwendet werden.

Bundesland	Einwohner
Baden-Württemberg	10,7 Mio
Bayern	12,5 Mio.
Berlin	3,4 Mio.
Brandenburg	2,6 Mio.
Bremen	0,7 Mio.
Hamburg	1,7 Mio.
Hessen	6,1 Mio.
Mecklenburg-Vorpommern	1,7 Mio.
Niedersachsen	8,0 Mio.
Nordrhein-Westfalen	18,0 Mio.
Rheinland-Pfalz	4,1 Mio.
Saarland	1,0 Mio.
Sachsen	4,3 Mio.
Sachsen-Anhalt	2,5 Mio.
Schleswig-Holstein	2,8 Mio.
Thüringen	2,3 Mio.

1 Welcher Bruchteil ist schraffiert? Begründe für Teilaufgabe a) deine Antwort.

a)
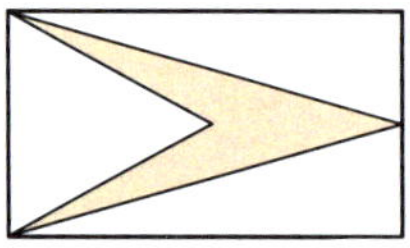

b)
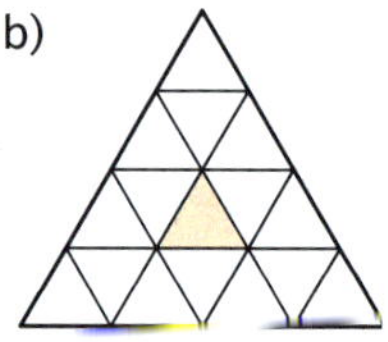

c)

2 Ordne die Zahlen der Größe nach. Beginne mit der kleinsten Zahl.
a) 0,4; 0,44; 0,04; 4,04; 0,404
b) −0,1; −0,101; 1,01; 0,001; −0,11

3 Welche Zahl könnte jeweils für den Platzhalter stehen?
a) $-3 > \square$
b) $1 > \square > \frac{4}{9}$
c) $-0{,}03 < \square < 0{,}03$
d) $0{,}7 < \square < 0{,}705$

4 a) Berechne 12 % von 750 €.
b) Berechne $\frac{5}{6}$ von 240 m.
c) Wie viel Prozent sind 75 von 1500?
d) Wie viel Prozent sind 70 von 143?

5 Sind Großpackungen günstiger? Überprüfe und begründe.
a) 1,3 kg Waschmittel kosten 3,99 €.
5,4 kg Waschmittel kosten 9,79 €.
b) 0,7 l Fruchtsaft kosten 0,69 €.
1 l Fruchtsaft kostet 1,09 €.

6 In der Tabelle links sind die Einwohnerzahlen der Bundesländer (Stand: 2008) abgebildet.
a) Gib den Mittelwert, den Median und die Spannweite an.
b) Warum weichen Mittelwert und Median so stark voneinander ab?
c) Mit welchen Diagrammarten könnte man die Zahlen darstellen? Gib mehrere Möglichkeiten an. (Nicht zeichnen!)

7 Stelle zu beiden Funktionsgleichungen eine Wertetabelle für x = −3 bis x = 3 auf und zeichne die Graphen.
a) $f(x) = \frac{1}{3}x - 4$ b) $g(x) = -3x - 4$

8 Schätze den Flächeninhalt ab. Zeige, wie du vorgegangen bist.

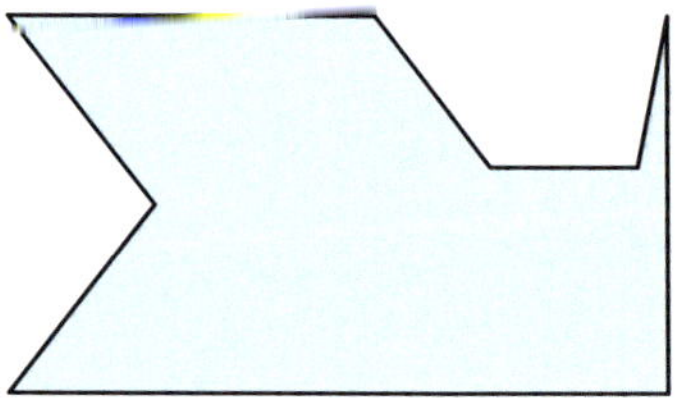

9 Berechne den Flächeninhalt. Rechne mit $\pi = 3$.

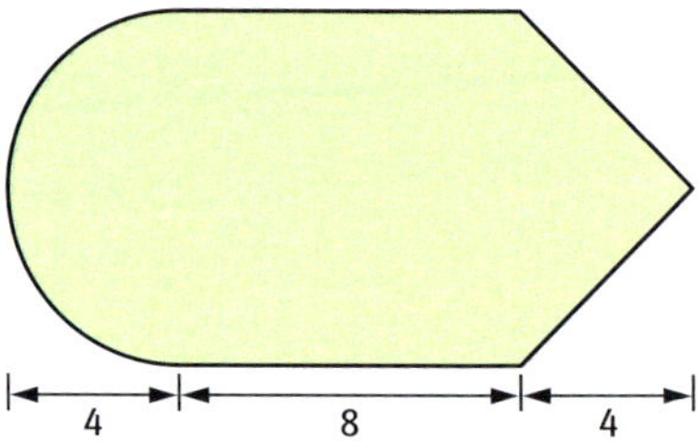

10 Was gehört zusammen?

$\frac{1}{2}$; $\frac{3}{4}$; $\frac{4}{5}$; $\frac{3}{8}$; $\frac{9}{10}$

0,25; 0,8; 0,5; 0,375; 0,08

50 %; 30 %; 75 %; 90 %; 9 %

11 a) Wie viele Kronen erhält man für 120 € ungefähr?
b) Wie viele Euro erhält man für 300 australische Dollar ungefähr?
c) Wie viele Euro erhält man für 100 Schweizer Franken ungefähr?

Stand 28.1.2009	Für 1 € erhält man …
Schweiz	1,5159 Franken
Schweden	10,626 Kronen
Großbritannien	0,9272 Pfund
Australien	1,9799 Dollar

▷ Lösungen, Seite 155

Test 4 Basiswissen

Hinweis
Bei diesem Test dürfen Formelsammlung und Taschenrechner verwendet werden.

1 a) Berechne 31 % von 23 €.
b) Wie viel Prozent sind 400 von 40?
c) Wie viel sind 100 %? 2 % sind 35 €.

2 Wo ist $\frac{1}{3}$ falsch markiert? Warum?

a)

b)
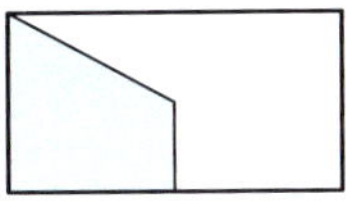

c)
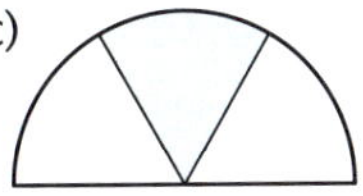

3 Die 698 Schülerinnen und Schüler der *Geschwister-Scholl-Schule* und 20 Begleitpersonen sollen in Bussen zum Fußballspiel *Schalke* gegen *Bayern* transportiert werden. Die Fahrt dauert 45 Minuten. Das Spiel beginnt um 15.30 Uhr und endet gegen 17.20 Uhr.
Wie viele Busse müssen zur Verfügung stehen, wenn jeder Bus 62 Personen transportieren kann?

4 a) Ein ICE-Zug fährt um 14.55 Uhr in *München* ab und kommt um 21.11 in *Hamburg-Altona* an.
Wie lang ist die Fahrtdauer in Minuten?
b) Betrachte die Fahrpläne unten. Hat der Zug zwischen *Fulda* und *Kassel* oder *Göttingen* und *Hannover* eine größere Durchschnittsgeschwindigkeit?
Begründe (kann auch eine Rechnung sein).

An 18.01		Ab 18.03 Fulda
	90 km	
An 18.30		Ab 18.35 Kassel-Wilhelmshöhe

An 18.54		Ab 18.56 Göttingen
	99 km	
An 19.32		Ab 19.36 Hannover Hbf

5 Berechne den fehlenden Wert.
a) $u = 2a + 2b$ mit $a = 3\,cm$ und $b = 4{,}5\,cm$
b) $A = \pi \cdot r^2$ mit $A = 7{,}5\,m^2$
c) $A = \frac{g \cdot h}{2}$ mit $A = 20{,}5\,cm^2$ und $g = 7{,}5\,cm$

6 Konstruiere ein symmetrisches Trapez mit $a = 11{,}2\,cm$, $h = 5\,cm$ und $\alpha = 75°$.
Berechne den Flächeninhalt.

7 Berechne jeweils das Volumen.

a)
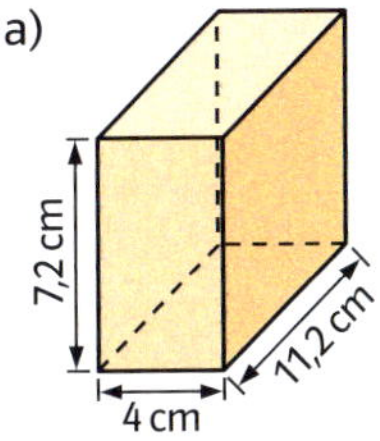

b)
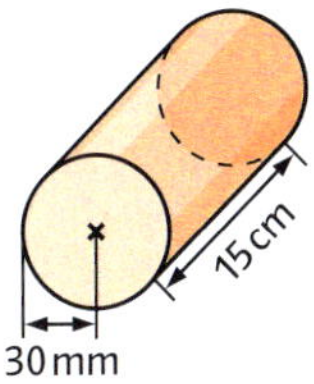

c)
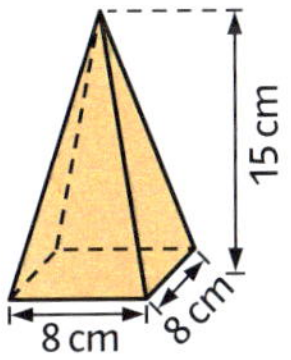

d)
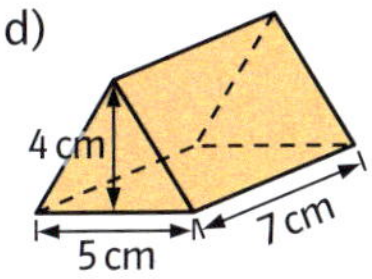

8 In dieser Ferienwohnung soll im Wohnzimmer Teppichboden verlegt werden (Preis: 15 €/m²).

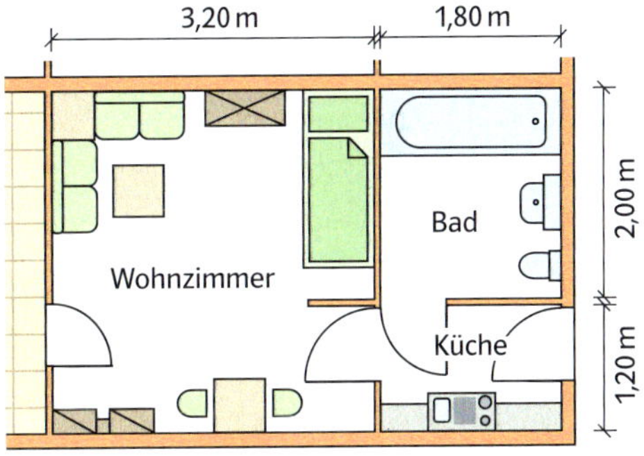

a) Wie groß ist diese Fläche ungefähr?
A) $9\,m^2$ B) $12\,m^2$ C) $15\,m^2$ D) $18\,m^2$
b) Wie viel kostet das Material für die gesamte Wohnfläche ungefähr?
c) In welchem Maßstab ist die Wohnung abgebildet?

▻ Lösungen, Seite 155/156

Test 5 Hauptteil

Sparen und Ausleihen

1 Das junge Ehepaar Behrens spart für ein Auto. Sie haben auf ein Konto 5000 € eingezahlt. Sie führen Buch mit einem Tabellenkalkulationsprogramm.

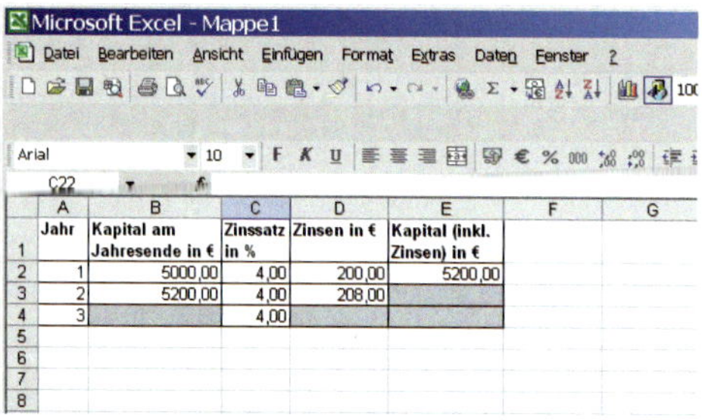
Microsoft Excel - Mappe1

	A	B	C	D	E	F	G
1	Jahr	Kapital am Jahresende in €	Zinssatz in %	Zinsen in €	Kapital (inkl. Zinsen) in €		
2	1	5000,00	4,00	200,00	5200,00		
3	2	5200,00	4,00	208,00			
4	3		4,00				
5							
6							
7							
8							

a) Lies in der Tabelle ab, wie viel Zinsen es für das erste Jahr gibt.
b) Erkläre, warum im 2. Jahr mehr Zinsen als im 1. Jahr gut geschrieben werden.
c) Gib das Ergebnis der Zelle E3 in Euro an.
d) Berechne die fehlenden Zahlen in der Zeile 4.
e) Familie Behrens möchte nach drei Jahren für ein Auto 5500 € Anzahlung leisten. Reicht dafür das Geld auf dem Konto? Begründe deine Antwort.
f) Frau Behrens ist beruflich viel mit dem Auto unterwegs. Sie tankt 50 Liter Benzin pro Woche. Da Autogas langfristig billiger ist, will Frau Behrens ihr Auto mit einem Flüssiggas-Antrieb ausstatten lassen. Dies kostet 2500 €. Für die gleiche Leistung braucht man im Durchschnitt 33 % mehr Autogas.
Wie viel kann sie pro Woche und pro Jahr sparen? Nach welchem Zeitraum hat sich bei diesen Preisen der Gas-Antrieb-Einbau gelohnt?

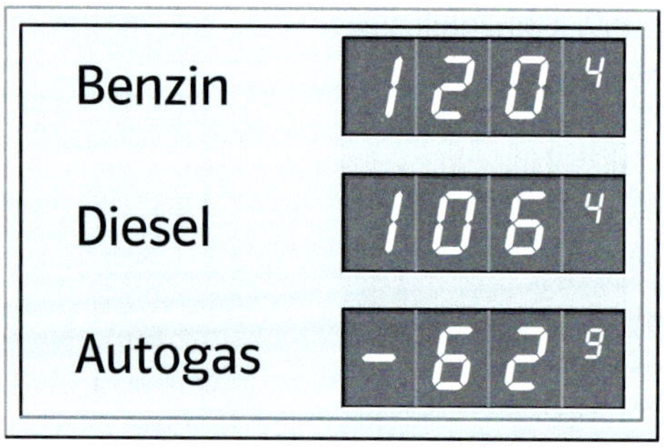

2 Nach der Ausbildung sucht sich David mit seiner Freundin eine große Wohnung. Sie listen auf, wie sie ihr gesamtes Geld pro Monat verwenden.

399,00 €	Miete
98,00 €	Schulden bezahlen
151,00 €	Strom, Wasser, Heizung
302,00 €	Verschiedene Ausgaben
400,00 €	Lebensmittel, Kleidung

a) Welches Diagramm unten gehört zu der Tabelle?
Begründe deine Entscheidung.
b) Wie viel Geld wird insgesamt ausgegeben?
c) Gib an, wie viel Prozent des Einkommens verwendet werden, um Schulden zu bezahlen.

1)
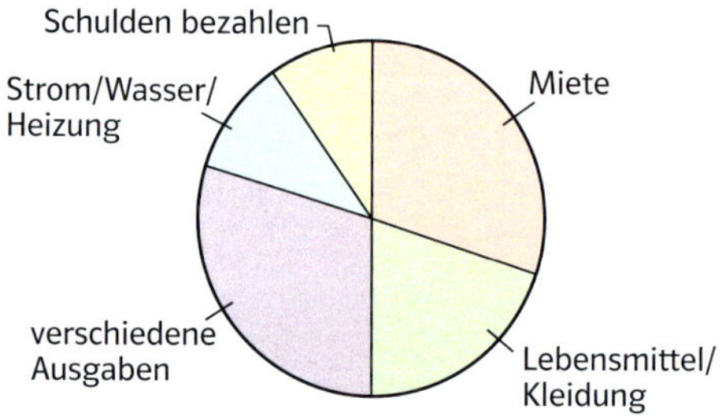

2)
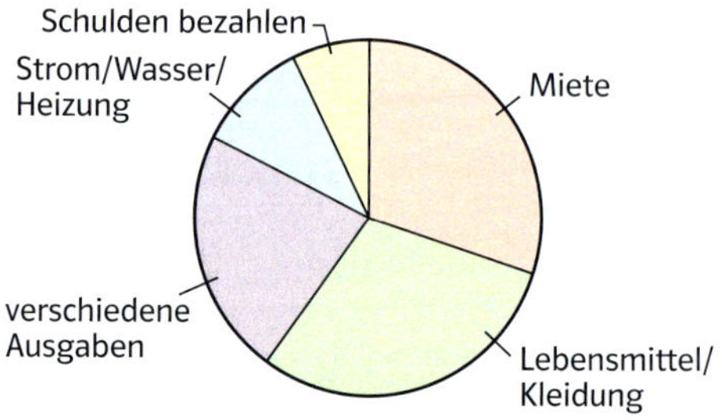

3)
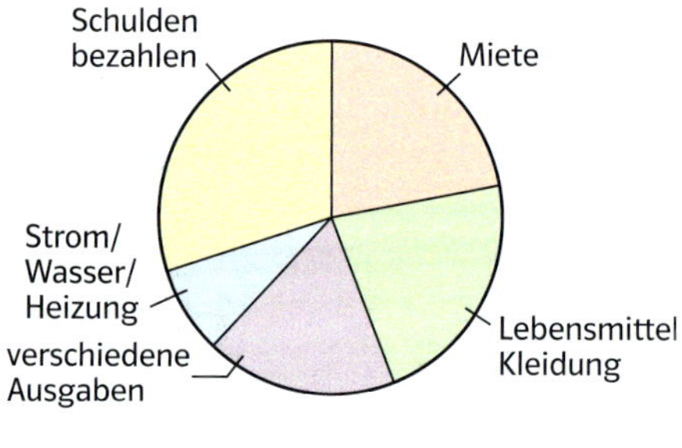

▷ Lösungen, Seite 156

Test 6 Hauptteil

Inhalte verpacken und transportieren

1 In dem liegenden Halbzylinder ist ein Käse verpackt.

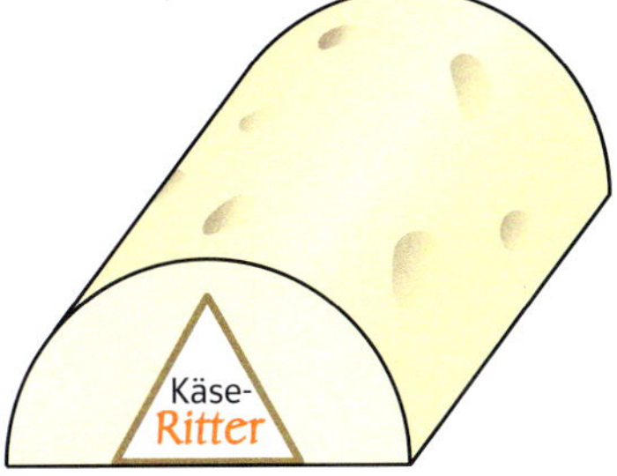

a) Zeichne das Netz der Verpackung unten mit den angegebenen Maßen.
b) In welchem Maßstab ist das Netz abgebildet?
A) 2 : 1 B) 1 : 2 C) 1 : 20
c) Berechne alle Seitenflächen der Verpackung. Gib den gesamten Oberflächeninhalt an.
d) Überprüfe rechnerisch, ob die Angabe „6,3 cm“ an der Rechtecksseite stimmen kann.
e) Damit man die Firma gut wieder erkennen kann, gibt es auf der Vorder- und Rückseite der Verpackung ein Dreieck.
Das Dreieck ist gleichseitig. Eine Seite beträgt 2 cm. Konstruiere das Dreieck. Benutze dafür einen Zirkel.
f) Beschreibe in Worten, wie man ein gleichseitiges Dreieck mit Seitenlänge 2 cm konstruiert.

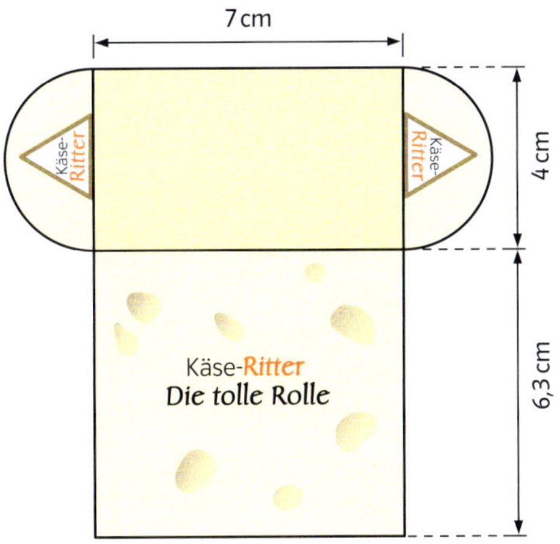

2 In einer Häusersiedlung gibt es für kleine Kinder keinen Sandspielplatz. Einen Platz dafür gibt es aber. Die Anwohner beschließen, Sandsäcke zu spenden. Jugendliche bieten an, beim Bau eines Kastens und dem Sandtransport zu helfen.

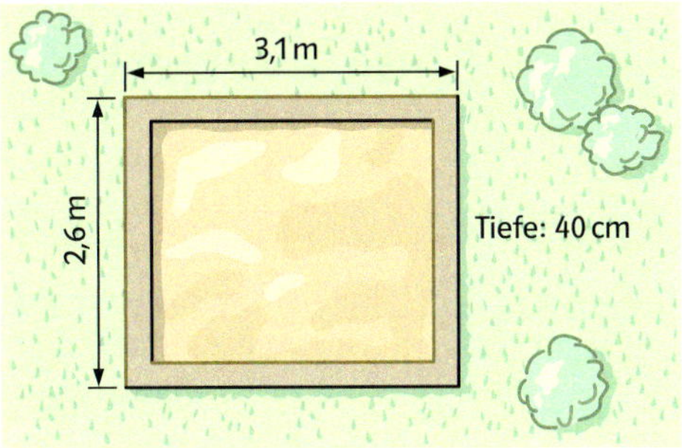

a) Berechne das Sandvolumen.
b) Der Sandkasten soll von einem Holzrand umrahmt werden. Dieser Rand ist 30 cm breit und 4 cm dick.
Wie viele Meter Holzbretter müssen dafür gekauft werden?
c) 1 m^3 Sand wiegt 1700 kg.
Wie schwer ist der Sand, wenn 3,2 m^3 gebraucht werden?
d) Ein Sack Sand aus dem Baumarkt wiegt 25 kg und hat ein Volumen von ca. 0,015 m^3.
Wie viele Säcke ergeben 1 m^3?
Wie viele Säcke braucht man für 3,2 m^3?
Schätze vorher: Sind es mehr oder weniger als 200 Säcke?
e) Den Anwohnern erscheint es zu teuer und aufwändig, so viele Säcke zu besorgen. Sie bestellen lieber einen Lkw mit 5,4 Tonnen Sand. Das sind 3200 Liter. Vier Jugendliche wollen den Sand in einer Schubkarre von der Straße zum Kasten transportieren. In eine Schubkarre passen ca. 80 Liter.
Hier zwei Aussagen der Jugendlichen:

Terik: „Wenn wir die Karre nur halb voll machen, dann muss jeder ungefähr 20-mal fahren.“

Sven: „Wenn wir zu Fünft wären, müsste jeder 5 Ladungen weniger fahren.“

Haben Terik und Sven Recht? Begründe mit Rechnungen.

▻ Lösungen, Seite 156

Test 7 Hauptteil

Helfen bei der Planung

Für die Gestaltung eines Platzes wird von Jugendlichen Folgendes geplant:
- Der Bereich um den Sandkasten soll gepflastert werden.
- Ein Bereich für Sitzgelegenheit soll in Form eines Kreises gepflastert werden.
- An eine bestehende Treppe soll ein Geländer angebracht werden.

1 An einigen Berechnungen für die Planung wirst du beteiligt.

a) Berechne die rechteckige Pflasterfläche um den Sandkasten herum.

b) Ein Pflasterstein hat die Maße 9,8 cm × 16,5 cm.
- Berechne die Fläche von einem Stein.
- Reichen 1000 Steine für eine Fläche von 45 m^2?

c) Ein Anwohner hat Pflastersteine für 15 m^2 übrig. Kann das für den Kreis reichen? Schätze und beschreibe wie du geschätzt hast.

d) Berechne die Kreisfläche.

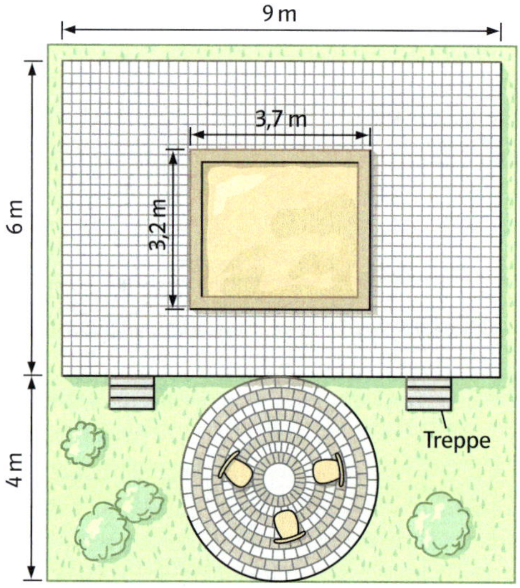

e) Die Skizze rechts beschreibt die Planung für das Treppengeländer. Dabei ist ein Handlauf oben für Erwachsene und einer unten für Kinder an jeder Seite vorgesehen. Berechne, wie viele Meter Holz insgesamt besorgt werden müssen.

Tipp
Ermittle als Zwischenschritt die Länge y und mache eine Planskizze?

2 Damit das Holz lange hält, muss es jedes Jahr gestrichen werden.
- Der Holzrahmen um den Sandkasten herum ist 30 cm breit. Das Brett ist 2,8 cm dick.
- Ein Handlauf der Treppe hat bei einer Breite von 6 cm und einer Tiefe von 3 cm eine Oberfläche von 1872 cm^2.
- 750 ml Acryllack kosten 13 €. Das reicht für 8 m^2.

Reicht eine Dose zum Streichen? Wie viel bleibt übrig oder fehlt?

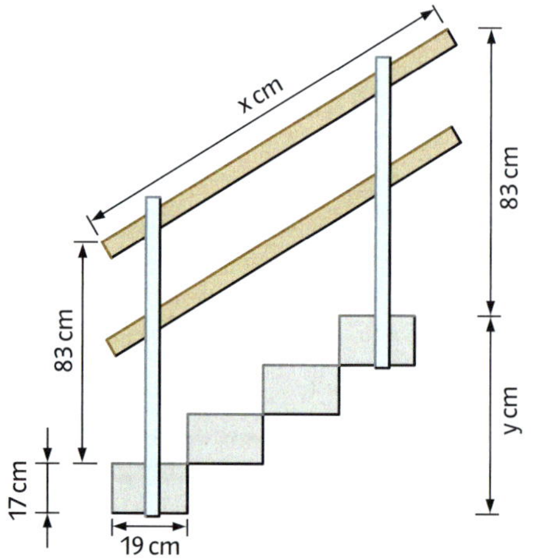

▻ Lösungen, Seite 157

Test 8 Hauptteil

Abschlussfahrt

1 Um die letzte gemeinsame Klassenfahrt zu planen, wird berechnet, wie viel jeder Teilnehmer bezahlen muss.
a) Berechne die Gesamtkosten für eine Klasse, die mit 24 Schülern und Schülerinnen und zwei Begleitern verreisen möchte.

Klassenfahrt Kanutour

4 Übernachtungen in Zelten inkl. Kanus, Ausrüstung, Essen

Kosten:
160,00 € pro Person
0,00 € für jede 13. Person

b) Was bezahlt jeder Teilnehmer, wenn sich alle 26 Personen an den Kosten beteiligen?
c) Im Verlauf der Planung ergibt sich, dass die Klasse zwei zusätzliche Tage buchen will. Ein zusätzlicher Tag kostet 30 € pro Person. Außerdem fahren nur 23 Schüler und zwei Lehrkräfte mit. Wie viel muss jeder Teilnehmer jetzt bezahlen?
d) Die Hin- und Rückfahrt mit dem Bus soll für die ganze Klasse 320 € kosten. Alle 25 Personen wollen auch einen Hochseilgarten besuchen. Der Eintritt beträgt 10 € pro Person.
Liegen die Kosten für den Bus und den Besuch insgesamt unter 25 € pro Person?

2 a) Einige Schülerinnen und Schüler überlegen mit ihren Eltern, wie sie 234 € in 9 Monaten finanzieren können. Mache zwei verschiedene Vorschläge.
b) Der Reiseveranstalter bietet 2 % Vergünstigung an, wenn 2 Monate vorher bezahlt wird. Wie viel kann eine Klasse sparen, wenn der Preis bei 5288 € liegt und die Fahrt besonders früh bezahlt wird?
c) Über den Zeitpunkt der Reise gibt es Streit in der Klasse. Alyna hat im Internet einige Grafiken gefunden. Sie zeigen das durchschnittliche Wetter an der Mecklenburger Seenplatte. Die Vorschläge lauten:
„Wir fahren …
I) im Februar, da regnet es am wenigsten"
II) im Juli, da ist es am wärmsten."
III) im Mai, da ist es nicht so nass wie im April, aber wärmer als im Juni."
- Nimm Stellung zu den Aussagen.
- Wähle einen Monat mit Begründung.

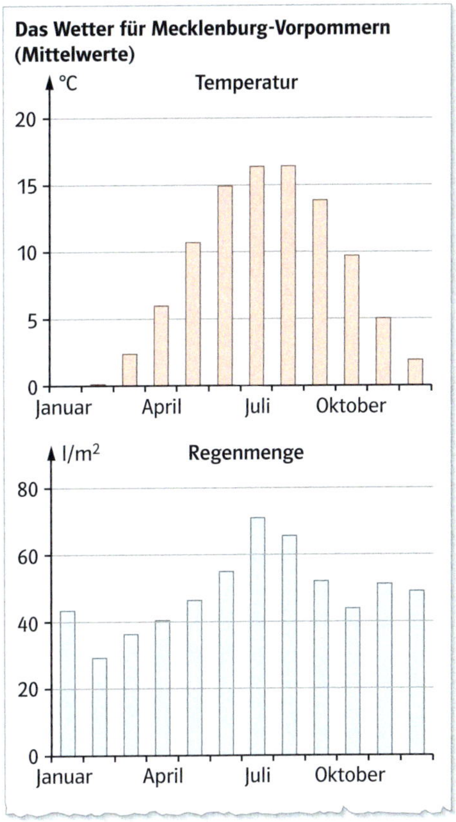

▻ Lösungen, Seite 157

Check-in Seite 21

1 a) 1) Prisma mit fünfeckiger Grundfläche
2) Pyramide mit quadratischer Grundfläche
b) Würfel: Der Körper hat 6 quadratische Flächen, 12 Kanten und 8 Ecken, die Flächen stehen senkrecht aufeinander
Prisma: Der Körper hat drei rechteckige Seitenflächen, die Grundfläche ist ein Dreieck, Grund- und Deckfläche sind parallel zueinander.
Zylinder: Grund- und Deckfläche sind Kreisflächen, die parallel zueinander sind. Die Mantelfläche ist ein Rechteck.

2 a) Fläche: m^2; ha; km^2; cm^2
Volumen: dm^3; l; mm^3
b) 1) 2400 mm^2; 0,24 dm^2, 0,0024 m^2
2) 570 cm^3; 570 000 mm^3; 0,00057 m^3
3) 1 248 600 cm^2; 0,0125 ha; 124 860 000 mm^2
c) Falsch sind:
2) 35 cm^2 = 0,0035 m^2
5) 35 cm^3 = 0,035 dm^3
7) 35 cm^3 = 0,035 l = 35 ml

3 a) Flächeninhalt eines Dreiecks; $A = 49{,}305\ cm^2$
b) Umfang eines Rechtecks; $a = 13{,}7\ cm$
c) Volumen eines Zylinders; $V \approx 473{,}36\ cm^3$
d) Volumen eines Würfels; $V = 3{,}375\ m^3$
e) Flächeninhalt eines Parallelogramms; $a \approx 2{,}36\ dm$

4 a) $x \approx 7{,}7\ cm$ b) $x \approx 23{,}5\ cm$
c) $x \approx 21{,}7\ cm$ d) $x \approx 9{,}19\ cm$

5 a) 1) $V = 612\ cm^3$ 2) $V \approx 95\ cm^3$
b) Der Quader ist 8 cm hoch.

6 a) 1) $O \approx 1028{,}2\ cm^2$ 2) $O \approx 13\,473{,}86\ cm^2 \approx 134{,}74\ dm^2$
b) $M \approx 10{,}02\ m^2$; $O \approx 17{,}62\ m^2$
c) $V_1 = 6 \cdot 6 \cdot 1\ cm^3$; $V_2 = 2 \cdot 2 \cdot 9\ cm^3$; $V_3 = 4 \cdot 3 \cdot 3\ cm^3$
$O_1 = 96\ cm^2$; $O_2 = 80\ cm^2$; $O_3 = 66\ cm^2$

Check-in Seite 47

1 a) 1055,22 b) 0,02537 c) 152,005
d) 120 e) 10,5 f) 110 000

2 a) 60 000 + 40 000 = 100 000
2000 + 3000 = 5000
0,04 + 0,02 = 0,06
b) 80 000 − 30 000 = 50 000
4500 − 500 = 4000
0,009 − 0,005 = 0,004
c) $34 \cdot 1000 = 34\,000$
$4 \cdot 2000 = 8000$
$1 \cdot 100 = 100$
d) 50 : 100 = 0,5
2000 : 0,5 = 4000
0,5 : 100 = 0,005

3 a) 1) $7{,}03 < 7{,}13 < 7{,}3 < 7{,}31 < 7{,}33$
2) $0{,}987 < 9{,}807 < 9{,}87 < 98{,}7 < 987$
3) $0{,}05 < 0{,}0501 < 0{,}0505 < 0{,}051 < 0{,}055$
b) Zehntausender; Millionen; Tausender
c) Es müssen die Zahlen an der Zehntelstelle (Stelle hinter dem Komma) verglichen werden:
$5 > 1$, daher ist $0{,}5 > 0{,}15$
d) Anna: 14,1 s; Nora: 14,72 s

4 a) 1) $2 \cdot 2 \cdot 2 = 8$; $3 \cdot 3 = 9$; $3 \cdot 3 \cdot 3 = 27$; $2 \cdot 2 = 4$
2) $2 \cdot 2 \cdot 2 \cdot 2 = 16$; $4 \cdot 4 \cdot 4 \cdot 4 = 256$;
$5 \cdot 5 \cdot 5 \cdot 5 = 625$; $6 \cdot 6 \cdot 6 \cdot 6 = 1296$
3) $10 \cdot 10 = 100$; $10 \cdot 10 \cdot 10 = 1000$;
$10 \cdot 10 \cdot 10 \cdot 10 = 10\,000$; $10 \cdot 10 \cdot 10 \cdot 10 \cdot 10 = 100\,000$
4) $1 \cdot 1 = 1$; $1 \cdot 1 \cdot 1 \cdot 1 = 1$; $1 \cdot 1 \ldots \cdot 1 = 1$
b) hoch „2" bedeutet „cm · cm" = Länge mal Breite.
hoch „3" bedeutet „cm · cm · cm" = Länge mal Breite mal Höhe.
c) z. B.: $16 = 2 \cdot 2 \cdot 2 \cdot 2 = 2^4$
$1\,000\,000 = 100 \cdot 100 \cdot 100 = 100^3$
$25 = 5 \cdot 5 = 5^2$
$27 = 3 \cdot 3 \cdot 3 = 3^3$
$0{,}001 = 0{,}1 \cdot 0{,}1 \cdot 0{,}1 = 0{,}1^3$
$0{,}04 = 0{,}2 \cdot 0{,}2 = 0{,}2^2$

5 a) 1) 100 2) 5-mal 3) 250
b) 1) Milli 2) Kilo 3) Milli 4) Kilo
c) z. B. Kilogramm, Milliliter, Dezimeter, Kilometer usw.

Check-in Seite 61

1 a) 1) f(3) = 6; 2) f(− 2) = + 2; 3) f(4) = − 4
b) f(1) = 7; f(− 2) = 1; f(− 3) = − 1

2 a) x = 2 b) x = 4
c) x = − 4

3

x	− 3	− 2	− 1	0	1	2	3
a)	− 8	− 6	− 4	− 2	0	+ 2	+ 4
b)	+ 2,5	+ 3	+ 3,5	4	+ 4,5	+ 5	+ 5,5
c)	0	− 1	− 2	− 3	− 4	− 5	− 6

d) Tabelle 1) ist richtig.

4

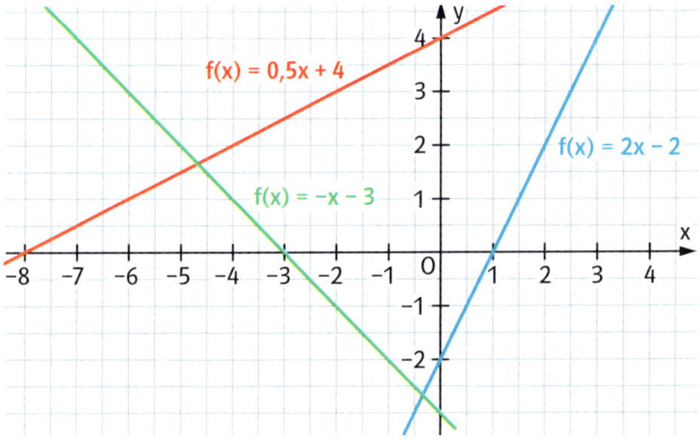

b) Graph zu a): steigende Gerade, schneidet die y-Achse in (0 | − 2)
Graph zu b): steigende Gerade, schneidet die y-Achse in (0 | 4)
Graph zu c): fallende Gerade, schneidet die y-Achse in (0 | − 3)

5

Funktionsgleichung	Wertetabelle	Graph
1)	$f_3(x)$	c)
2)	$f_1(x)$	b)
3)	$f_2(x)$	a)
4)	$f_4(x)$	d)

6 a) 12 b) 15 c) 1,3
d) 3,4 e) 0,1 f) 0,4

7 Der Graph c), da der Fahrpreis aus einem Grundpreis plus Preis pro gefahrenem Kilometer besteht.

Check-in Seite 81

1 a) γ = 52°
b) Nein, beim rechtwinkligen Dreieck bleiben für die beiden anderen Winkel zusammen 90° übrig, d. h. ein Winkel kann allein nicht größer als 90° sein.

2 a)

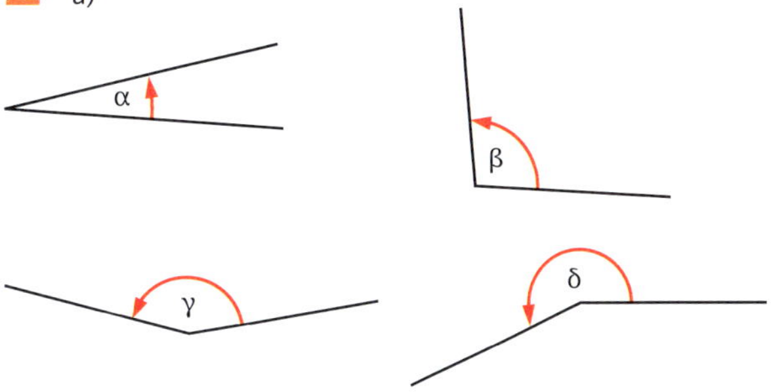

b) α = 105°; β = 60°; γ = 107°; δ = 88°

3 Individuelle Lösung

4
a)

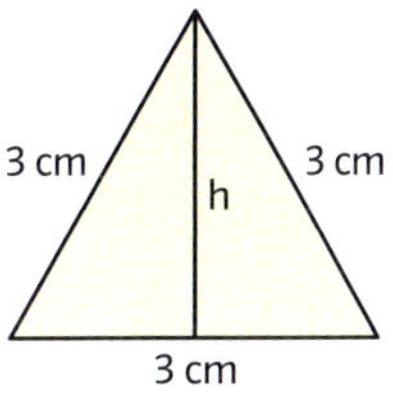

h ≈ 2,6 cm

b)

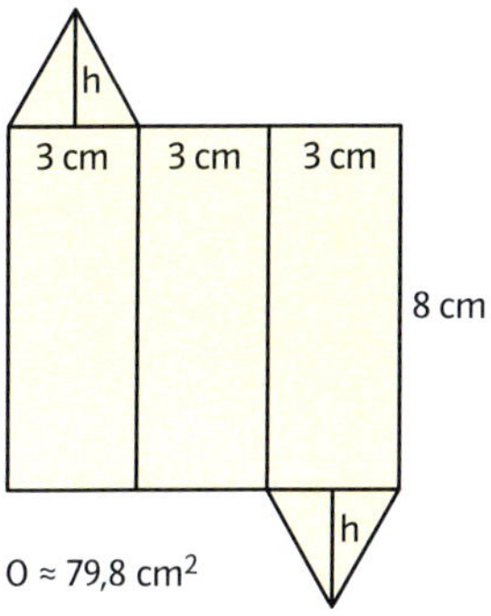

O ≈ 79,8 cm²

5 a) Die Seiten a und c sind die Katheten. Es sind immer die beiden kürzeren Seiten, die am rechten Winkel anliegen. Die Hypotenuse ist immer die längste Seite, die dem rechten Winkel gegenüber liegt.
b) c ≈ 18,03 cm c) b ≈ 7,94 cm

6 a) und b) Konstruiere ein Dreieck mit zwei Punkten als Fixpunkte, den dritten Punkt frei beweglich.
c) Individuelle Lösung

Check-in Seite 93

1 a) 25 %; 46,5 %; 5 %; 110 %
b) 0,12; 1; 0,982; 2,1
c) 1) 131,3; 2) 430; 3) 855,6; 4)190,4
d) 1)50 %; 2) 85 %; 3) 132,5 %
e) 1) Zunahme: 3,125 %; 2) Abnahme: ca. 10,7 %

2 a) ca. 912,24 €
b) 3,5 %

3 a) 1) $0{,}8^3 = 0{,}512$; 2) $2^7 = 128$
b) 1) $3 \cdot 3 \cdot 3 \cdot 3 = 81$; 2) $0{,}5 \cdot 0{,}5 \cdot 0{,}5 = 0{,}125$

4 a)

x	−3	−2	−1	0	1	2	3
f(x)	3,25	2	1,25	1	1,25	2	3,25

c)
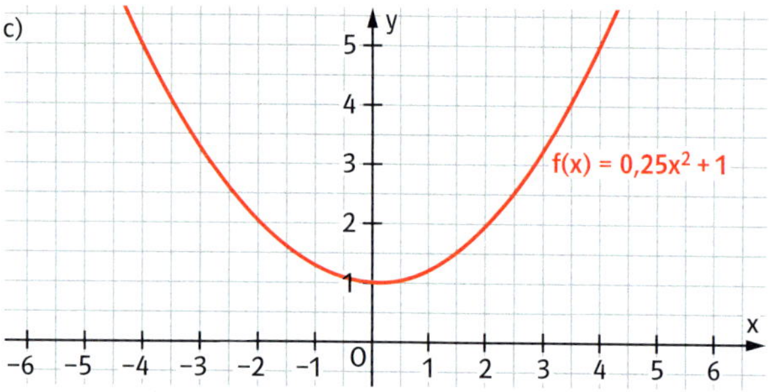

b) Eigene Zeichnung mit dem Computer (vgl. Skizze in a).

5 a) Kleinste Steigung: − 0,25 (Gefälle) (Nr. 2)
Größte Steigung: 2 (Nr. 3)
b) Achsenabschnitte: 1 und 1,5
$f(x) = x + 1$; $g(x) = x + 1{,}5$

c)
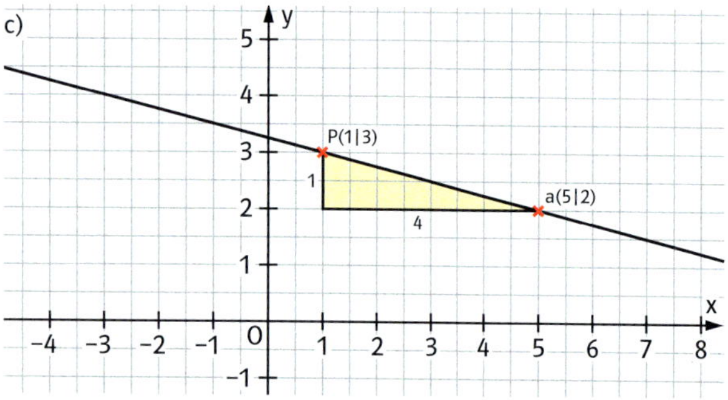

Steigung: − 0,25

6 Individuelle Lösung
Beispiele:
Frage 1: Wie viel Prozent der Pflanzen- und Tierarten sind noch nicht beschrieben? Lösung 1: 88 %
Frage 2: Wie viele Arten sterben in einem Jahr aus?
Lösung 2: 54 750 Arten
Frage 3: Wie viele Tier- und Pflanzenarten gab es 1970?
Lösung 3: ca. 19,05 Mio.

[leicht]

Test Seite 34

1 a) $O = 289{,}5\,cm^2$
b) $O_\Delta = 121{,}8\,cm^2$; $O_\square = 134{,}56\,cm^2$; $O_{gesamt} = 621{,}76\,cm^2$
Tipp: **Suche dir entsprechende Formeln in der Formelsammlung.**
Lies hierzu S. 29 und bearbeite auf S. 26, Nr. 13 und auf S. 30, Nr. 1.

2 a) $h \approx 23{,}4\,cm$ $\left(h = \sqrt{s^2 - \left(\frac{d}{2}\right)^2}\right)$ b) $V = 518{,}5\,cm^3$
Tipp: **Suche dir entsprechende Formeln in der Formelsammlung.**
Lies hierzu S. 24 und bearbeite auf S. 25, Nr. 3.

3 $V_{Schachtel} \approx 704{,}5\,cm^3$; $V_{Kugeln} \approx 329{,}3\,cm^3$
Es befinden sich rund 53 % Luft in der Packung.
Tipp: **Berechne Volumen von Schachtel und Kugeln und vergleiche dann.**
Bearbeite auf S. 30, Nr. 4.

4 $V_{Quader} = 490\,cm^3$; $V_{Pyramide} \approx 65{,}3\,cm^3$;
$V_{gesamt} \approx 555{,}3\,cm^3$
Materialbedarf: $h_a = \sqrt{4^2 + \left(\frac{7}{2}\right)^2} \approx 5{,}3\,cm$
$M_{Pyramide} \approx 74{,}2\,cm^2$; $M_{Quader} = 329\,cm^2$ (Oberfläche ohne Deckel!);
$O_{gesamt} \approx 403{,}2\,cm^2$
Tipp: **Überlege, aus welchen Teilkörpern die Schachtel zusammengesetzt ist.**
Bearbeite auf S. 27, Nr. 2.

5 a) Ja
Beispiel: $a = 2\,cm$; $b = 3\,cm$; $c = 4\,cm$; $V = 24\,cm^3$
$a = 4\,cm$; $b = 3\,cm$; $c = 4\,cm$; $V = 48\,cm^3$
b) Das Volumen wird 4-mal so groß, da der Quader in der Länge und Breite jeweils doppelt so groß wird.
Tipp: **Schreibe dir erst die allgemeine Formel auf, prüfe dann die Abhängigkeiten der Variablen.**
Bearbeite auf S. 28, Nr. 3.

[mittel]

1 $V = 1{,}083 \cdot 10^{12}\,km^3$; $O = 5{,}099 \cdot 10^8\,km^2$
Tipp: **Schreibe dir sehr große Zahlen als Zehnerpotenz.**
Lies hierzu S. 29 und bearbeite auf S. 30, Nr. 1 und auf S. 31, Nr. 11.

2 a) $r \approx 6\,m$; $h = \sqrt{s^2 - r^2} \approx 21{,}0\,m$
b) $M = \pi \cdot r \cdot s \approx 410{,}9\,m^2$ (für 1 Turm)
Tipp: **Die Türme haben die Form von Kegeln. Die Seitenlinie ist die „schräge" Kante des Kegels.**
Bearbeite auf S. 26, Nr. 12 b).

3 a) Volumen der Schachtel: $V \approx 704{,}5\,cm^3$;
Volumen der Kugeln: $V \approx 329{,}3\,cm^3$; das sind rund 47 % des Schachtelvolumens. Sie lassen sich in dieser Schachtel nicht Platz sparender anordnen.
b) Die 16 Kugeln benötigen zusammen mindestens $581\,cm^2$ Folie; für die Schachtel braucht man mindestens $498\,cm^2$.
Tipp: **zu a) Berechne Volumen von Schachtel und Kugeln und vergleiche dann.**
Bearbeite auf S. 30, Nr. 4.

4 $V = V_{Quader} + \frac{1}{2}V_{Zylinder} \approx 1296\,cm^2 + 678{,}6\,cm^2 = 1974{,}6\,cm^2$
Mit $h = 5{,}7\,cm$ ist $V_{Quader} = 820{,}8\,cm^2$ und
$V_{Schachtel} \approx 1499{,}4\,cm^2$.
Tipp: **Überlege, aus welchen Teilkörpern die Schachtel zusammengesetzt ist und welches Maß sich am einfachsten ändern lässt.**
Bearbeite auf S. 28, Nr. 5 und 6.

5 a) Ja, z. B. $r = 1\,cm$; $h = 5\,cm$; $V = 15{,}7\,cm^3$
$r = 1\,cm$; $h = 10\,cm$; $V = 31{,}4\,cm^3$
b) Das Volumen wird 8-mal so groß, da Länge, Breite und Höhe verdoppelt werden.
Tipp: **Schreibe dir erst die allgemeine Formel auf, prüfe dann die Abhängigkeiten der Variablen.**
Bearbeite auf S. 25, Nr. 9 und auf S. 28, Nr. 3.

[leicht]

Test Seite 58

1 a) $4^4 = 256$ b) $15^3 = 3375$ c) $30^4 = 810\,000$
d) $0{,}2^3 = 0{,}008$ e) $1{,}1^2 = 1{,}21$ f) $0{,}1^5 = 0{,}000\,01$
Tipp: Lies hierzu S. 50. Bearbeite auf S. 50, Nr. 3 und 4.

2 Fehler:
a) Statt in 4 gleiche Faktoren $2 \cdot 2 \cdot 2 \cdot 2 = 2^4$ wurde die Zahl in $2 \cdot 8$ zerlegt und die „8" als Hochzahl gesetzt.
b) Statt $5 \cdot 5 = 5^2$ wurden Grundzahl und Hochzahl vertauscht.
c) Statt 10^4 wurde die Hochzahl 5 geschrieben.
d) Statt $0{,}2^3$ wurde die Hochzahl mit einer Zehnerpotenz $\times 10^3$ verwechselt.
Lies hierzu S. 50. Bearbeite auf S. 50, Nr. 6 und 7.

3 Lösungsbeispiele:
a) 10^1 b) 10^4 c) 10^6 d) 10^{-2}
Tipp: Lies hierzu S. 51 und S. 54 und bearbeite auf S. 51, Nr. 1 und auf S. 54, Nr. 2.

4 Lösungsbeispiele:
a) $8 \cdot 10^4$ b) $7 \cdot 10^7$ c) $1{,}5 \cdot 10^5$
d) $\approx 3{,}7 \cdot 10^7$ e) $4 \cdot 10^{-3}$ f) $5{,}22 \cdot 10^{-3}$
Tipp: Lies hierzu S. 51 und 54. Bearbeite auf S. 52, Nr. 5 und auf S 54, Nr. 1.

5 a) 60 000 b) 2 500 000 c) 4 600 000
d) 158 400 000 e) 0,0003 f) 0,000 025
Tipp: Lies hierzu S. 51 und 54 und bearbeite auf S. 51, Nr. 4 und auf S. 54, Nr. 3.

6 ca. 136,7 Sekunden
Tipp: Informationen zur Lichtgeschwindigkeit findest du auf Seite 49, Nr. 4.
Bearbeite auf S. 49, Nr. 4.

[mittel]

1 a) $6^4 = 1296$ b) $12^3 = 1728$
c) $50^6 = 15\,625\,000\,000$ d) $0{,}3^5 = 0{,}002\,43$
Tipp: Lies hierzu S. 50. Bearbeite auf S. 50, Nr. 3 und 4.

2 a) $10^6 = 100^3 = 1000^2$ b) $8^2 = 4^3 = 2^6$
c) $25^2 = 5^4$ d) $10\,000^2 = 100^4 = 10^8$
Tipp: Lies hierzu S. 50. Bearbeite auf S. 50, Nr. 7.

3 a) $6{,}5 \cdot 10^7$ b) $3{,}88 \cdot 10^8$
c) $9{,}6 \cdot 10^{-3}$ d) $2{,}004 \cdot 10^{-4}$
Tipp: Lies hierzu S. 51 und 54. Bearbeite auf S. 52, Nr. 5 und auf S. 54, Nr. 1.

4 $1{,}08 \cdot 10^8 > 5{,}8 \cdot 10^7 > 20 \cdot 10^6 > 0{,}6 \cdot 10^6 > 2{,}4 \cdot 10^{-4}$
Tipp: Schreibe erst alle Zehnerpotenzen in wissenschaftlicher Schreibweise und vergleiche dann.
Bearbeite auf S. 52, Nr. 6 und 10.

5 $0{,}0002 = 2 \cdot 10^{-4}$
$200 \cdot 10^5 = 2 \cdot 10^7$
$0{,}02 \cdot 10^6 = 20 \cdot 10^3$
Tipp: Schreibe erst alle Zehnerpotenzen in wissenschaftlicher Schreibweise und vergleiche dann.
Bearbeite auf S. 54, Nr. 2.

6 29,8 km/s ≙ $29{,}8 \cdot 86\,400$ km = 2 574 720 km pro Tag = 939 772 800 km pro Jahr
Die Erde legt am Tag ca. $2{,}57 \cdot 10^6$ km und im Jahr ca. $9{,}4 \cdot 10^8$ km zurück.
Tipp: Ein Tag hat 86 400 ($60 \cdot 60 \cdot 24$) Sekunden, ein Jahr hat 365 Tage. Rechne dann z. B. mit dem Dreisatz.
Bearbeite auf S. 49, Nr. 7.

[leicht]

Test Seite 72

1

x	−3	−2	−1	0	1	2	3
$f(x) = 4x^2$	+36	+16	+4	0	+4	+16	+36

Tipp: **Lies hierzu S. 63 und bearbeite auf S. 63, Nr. 1.**

2

f(x) gehört zum roten Graphen, g(x) zum blauen Graphen. Der rote Graph verläuft schmaler, der blaue breiter als die Normalparabel.

Tipp: **Lies hierzu S. 65/66 und bearbeite auf S.65, Nr. 2.**

3

a) schmaler, nach oben
b) breiter, nach oben
c) breiter, nach unten
d) schmaler, nach unten

Tipp: **Bearbeite auf S. 66, Nr. 6.**

4

a) $f(30) = 9{,}99$
Die Türme sind fast 10 m hoch.
b) $f(15) = 2{,}4975$
Das Halteseil ist ca. 2,5 m lang.

Tipp: **Der Brückenbogen beschreibt eine Parabel. Überlege anhand der Grafik, welche Funktionswerte du berechnen musst. Bearbeite auf S. 66, Nr. 8.**

5

a) $f(v) = 0{,}011\,v^2$
$f(35) \approx 13{,}5$
Der Lkw hat eine Bremsspur von rund 13,5 m.
b) Die Radfahrerin hat einen längeren Bremsweg, da der zugehörige a-Wert größer ist.
$f(35) \approx 15{,}9$

Tipp: **Stelle die Gleichung für den Bremsweg auf und berechne die gesuchten Funktionswerte.
Lies hierzu S. 68/69 und bearbeite auf S. 69, Nr. 7 und 8.**

[mittel]

1

x	−3	−2	−1	0	1	2	3
f(x) = ?	31,5	14	3,5	0	3,5	14	31,5

$f(x) = 3{,}5\,x^2$

Tipp: **Überlege dir vorher wie die Parabel aussieht. Lies hierzu S. 65 und bearbeite auf S. 65, Nr. 1.**

2

a) f(x) gehört zum blauen Graphen, g(x) zum roten Graphen. Der rote Graph verläuft breiter als die Normalparabel und ist nach unten geöffnet. Der blaue Graph verläuft schmaler als die Normalparabel und ist nach oben geöffnet.
b) $f(1) = 2$; $f(-2) = 8$; $g(1) = -0{,}5$; $g(-2) = -2$

Tipp: **Lies hierzu S. 65/66 und bearbeite auf S. 65, Nr. 2 und auf S. 66, Nr. 7.**

3

a) schmaler, nach oben
b) breiter, nach unten
c) breiter, nach oben
d) schmaler, nach unten

Tipp: **Bearbeite auf S. 66, Nr. 6.**

4

a) $8 = a \cdot 10^2$; $a = 0{,}08$
$f(x) = 0{,}08\,x^2$
b) $f(9) = 6{,}48$
Das Halteseil ist ca. 6,5 m lang.

Tipp: **Der Brückenbogen beschreibt eine Parabel.
Bei a): Stelle erst die allgemeine Funktionsgleichung auf und berechne a.
Bei b): Überlege anhand der Grafik, welche Funktionswerte du berechnen musst.
Bearbeite auf S. 66, Nr. 9 und auf S. 67, Nr. 14.**

5

a) Pflaster trocken: $f(80) \approx 41$
Pflaster nass: $f(80) \approx 49{,}3$
Der Bremsweg wird rund 8,3 m (20 %) länger.
b) $0{,}0064 \cdot v^2 = 37$; $v \approx 76$ km/h
Die Geschwindigkeit beträgt ungefähr 76 km/h.

Tipp: **Stelle die Gleichung für den Bremsweg auf, berechne die gesuchten Funktionswerte bzw. stelle die Gleichung um.
Lies hierzu S. 68/69 und bearbeite auf S. 70, Nr. 7 bis 9.**

[leicht]

Test Seite 90

1 a) Richtig
b) Falsch, denn $\frac{b}{c} = \sin\beta$

Tipp: **Lies hierzu S. 83 und bearbeite auf S. 83, Nr. 1 und 2.**

2 a) $a = \tan 33° \cdot 13{,}6\,\text{cm} \approx 8{,}8\,\text{cm}$;
$c = \frac{13{,}6}{\sin 57°} \approx 16{,}2\,\text{cm}$
b) $b = \sin 37° \cdot 15{,}3\,\text{cm} \approx 9{,}2\,\text{cm}$;
$c = \sin 53° \cdot 15{,}3\,\text{cm} \approx 12{,}2\,\text{cm}$

Tipp: **Da alle Winkel bekannt sind und jeweils 2 Seiten unbekannt sind, können sin, cos oder tan verwendet werden. Lies hierzu S. 84 und bearbeite auf S. 84, Nr. 3 und auf S. 85, Nr. 6.**

3 $\tan\alpha = \frac{24\,\text{m}}{51{,}5\,\text{m}} \approx 0{,}47$; $\alpha \approx 25°$

Tipp: **Erstelle dir erst eine Planskizze. Lies hierzu S. 85 und bearbeite auf S. 87, Nr. 1 und auf S. 88, Nr. 7.**

4 a) $\frac{18\,\text{m}}{150\,\text{m}} = 0{,}12 = 12\,\%$
b) $\tan\alpha = 0{,}12$; also $\alpha \approx 6{,}8°$

Tipp: **Bearbeite auf S. 88, Nr. 6, 7 und 8.**

[mittel]

1 In der Berechnung stecken zwei Fehler:
1. Fehler: die erste Äquivalenzumformung der Gleichung muss „ · x" statt „ : 6,0" heißen.
2. Fehler: in der 3. Zeile wurde tan 60° berechnet, statt sin 60°.
Die Rechnung lautet richtig:

$\sin 60° = \frac{6{,}0}{x} \quad | \cdot x$

$x \cdot \sin 60° = 6{,}0 \quad | : \sin 60°$

$x = \frac{6{,}0}{\sin 60°}$

$x = \frac{6{,}0}{0{,}866\,025\,403}$

$x = 6{,}928 \approx 6{,}9\,\text{cm}$

Tipp: **Wenn du noch immer bei Gleichungsumformungen unsicher bist, bearbeite in der Werkstatt auf S. 116, Nr. 9 und 10. Lies hierzu auch S. 84 und bearbeite auf S. 84, Nr. 3 bis 5.**

2 a) Höhe der Sendeantenne:
$h = \tan 62° \cdot 42\,\text{m} + 19\,\text{m} \approx 97{,}99\,\text{m}$
b) Kurzes Abspannseil: $s_1 = \frac{42\,\text{m}}{\cos 62°} \approx 89{,}46\,\text{m}$
langes Abspannseil: $s_2 = \frac{79\,\text{m}}{\sin 42°} \approx 118{,}05\,\text{m}$

Tipp: **Erstelle dir erst eine Planskizze. Lies hierzu S. 84 und bearbeite auf S. 87 Nr. 1 und 3 a).**

3 $\tan 41° = \frac{\overline{AB}}{80\,\text{m}}$
$\overline{AB} = 80\,\text{m} \cdot \tan 41°$
$\overline{AB} = 69{,}542 \approx 69{,}54\,\text{m}$

Tipp: **Lies hierzu S. 86/87 und bearbeite auf S. 87, Nr. 4.**

4 z. B.: Zuerst ergänzt man den Peilwinkel zu 90°:
$90° - 63° = 27°$
Damit kennt man im Dreieck mit den Seiten „Turmhöhe" – „Blick zu A" – „Entfernung des Turms zu Punkt A" alle drei Winkel. Man kann jetzt z. B. mit dem tan 27° die Entfernung a des Turms zum Flussufer berechnen: $\frac{a}{25\,\text{m}} = \tan 27°$
$a = \tan 27° \cdot 25\,\text{m}$
$\approx 12{,}74\,\text{m}$

Tipp: **Bearbeite auf S. 85, Nr. 11.**

[leicht]

Test Seite 106

1

Wachstumsprozentsatz p	Wachstumsfaktor a
25 %	1,25
2 %	1,02
30 %	1,3
3,5 %	1,035

Tipp: Lies auf S. 96 die Erklärung zum Wachstumsprozentsatz und Wachstumsfaktor durch.
Bearbeite auf S. 96, Nr. 3 und 4.

2

a) Wachstumsfaktor 1,012
b) Prognose für die Bevölkerung Asiens im Jahr 2015:
$4{,}01 \cdot 1{,}012^8 \approx 4{,}41$ Mrd.
Tipp: Sieh dir das Beispiel auf S. 97 an. Bearbeite auf S. 98, Nr. 1 und 2.

3

a) Der Graph zu f (x) steigt gleichmäßig an, die Ausbreitung der Pflanze nimmt von Monat zu Monat um den gleichen Beitrag zu.
Der Graph zu g(x) steigt erst langsam, dann immer schneller an. Die Ausbreitung dieser Pflanze nimmt erst wenig, dann immer stärker zu.
b) nach 2 Monaten: 2,5 m^2 bzw. 2,25 m^2
nach 4 Monaten: 4 m^2 bzw. 5 m^2
c) etwa nach 2,8 Monaten
Tipp: Lies hierzu S. 102 und bearbeite auf S. 103, Nr. 1 und 2.

4

a) 2676,45 €
b) Zinssatz p % = 2,75 %
Tipp: Zu a): Der Zinssatz entspricht dem Wachstumsprozentsatz, das Anfangskapital dem Anfangswert beim exponentiellen Wachstum.
Bearbeite auf S. 100, Nr. 12.
Zu b): Sieh dir das Beispiel 1 im Kasten auf S. 101 an. Bearbeite auf S. 101, Nr. 17.

[mittel]

1

a) a = 1,35; a = 0,88
b) p % = 40 %; p % = −20 %
c) $f(x) = 2 \cdot 1{,}05^x$
Tipp: Lies auf S. 96 die Erklärung zum Wachstumsprozentsatz und Wachstumsfaktor durch.
Bearbeite auf S. 96, Nr. 3 und 4.
Zu c): Sieh dir den Kasten auf S. 97 unten und das Beispiel an.
Bearbeite auf S. 98, Nr. 4 a), b) und d).

2

a) a = 1,024
b) Prognose für die Bevölkerung Afrikas 2015: 1141 Mio.
Tipp: Sieh dir das Beispiel auf S. 97 an. Bearbeite auf S. 98, Nr. 1 und 2.

3

a) nach 2 Monaten: 2 m^2;
nach 4 Monaten: 3 m^2
b)

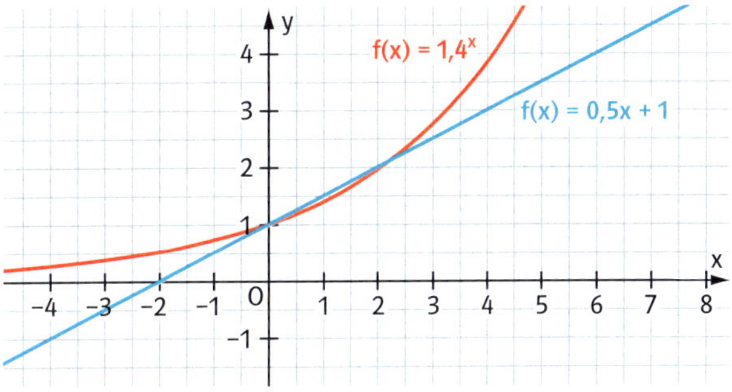

c) **Lineares Wachstum:** Pro Zeitabschnitt ist die absolute Zeitzunahme immer gleich. Der Graph ist eine Gerade.
Exponentielles Wachstum: Die absolute Zunahme wird immer größer. Sie ist abhängig vom momentanen Bestand. Gleich bleibt nur die prozentuale Zunahme.
Der Graph ist eine (exponentielle) Kurve.
Tipp: Lies hierzu S. 102 und bearbeite auf S. 103, Nr. 1 und 2.

4

a) 3163,30 €
b) Zinssatz p % = 5,25 %
Tipp: Zu a): Überlege dir, wie exponentielles Wachstum und Rechnen mit Zinsen zusammen hängen.
Bearbeite auf S. 100, Nr. 12.
Zu b): Sieh dir auf S. 101 das Beispiel 2 im Kasten an. Bearbeite auf S. 101, Nr. 19.

Querbeet Test 1 Seite 138

1

Dezimalzahl	Bruch	Prozent
0,25	$\frac{1}{4}$	25 %
0,7	$\frac{7}{10}$	70 %
1,2	$\frac{6}{5}$	120 %
0,532	$\frac{532}{100}$	53,2 %
0,005	$\frac{5}{1000}$	0,5 %
0,45	$\frac{45}{100}$	45 %

2 a) $-7{,}7 < -7 < -\frac{1}{7} < \frac{3}{7} < 1{,}7 < \frac{7}{3}$ b) $\frac{1}{5} < \frac{3}{5} < \frac{4}{6} < \frac{3}{4} < \frac{4}{3} < \frac{5}{3}$

3 a) 4,08 b) 23,12
c) 0,5 d) 2,61

4 a) Die Straßenbahn startet um 8:58 Uhr und erreicht ihr Ziel um 9:08 Uhr. Die Fahrt dauert also 10 Minuten.
Auf der Strecke hält die Bahn 5-mal für ca. 30 s. Dies erkennt man an den Stellen, an denen der Graph parallel zur x-Achse verläuft. Die Bahn fährt zwischen der 3. und 4. Haltestelle am schnellsten, da der Graph dort die größte Steigung aufweist.
b)

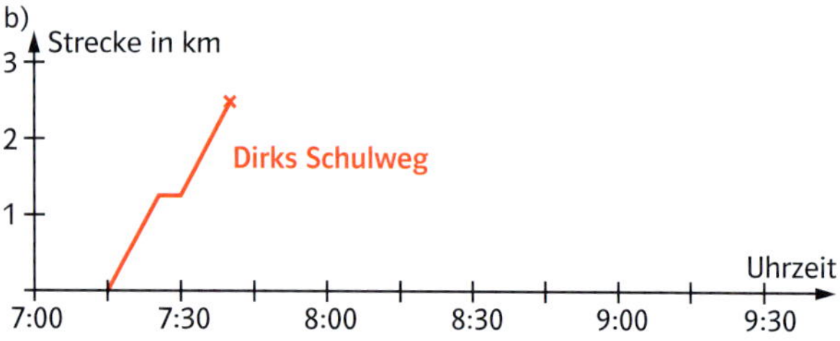

5 Flächeninhalt: ca. 5,5 cm²
Berechnungsvorschlag: $\text{Fläche}_{\text{Quadrat}} + \text{Fläche}_{\text{Rechteck}}$

6

Funktionsgleichung	Tabelle	Graph
a)	A)	3)
b)	C)	4)
c)	B)	1)
d)	–	5)

7 a) x = 36
b) x = 6

Querbeet Test 2 Seite 139

1 a) 1) 25 %; 30 %; 45 % 2) 33 %; 67 %
b) 1) 25 %; 75 % 2) 20 %; 80 %

2 a) 4 b) 10
c) 14 d) 1

3 a) In Südasien haben etwa $\frac{1}{3}$ der Bevölkerung weniger als einen Dollar pro Tag zur Verfügung.
In Südasien hat etwa die Hälfte der Bevölkerung zwischen ein und zwei Dollar zur Verfügung. In Lateinamerika haben etwa 75 % mehr als zwei Dollar zur Verfügung.
b) Etwa 15 % der Menschen in Nordafrika besitzen zwischen 1 und 2 Dollar pro Tag.

4 a) $0{,}3 = \frac{3}{10}$ b) $0{,}03 < \frac{3}{10}$ c) $3{,}0 < \frac{10}{3}$ d) $3{,}0 = \frac{30}{10}$

5 a) 1750 € b) 9200 €

6 a) a = 7 cm b) A = 48 m² c) c = 2 m

7 a) 868,6 b) 8,686 c) 0,8686

8 a) Flächenmaße: 3 dm²; 4 ha; 6 cm²; 0,01 km²; 3500 mm²
b) Raummaße: 1 m³; 2 l; 7 cm³; 8 hl
c) 6 cm² < 3500 mm² < 3 dm² < 0,01 km² < 4 ha

9 a)

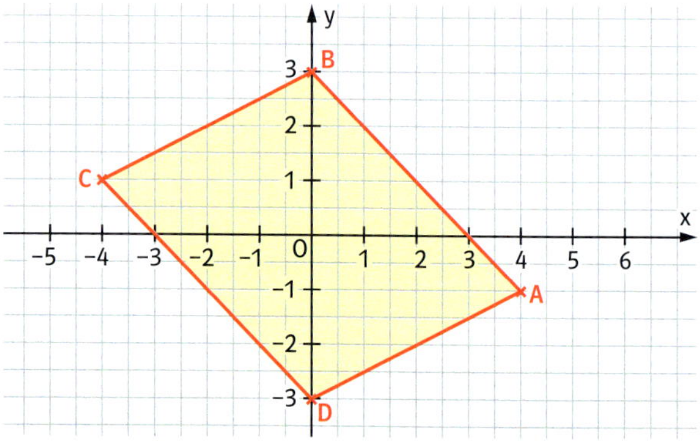

b) Parallelogramm

10 a) Falsch. Die drei Flächenstücke müssten gleich groß sein.
b) Falsch, da die seitlichen Flächenstücke kleiner als die mittlere Rechteckfläche sind.

Querbeet Test 3 Seite 140

1 a) $\frac{1}{4}$. Die rechtwinkligen nicht schraffierten Dreiecke machen zusammengelegt die Hälfte des Rechtecks aus. Das nicht schraffierte Dreieck links ist $\frac{1}{4}$ der Fläche, verbleibt also $\frac{1}{4}$ für den Rest.
b) $\frac{1}{16}$ c) $\frac{3}{7}$

2 a) $0{,}04 < 0{,}4 < 0{,}404 < 0{,}44 < 4{,}04$
b) $-0{,}11 < -0{,}101 < -0{,}1 < 0{,}001 < 1{,}01$

3 a) z. B. -2; $\frac{1}{2}$; 5; 100
b) z. B. $\frac{3}{9}$; $\frac{1}{2}$; 0,9
c) z. B. $-0{,}02$; 0; 0,01
d) z. B. 0,703; 0,704; 0,7045

4 a) 90 € b) 200 m
c) 5 % d) ca. 50 %

5 a) Die Großpackung ist günstiger, da sie mehr als die 4-fache Menge beinhaltet, aber nicht 4-mal so teuer ist.
b) Die Großpackung ist teurer, da 0,1 l der Kleinpackung 0,10 € kosten. Dadurch würde 1 l nur 1 € kosten.

6 a) Mittelwert $\overline{m} = 5{,}15$ Mio.
Median $z = 3{,}1$ Mio.
Spannweite $w = 17{,}3$ Mio.
b) Es gibt einige Länder mit sehr vielen Einwohnern und viele Länder mit wenigen Einwohnern.
c) Z. B. Balkendiagramm, Säulendiagramm, Bilddiagramm

7

x	−3	−2	−1	0	1	2	3
f(x)	−5	−4,6	−4,3	−4	−3,6	−3,3	−3
g(x)	5	2	−1	−4	−7	−10	−13

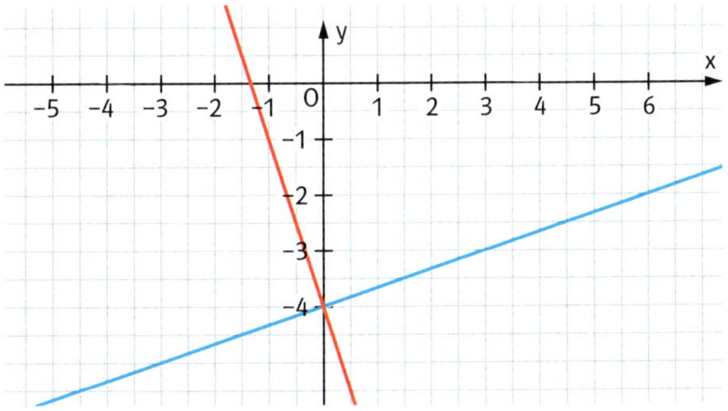

8

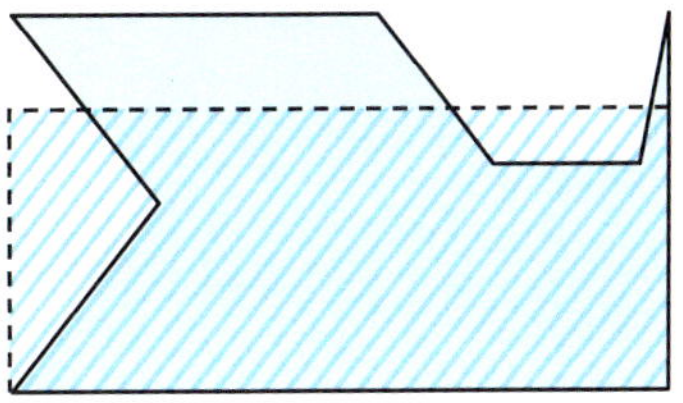

Das schraffierte Rechteck hat die Seitenlängen 1,8 cm und 4,5 cm.
$A \approx 1{,}8 \cdot 4{,}5\,\text{cm}^2 \approx 8{,}1\,\text{cm}^2$

9 $A = 8 \cdot 8 + \frac{1}{2} \cdot 4^2 \cdot 3 + \frac{1}{2} \cdot 8 \cdot 4 = 104$

10 $\frac{1}{2} = 0{,}5 = 50\,\%$; $\frac{3}{8} = 0{,}375$; $\frac{3}{4} = 75\,\%$;
$\frac{9}{10} = 90\,\%$; $\frac{4}{5} = 0{,}8$

11 a) ca. 1200 Kronen b) ca. 150 €
c) ca. 66 €

Querbeet Test 4 Seite 141

1 a) 7,13 € b) 1000 %
c) 1750 €

2 a) Richtig
b) Falsch. Wenn man das Rechteck erst viertelt und dann durch die Diagonalen in 8 gleichgroße Dreiecke teilt, ist der markierte Teil $\frac{3}{8}$.
c) Richtig

3 Es müssen 12 Busse eingesetzt werden.

4 a) Die Fahrt dauert 376 Minuten.
b) Fahrt Fulda – Kassel: 90 km in 27 Minuten;
Fahrt Göttingen – Hannover: 99 km in 36 Minuten. Für 99 km würde er bei dieser Geschwindigkeit 10 % länger brauchen, also rund 30 Minuten. Der Zug hat zwischen Fulda und Kassel die höhere Durchschnittsgeschwindigkeit, ist also schneller.

5 a) $u = 15$ cm b) $r \approx 1{,}5$ m
c) $h \approx 5{,}5$ cm

6

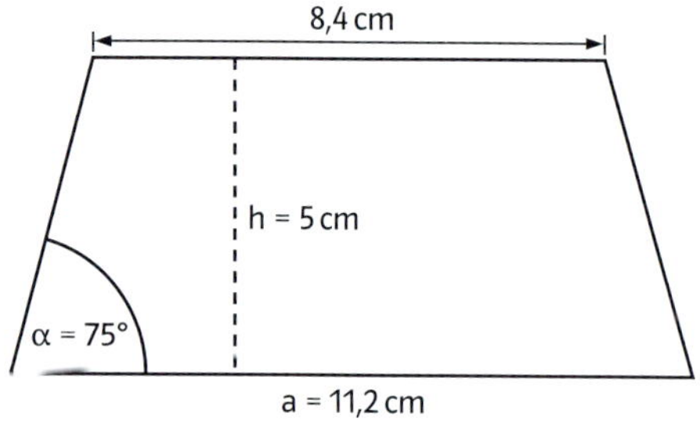

$A = 49\,cm^2$

7 a) $V = 322{,}56\,cm^3$ b) $V \approx 424{,}12\,cm^3$
c) $V = 320\,cm^3$ d) $V = 70\,cm^3$

8 a) B) $12\,m^2$
b) 180 €
c) 1 : 100

Querbeet Test 5 Seite 142

1 a) 200 €
b) Die Zinsen vom ersten Jahr werden zum eingezahlten Kapital addiert. Von diesem neuen Betrag werden dann die neuen Zinsen berechnet.
c) 5408 €
d) B4 = 5408 €; D4 = 216,32; E4 = 5624,32 €
e) Rechnerische Lösung:
5200 + 208 + 5408 · 4 % = 5408 + 216,32 = 5624,32 €
Ja, es reicht. Es bleiben noch 124,32 € übrig.
Argumentative Lösung:
Im 3. Jahr kommen wieder etwas mehr als 200 € dazu. Also werden die 5500 € in jedem Fall erreicht.
f) 50 l Benzin kosten 60 €.
Gleichwertig für 50 l Benzin müssen 66,5 l Autogas getankt werden. Das sind 41,23 €.
Die Differenz beträgt 18,77 € pro Woche und ca. 976 € im Jahr.
2500 : 18,77 ≈ 133 Wochen.
Nach ca. zweieinhalb Jahren hat sich die Anschaffung bezahlt gemacht.

2 a) Diagramm 2, denn
– der Bereich „Miete“ muss gleich groß sein wie „Lebensmittel/Kleidung“, ca. 30 % (107°)
– „Verschiedene Ausgaben“ sind doppelt so hoch wie „Strom …“ (22 % ≈ 81° bzw. 11 % ≈ 40°)
– „Schulden bezahlen“ ist der kleinste Anteil, ca. 7 % (26°)
b) 1350 €
c) 98 € von 1350 € entsprechen ca. 7 %.

Querbeet Test 6 Seite 143

1 a) Individuelle Lösung
b) B) 1 : 2
c) Zwei Halbkreise bilden einen ganzen Kreis mit d = 4 cm, also r = 2 cm.
$A_{Kreis} = \pi \cdot r^2 \approx 12{,}57\,cm^2$
$A_{Rechteck} = 7 \cdot 4 = 28\,cm^2$
$A_{Rechteck} = 7 \cdot 6{,}3 = 44{,}1\,cm^2$
$A_{gesamt} = 84{,}67$
Die Gesamtfläche beträgt ca. $84{,}67\,cm^2$.
d) Umfang $u = 2\pi \cdot r = 2\pi \cdot 2 \approx 12{,}6\,cm$.
Halbkreisumfang ≈ 6,3 cm
e) Individuelle Lösung
f) Zeichne eine 2 cm lange Strecke mit den Endpunkten A und B. Stelle im Zirkel den Radius 2 cm ein. Schlage mit dem Zirkel einen Kreisbogen um A und einen Kreisbogen um B. Verbinde den Schnittpunkt mit A und B.

2 a) 40 cm = 0,40 m
$V_{Sand} = 2{,}6 \cdot 3{,}1 \cdot 0{,}40 = 3{,}224\,m^3$
b) 3,1 + 2 · 0,30 = 3,7 m Länge
2 · 3,7 + 2 · 2,6 = 12,6 m
Es müssen 12,6 m Bretter mit der Stärke von 4 cm gekauft werden.
c) 3,2 · 1700 = 5440
5440 kg = 5,44 t
d) 1 : 0,015 ≈ 67 Säcke
Für $1\,m^3$ sind 67 Säcke nötig.
3,2 : 0,015 = 213,3
Für $3{,}2\,m^3$ braucht man 214 Säcke.
e) 3200 : 80 : 4 = 10 Fahrten
3200 : (80 : 2) : 4 = 20 Fahrten
Terik hat Recht damit, dass jeder ungefähr 20-mal fahren muss.
3200 : 40 : 5 = 16 Fahrten
Sven hat nicht Recht; bei einer halben Ladung muss jeder 16-mal fahren, das sind 4 Ladungen weniger.

Querbeet Test 7 Seite 144

1 a) 42,16 m^2
b) Antwort: Nein, 1000 Steine reichen nicht, denn
$0{,}098 \cdot 0{,}165 = 0{,}01617\,m^2$
$45 : 0{,}01617 \approx 2783$ Steine werden für 45 m^2 benötigt.
c) Schätzen: $4 \cdot 4 = 16\,m^2$. Davon in jeder Ecke ca. 1 m abziehen. Es bleiben ca. 12 m^2, also müsste es reichen.
d) Rechnung mit r = 2 m ergibt 12,57 m^2.
e) $19 \cdot 4 = 76$ cm Treppenlänge
$17 \cdot 4 = 68$ cm Treppenhöhe
$x = \sqrt{76^2 + 68^2} = 101{,}98 \approx 102$ cm.
2 Handläufe je rechts und links ergeben 4,08 m zuzüglich 1 bis 2 cm Verschnitt.

2 Rahmen für Sandkasten:
Sitzfläche + Außenrand + Innenrand
$2 \cdot 3{,}7 \cdot 0{,}30 + 2 \cdot (3{,}2 - 2 \cdot 0{,}3) \cdot 0{,}3 +$
$2 \cdot 3{,}7 \cdot 0{,}028 + 2 \cdot 3{,}2 \cdot 0{,}028 +$
$2 \cdot (3{,}7 - 0{,}6) \cdot 0{,}028 + 2 \cdot (3{,}2 - 0{,}6) \cdot 0{,}028 \approx$
$2{,}22 + 1{,}56 + 0{,}207 + 0{,}179 + 0{,}1744 + 0{,}146$
$= 4{,}486\,m^2 \approx 4{,}5\,m^2$
Handlauf, viermal:
$4 \cdot (2 \cdot 6 \cdot 3 + 2 \cdot 6 \cdot 102 + 2 \cdot 3 \cdot 102) =$
$4 \cdot 1872\,cm^2 = 7488\,cm^2 = 0{,}75\,m^2$
$4{,}5\,m^2 + 0{,}75\,m^2 = 5{,}25\,m^2$, also reicht eine Dose.
$750 : 8 = 93{,}75$
93,75 ml werden benötigt für 1 m^2,
492,19 ml werden benötigt für 5,25 m^2 und 257,81 ml bleiben übrig.

Querbeet Test 8 Seite 145

1 a) 26 Personen fahren aber zwei sind frei, also 3840 €
b) 147,70 €
c) Bei 25 Personen ist nur eine Person frei.
$24 \cdot (160 + 2 \cdot 30) = 5280$ €. Wenn sich alle 25 an den Kosten beteiligen, sind es 211,20 € pro Person.
d) Ja. $320 : 25 + 10 = 22{,}8$
Jede Person zahlt für Bus und Hochseilgarten 22,80 €.

2 a) Drei Ergebnisbeispiele
1) $234 : 9 = 26$ € pro Monat
2) Neun Monate sind 39 Wochen
$234 : 39 = 6$ € pro Woche sparen.
3) Jeden Monat 20 € sparen und eine Dezemberrate (Weihnachtsgeld) von 54 € zusätzlich bezahlen.
b) 105,76 €

c) Die Vorschläge I) und II) berücksichtigen jeweils nur ein Diagramm. Der Vorschlag III) stimmt nicht.
I) Es ist im Februar zu kalt zum Zelten.
II) Im Juli gibt es am meisten Regen (und häufig sind schon Sommerferien)
III) Falsche Aussage, denn im Mai gibt es mehr Regen als im April und es ist kälter als im Juni.
IV) Vorschlag: „Im Mai ist es noch nicht so warm, aber es regnet auch nicht so viel wie im Juni."
Oder: „Ich würde im Juni fahren. Das ist vor den Sommerferien und es ist so warm wie möglich. Der Regen macht mir nichts aus."
Oder: „Im September sieht die Bilanz am besten aus: Weniger Regen als im Juni und mehr Sonne als im Mai."

Bezeichnungen und Symbole

Mathematische Zeichen und Abkürzungen

=	gleich	~	proportional, ähnlich (geom.)
≠	nicht gleich, ungleich	∥	parallel zu
<	kleiner als	⊥	rechtwinklig zu, senkrecht auf
≦	kleiner oder gleich	∢	Winkel
>	größer als	∢ ASB	Winkel ASB mit dem Scheitel S
≧	größer oder gleich	⊾	rechter Winkel (90°)
≈	ungefähr gleich, rund, etwa	$\overline{AB}$	Strecke mit den Endpunkten A und B
≙	entspricht	$\|a\|$	Betrag von a

Griechisches Alphabet

α	Alpha	η	Eta	ν	Ny	τ	Tau
β	Beta	ϑ	Theta	ξ	Xi	υ	Ypsilon
γ	Gamma	ι	Jota	ο	Omikron	φ	Phi
δ	Delta	ϰ	Kappa	π	Pi	χ	Chi
ε	Epsilon	λ	Lambda	ϱ	Rho	ψ	Psi
ζ	Zeta	μ	My	σ	Sigma	ω	Omega

Altgriechische Zahlwörter

1	Mono	5	Penta	9	Nona	20	Ikosa
2	Di	6	Hexa	10	Deka	Viele	Poly
3	Tri	7	Hepta	11	Undeka		
4	Tetra	8	Okta	12	Dodeka		

Zahlen und Zahlengerade

Natürliche Zahlen ℕ sind 0; 1; 2; 3; 4; …

Ganze Zahlen ℤ sind … −3; −2; −1; 0; 1; 2; 3; 4; …

Rationale Zahlen ℚ sind z. B. $\frac{1}{2}$; −1,3; $\frac{4}{3}$; 0,02; 0,3. Rationale Zahlen lassen sich als Bruch, als abbrechende oder als periodische Dezimalzahl schreiben.

Die kleinere von zwei rationalen Zahlen liegt weiter links auf der Zahlengerade.

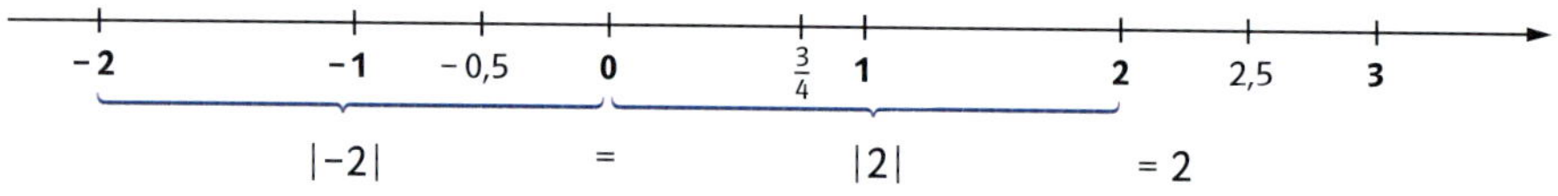

Zahlen mit demselben **Betrag** sind auf der Zahlengeraden gleich weit von der Null entfernt.

Irrationale Zahlen sind z. B. $\sqrt{2}$ oder π. Sie sind nicht abbrechende, nicht periodische Dezimalzahlen.
Alle rationalen und irrationalen Zahlen sind **reelle Zahlen** ℝ.

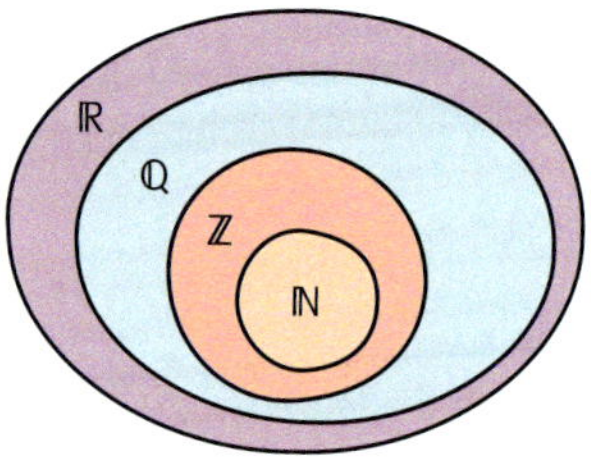

Rechenarten (Bezeichnung und Sprechweisen)

Rechenart		Der Term heißt	a heißt	b heißt
Addition	$a + b$	Summe	1. Summand	2. Summand
Subtraktion	$a - b$	Differenz	Minuend	Subtrahend
Multiplikation	$a \cdot b$	Produkt	1. Faktor	2. Faktor
Division	$a : b \quad (b \neq 0)$	Quotient	Dividend	Divisor
Potenzieren	a^b	Potenz	Basis	Exponent
Wurzelzeichen	$\sqrt[b]{a}\ (a \geqq 0)$	b-te Wurzel	Radikand	Wurzelexponent

Rechengesetze

Kommutativgesetz
Addition $a + b = b + a$
Multiplikation $a \cdot b = b \cdot a$

Assoziativgesetz
Addition $a + (b + c) = (a + b) + c$
Multiplikation $a \cdot (b \cdot c) = (a \cdot b) \cdot c$

Distributivgesetz
$a \cdot (b + c) = a \cdot b + a \cdot c$
$(a + b) : c = a : c + b : c$

Zuordnung

Proportionale Zuordnungen
Dem Doppelten (Dreifachen, ...) der einen Größe entspricht das Doppelte (Dreifache,...) der anderen Größe.
Beispiel: 3 kg kosten 12,60 €, wie viel kosten 7 kg?

Lösung mit **Dreisatz**:

$3\,\text{kg} \mathrel{\widehat{=}} 12{,}60\,€$

$:3$ / $:3$

$1\,\text{kg} \mathrel{\widehat{=}} \frac{12{,}60}{3}\,€$

$\cdot 7$ / $\cdot 7$

$7\,\text{kg} \mathrel{\widehat{=}} \frac{12{,}60 \cdot 7}{3}\,€ = 29{,}40\,€$

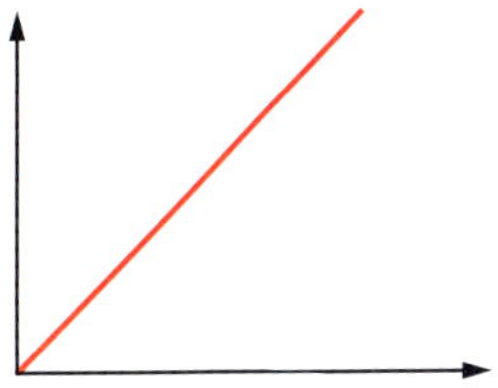

Antiproportionale Zuordnungen
Dem Doppeltem (Dreifachen, ...) einer Größe entspricht die Hälfte (der dritte Teil, ...) der anderen Größe.
Beispiel: 24 Schüler zahlen jeweils 15 €. Wie viel müssen 25 Schüler zahlen?

Lösung mit **Dreisatz**:

$24\ \text{Schüler} \mathrel{\widehat{=}} 15\,€$

$:24$ / $\cdot 24$

$1\ \text{Schüler} \mathrel{\widehat{=}} 14 \cdot 24\,€$

$\cdot 25$ / $:25$

$25\ \text{Schüler} \mathrel{\widehat{=}} \frac{15 \cdot 24}{25}\,€ = 14{,}40\,€$

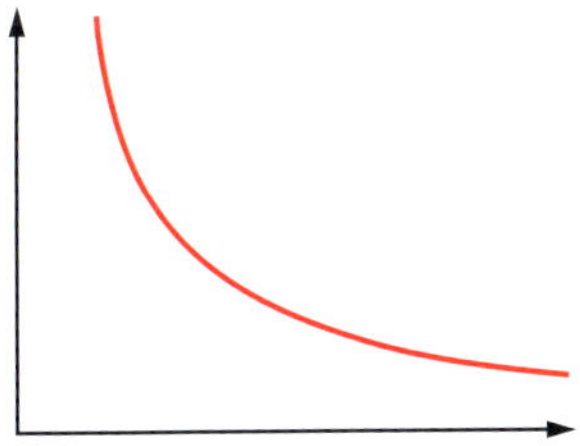

Termumformungen

Ausklammern
$ab + ac - ad = a(b + c - d)$

Ausmultiplizieren
$a(-b + c - d) = -ab + ac - ad$

Multiplizieren von Summen
$(a + b) \cdot (c + d) = ac + ad + bc + bd$

Binomische Formeln
$(a + b)^2 = a^2 + 2ab + b^2$ $\quad (a - b)^2 = a^2 - 2ab + b^2$ $\quad (a - b)(a + b) = a^2 - b^2$

Wurzeln und Potenzen

Die **Quadratwurzel** $\sqrt{b}$ einer positiven Zahl b, ist die positive Zahl, die mit sich selbst multipliziert b ergibt.
$(\sqrt{b})^2 = b$

Rechnen mit Wurzeln $\sqrt{a} \cdot \sqrt{b} = \sqrt{a \cdot b}$ $\quad \frac{\sqrt{a}}{\sqrt{b}} = \sqrt{\frac{a}{b}}$ $\quad \sqrt{a^2 b} = a\sqrt{b}$

Produkte aus gleichen Faktoren kann man kürzer als **Potenz** schreiben $\underbrace{a \cdot a \cdot a \cdot a \cdot \ldots \cdot a}_{\text{n-Faktoren}} = a^n$

$a^n = \underbrace{a \cdot a \cdot a \cdot \ldots \cdot a}_{\text{n-Faktoren}};$ a heißt **Basis** oder **Grundzahl**, n **Exponent** oder **Hochzahl**.

$a^0 = 1; \quad a^{-n} = \frac{1}{a^n} \; (a \neq 0)$

Terme und Gleichungen

Term
Terme sind mathematisch sinnvolle Ausdrücke, die aus Zahlen, Rechenzeichen und Variablen bestehen können.

$2x + 5; \; (b - 156)^2; \; z : 32$

Werden für die Variable Zahlen eingesetzt, dann kann jeweils der **Wert des Terms** berechnet werden.

Wert von $2x + 5$ für $x = 2$
$2 \cdot 2 + 5$, also 9

Gleichung
Werden zwei Terme durch ein Gleichheitszeichen verbunden, dann entsteht eine Gleichung.

Term 1:	Term 2:
$3x + 5$	$7 - 2x$

$3x + 5 = 7 - 2x$

Winkel

Winkelgrößen

Winkelgrößen werden im Gradmaß angegeben.

Spitzer Winkel

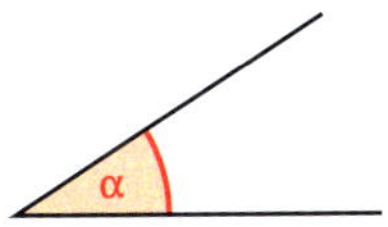

$0° < \alpha < 90°$

Rechter Winkel

$\alpha = 90°$

Stumpfer Winkel

$90° < \alpha < 180°$

Überstumpfer Winkel

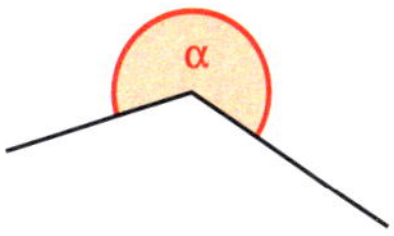

$180° < \alpha < 360°$

Ein **gestreckter Winkel** entspricht 180°; ein **Vollwinkel** entspricht 360°.

Winkel an sich schneidenden Geraden

Scheitelwinkel
sind gleich groß:
$\alpha = \beta$

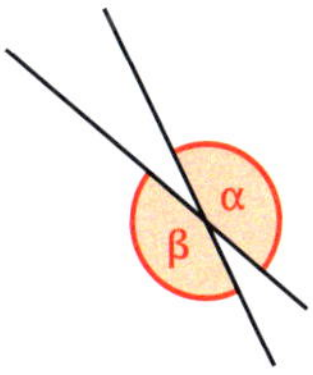

Nebenwinkel
ergeben zusammen 180°:
$\alpha + \beta = 180°$

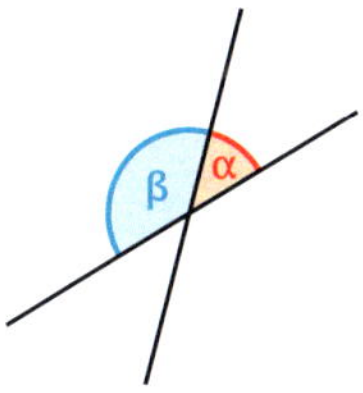

Stufenwinkel
$\alpha = \beta$ und $\gamma = \delta$

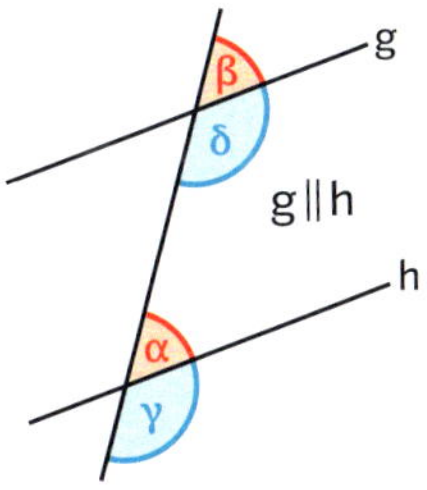

Wechselwinkel
$\alpha = \beta$ und $\gamma = \delta$

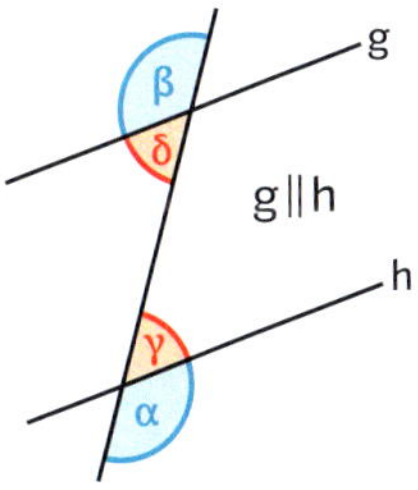

Lineare Funktion, Gerade

Funktionsgleichung: $f(x) = ax + b$
a **Steigung** der Geraden
b **y-Achsenabschnitt**
Die Steigung lässt sich berechnen, wenn die Punktkoordinaten zweier Punkte auf der Geraden bekannt sind.

$a = \frac{y_2 - y_1}{x_2 - x_1}$

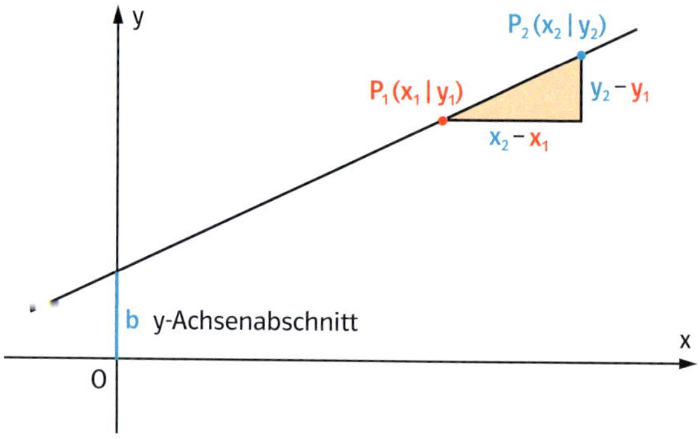

Quadratische Funktion, Parabel

Normalparabel
Funktionsgleichung: $f(x) = x^2$; Scheitelpunkt: $S(0|0)$

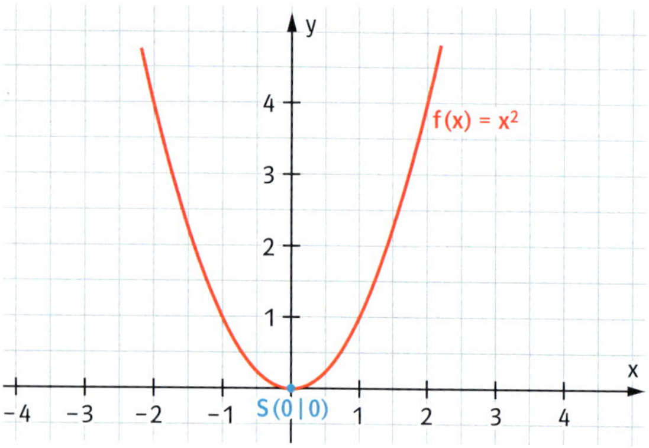

Schmale und breite Parabeln
Funktionsgleichung: $f(x) = ax^2$; Scheitelpunkt: $S(0|0)$

a bestimmt die Öffnung der Parabel:
$a > 0$: nach oben offen
$a < 0$: nach unten offen
$a > 1$ und $a < -1$: schmaler als die Normalparabel
$0 < a < 1$ und $-1 < a < 0$: breiter als die Normalparabel

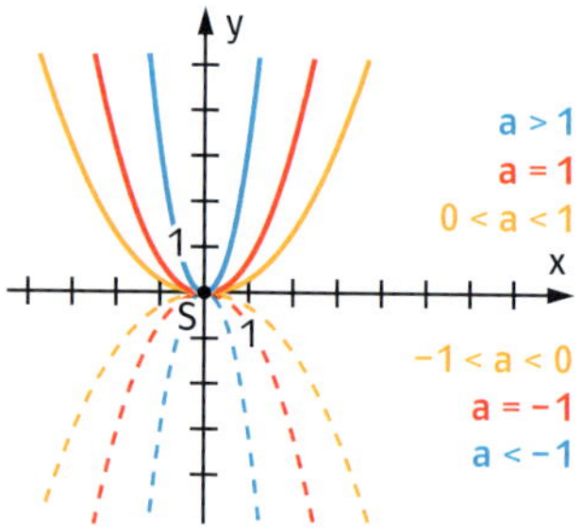

Wachstumsprozesse

c Anfangswert

a Wachstumsfaktor

n Anzahl der Schritte

Zunahme für $a = 1 + \frac{p}{100}$

Abnahme für $a = 1 - \frac{p}{100}$

Exponentielles Wachstum

$f(n) = c \cdot a^n$

Dreiecke

Winkelsumme

$\alpha + \beta + \gamma = 180°$

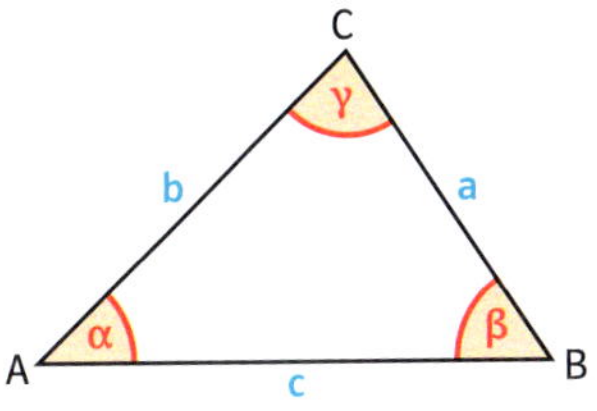

Allgemeines Dreieck

Flächeninhalt

$A = \frac{g \cdot h}{2}$

g: Grundseite

h: Höhe zur Grundseite

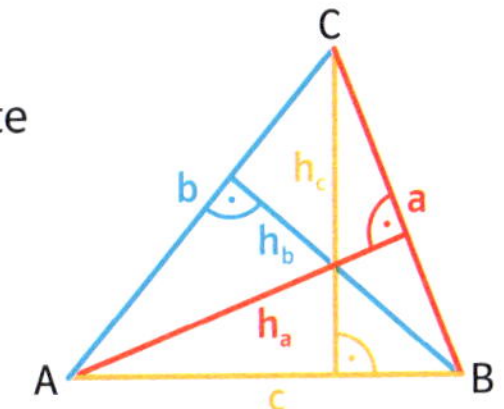

$A = \frac{a \cdot h_a}{2}$ oder

$A = \frac{b \cdot h_b}{2}$ oder

$A = \frac{c \cdot h_c}{2}$

Gleichschenkliges Dreieck

Zwei Seiten (die **Schenkel**) sind gleich lang: $a = b$

Die **Basiswinkel** sind gleich groß: $\alpha = \beta$

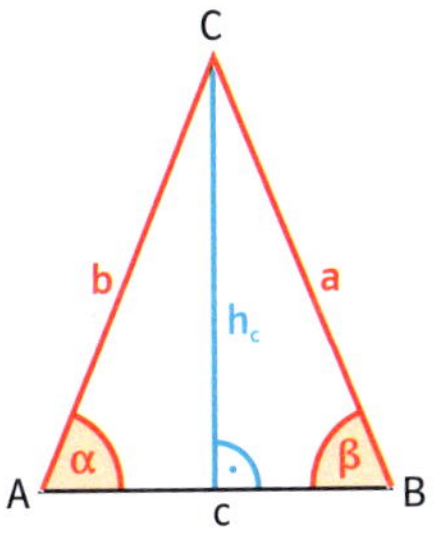

Gleichseitiges Dreieck

Alle Seiten sind gleich lang: $a = b = c$

Alle Winkel sind gleich groß: $\alpha = \beta = \gamma = 60°$

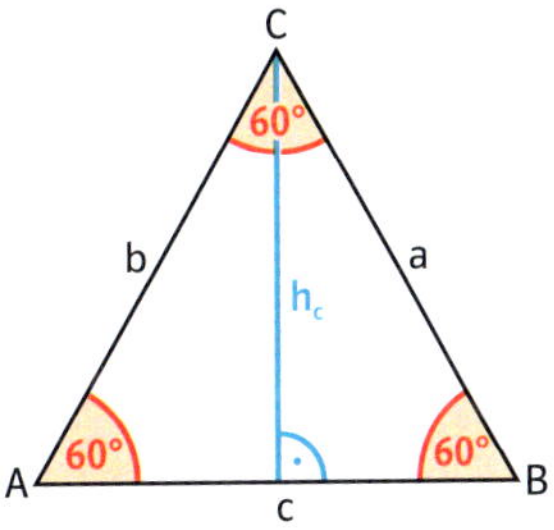

Rechtwinkliges Dreieck

Die dem rechten Winkel (90°) gegenüberliegende Seite heißt **Hypotenuse**.

Die beiden anderen Seiten heißen **Katheten**.

Ist $\gamma = 90°$, dann gilt für den Flächeninhalt

$A = \frac{a \cdot b}{2}$ oder auch $A = \frac{c \cdot h_c}{2}$.

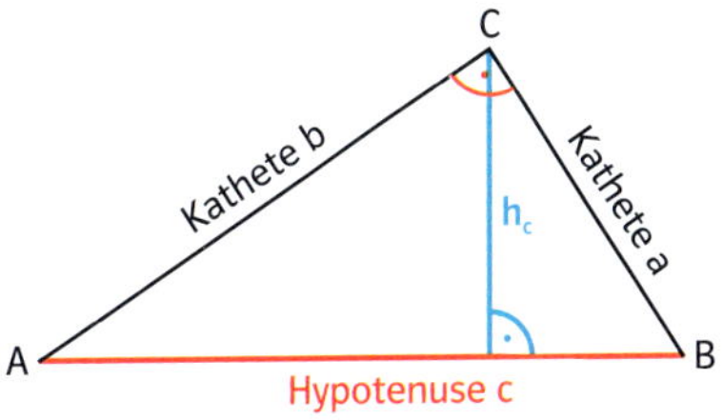

Satz des Pythagoras

Im rechtwinkligen Dreieck ist das Quadrat über der Hypotenuse gleich der Summe der Quadrate über den beiden Katheten:

$a^2 + b^2 = c^2$.

Umkehrung

Gilt bei einem Dreieck $a^2 + b^2 = c^2$, dann ist das Dreieck rechtwinklig.

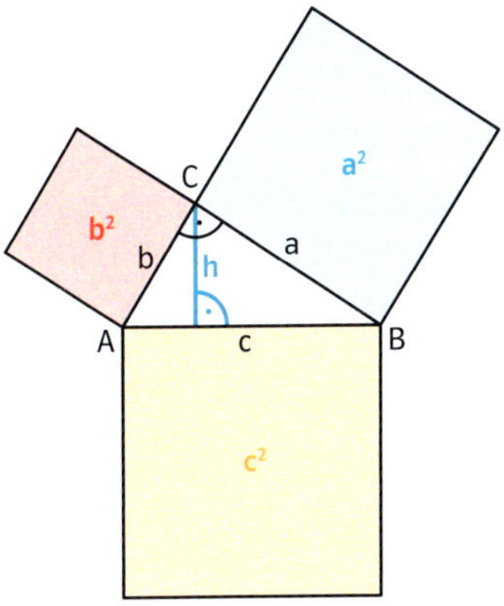

Kongruenzsätze für Dreiecke

Zwei Dreiecke sind **kongruent** (**deckungsgleich**), wenn eine der vier Bedingungen erfüllt ist:

Kongruenzsatz sss:	Die Dreiecke stimmen in drei entsprechenden Seiten überein.
Kongruenzsatz sws:	Die Dreiecke stimmen in zwei entsprechenden Seiten überein und die von diesen Seiten jeweils eingeschlossenen Winkel sind gleich groß.
Kongruenzsatz Ssw:	Die Dreiecke stimmen in zwei entsprechenden Seiten überein und die Gegenwinkel der längeren Seite sind gleich groß.
Kongruenzsatz wsw oder wws:	Die Dreiecke stimmen in einer Seite und zwei entsprechend gleichliegenden Winkeln überein.

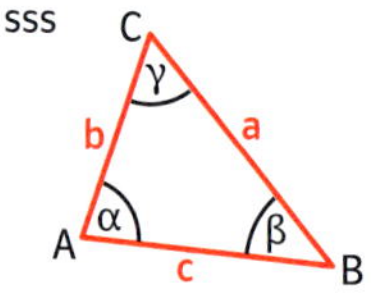

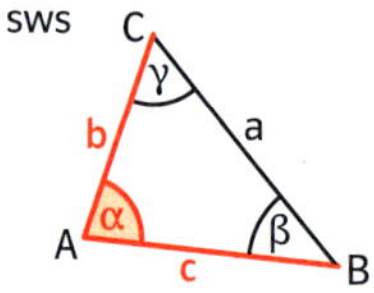

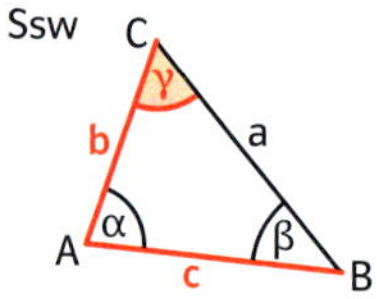

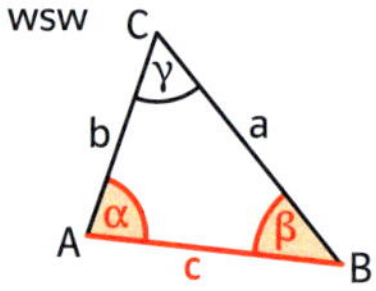

Besondere Linien und Punkte im Dreieck

Mittelsenkrechte und Umkreis

Die drei Mittelsenkrechten schneiden sich in einem Punkt, dem Umkreismittelpunkt M.
M ist von allen drei Ecken gleich weit entfernt.

r ist der Umkreisradius.

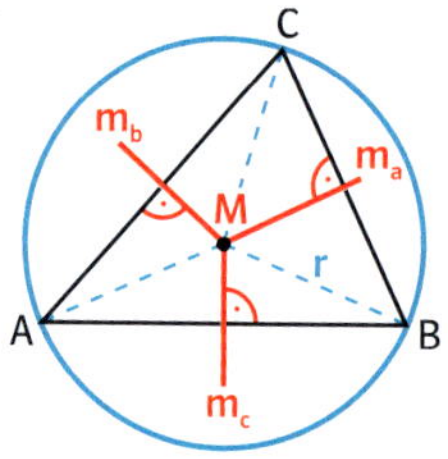

Winkelhalbierende und Inkreis

Die drei Winkelhalbierenden schneiden sich in einem Punkt, dem Inkreismittelpunkt W.
Der **Inkreis** berührt alle drei Seiten.

ϱ ist der Inkreisradius.

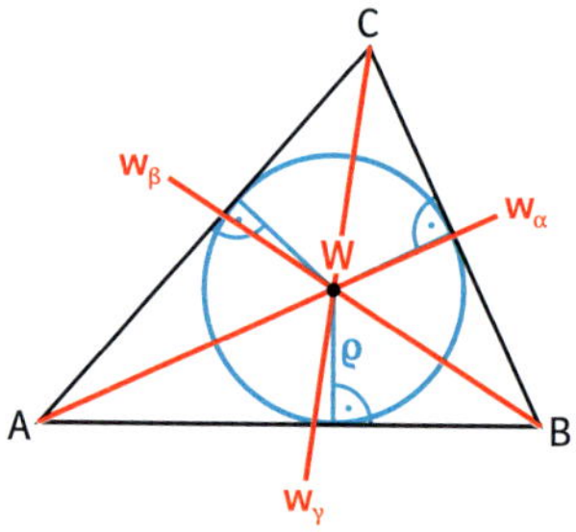

Seitenhalbierende und Schwerpunkt

Die drei Seitenhalbierenden schneiden sich in einem Punkt, dem Schwerpunkt S.

Der Schwerpunkt teilt jede Seitenhalbierende im Verhältnis 2 : 1

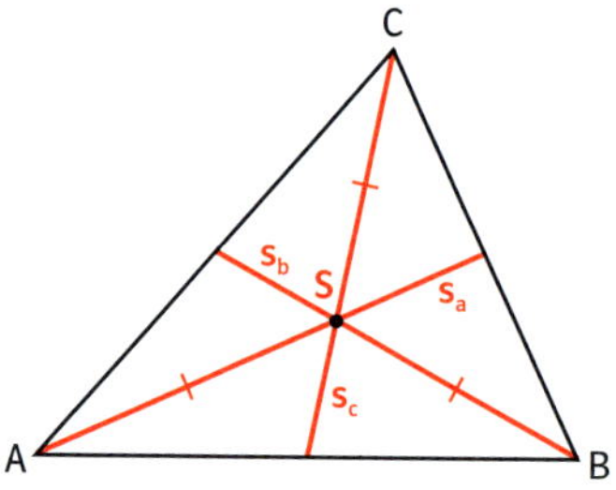

Vierecke

Winkelsumme

$\alpha + \beta + \gamma + \delta = 360°$

Quadrat

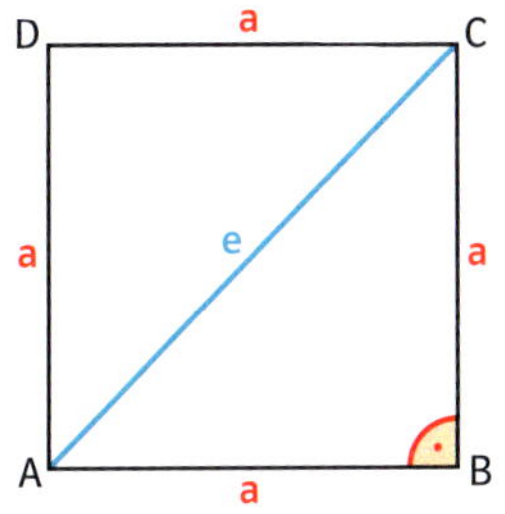

Flächeninhalt

$A = a^2$

Umfang

$u = 4a$

Rechteck

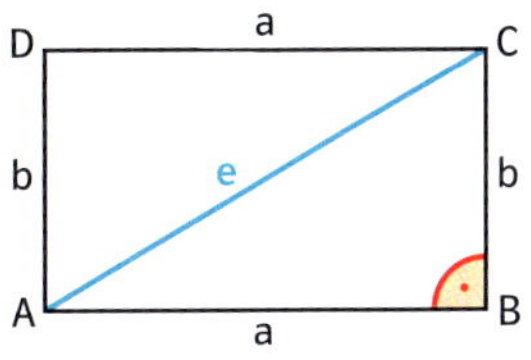

Flächeninhalt

$A = a \cdot b$

Umfang

$u = 2a + 2b$

Raute (Rhombus)

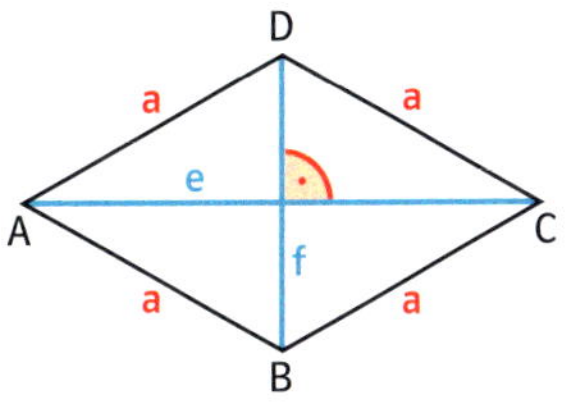

Flächeninhalt

$A = \frac{e \cdot f}{2}$

Umfang

$u = 4a$

Parallelogramm

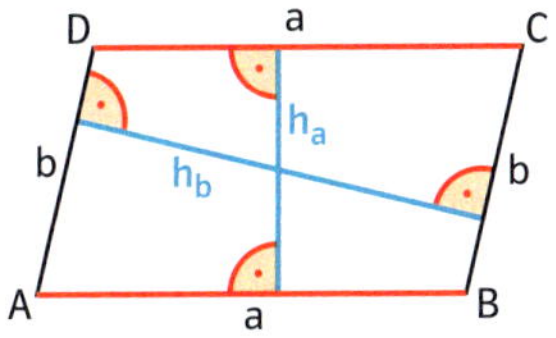

Flächeninhalt

$A = a \cdot h_a = b \cdot h_b$

Umfang

$u = 2a + 2b$

Drachenviereck

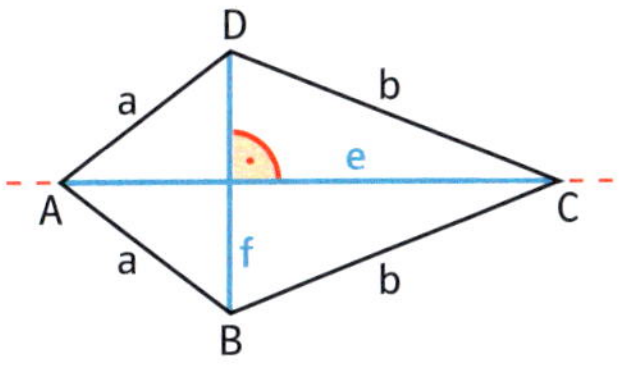

Flächeninhalt

$A = \frac{e \cdot f}{2}$

Umfang

$u = 2a + 2b$

Trapez

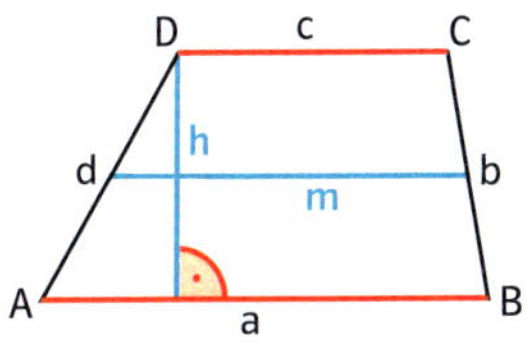

Flächeninhalt

$A = \frac{(a + c)}{2} \cdot h$; $A = m \cdot h$

Umfang

$u = a + b + c + d$

Kreis und Kreisteile

Kreis

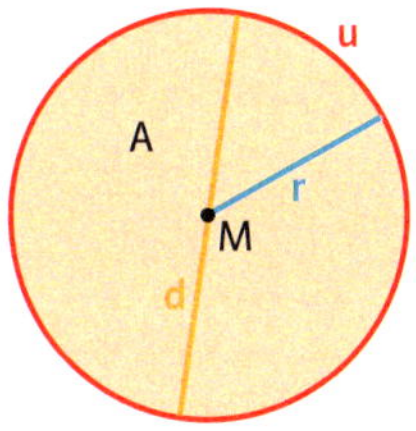

$A = \pi \cdot r^2$; $A = \frac{\pi}{4} \cdot d^2$

$u = 2 \cdot \pi \cdot r$; $u = \pi \cdot d$

Kreisring

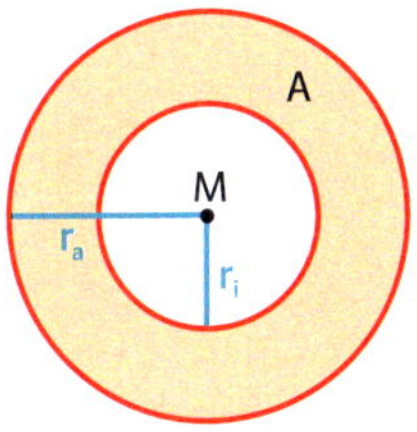

$A = \pi \cdot (r_a^2 - r_i^2)$

Prozentrechnung

G **Grundwert**
P **Prozentwert**
p% **Prozentsatz**

$1\,\% = \frac{1}{100} = 0{,}01$

Prozentsatz

Prozentwert

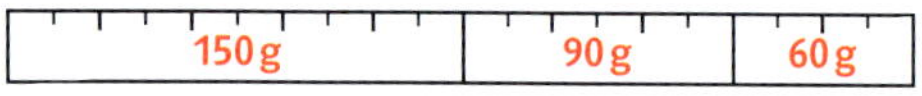

Grundwert

Berechnung des **Grundwerts**:
29 % sind 348. Wie viel sind 100 %?

Dreisatz	oder	**Formel**
$29\,\% \mathrel{\hat{=}} 348$		$\text{Grundwert} = \frac{\text{Prozentwert}}{\text{Prozentzahl}} \cdot 100$
$1\,\% \mathrel{\hat{=}} \frac{348}{29}$		$G = \frac{P}{p} \cdot 100$
$100\,\% \mathrel{\hat{=}} \frac{348 \cdot 100}{29} = 1200$		$G = \frac{348}{29} \cdot 100$

Berechnung des **Prozentsatzes**:
Wie viel Prozent sind 35 von 250?

Dreisatz	oder	**Formel**
$250 \mathrel{\hat{=}} 100\,\%$		$\text{Prozentsatz} = \frac{\text{Prozentwert}}{\text{Grundwert}}$
$1 \mathrel{\hat{=}} \frac{100}{250}\,\%$		$p\,\% = \frac{P}{G}$
$35 \mathrel{\hat{=}} \frac{100 \cdot 35}{250}\,\% = 14\,\%$		$p\,\% = \frac{35}{200} = 0{,}14 = 14\,\%$

Berechnung des **Prozentwerts**:
Wie viel sind 45 % von 360?

Dreisatz	oder	**Formel**
$100\,\% \mathrel{\hat{=}} 360$		Prozentwert = Grundwert · Prozentsatz
$1\,\% \mathrel{\hat{=}} \frac{360}{100}$		$P = G \cdot \frac{p}{100} = G \cdot p\,\%$
$45\,\% \mathrel{\hat{=}} \frac{360 \cdot 45}{100} = 162$		$P = 360 \cdot \frac{45}{100} = 162$

Promillerechnung

ein Promille: $1‰ = \frac{1}{1000} = 0{,}001$ $\quad p‰ = \frac{p}{1000}$

Zinsrechnung

		Grundformel	
K	**Kapital**		
Z	**Zinsen**	$Z = K \cdot p\,\%$	$Z = K \cdot \frac{p}{100} \cdot \frac{i}{365}$
p%	**Zinssatz**	$p\,\% = \frac{p}{100}$	i Anzahl der Zinstage

Zinsen gesucht

K = 600 €; p% = 2,5%; 300 Zinstage

1. Schritt: Jahreszinsen berechnen

$Z = 600\,€ \cdot 0{,}025 = 15\,€$

2. Schritt: Zinsen für 300 Tage berechnen

$365 \text{ Tage} \mathrel{\hat{=}} 15\,€$

$1 \text{ Tag} \mathrel{\hat{=}} \frac{15}{365}\,€$

$300 \text{ Tage} \mathrel{\hat{=}} \frac{15 \cdot 300}{365}\,€ \approx 12{,}33\,€$

Kapital und Zinseszinsen nach n Jahren

$k(n) = K \cdot \left(1 + \frac{p}{100}\right)^n$

Würfel, Quader und Prisma

Volumen bei diesen Körpern $V = G \cdot h$ (G **Grundfläche**; h **Höhe**; M **Mantelfläche**; u **Umfang der Grundfläche**)

Würfel

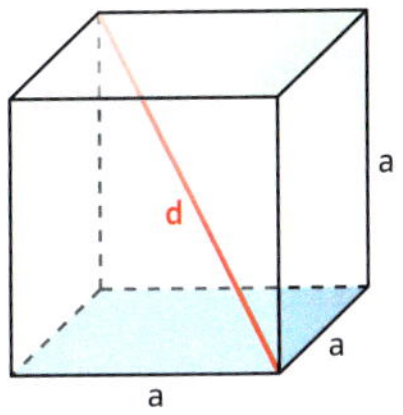

Volumen
$V = a^3$

Oberfläche
$O = 6a^2$

Raumdiagonale
$d = \sqrt{3}\,a$

Quader

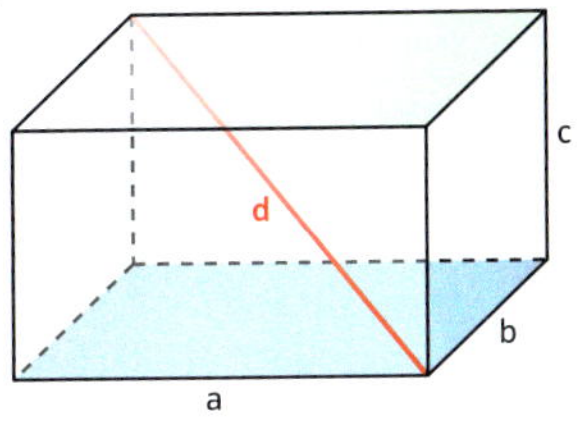

Volumen
$V = a \cdot b \cdot c$

Oberfläche
$O = 2ab + 2ac + 2bc$

Raumdiagonale
$d = \sqrt{a^2 + b^2 + c^2}$

Prisma

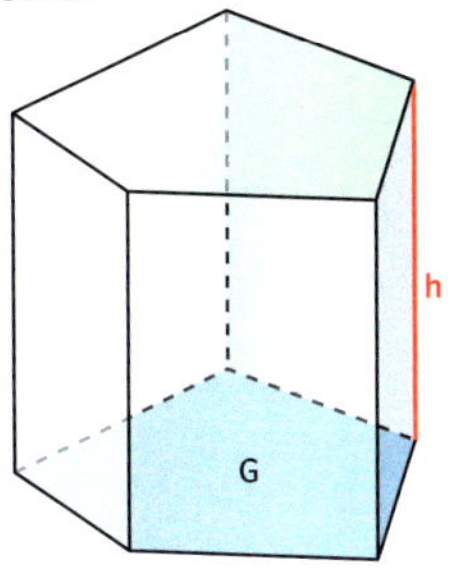

Volumen
$V = G \cdot h$

Mantelfläche
$M = u \cdot h$

Oberfläche
$O = 2G + M$

Körper

(G **Grundfläche**; h **Höhe**; M **Mantelfläche**)

Oberfläche $O = G + M$

Volumen $V = \frac{1}{3} \cdot G \cdot h$

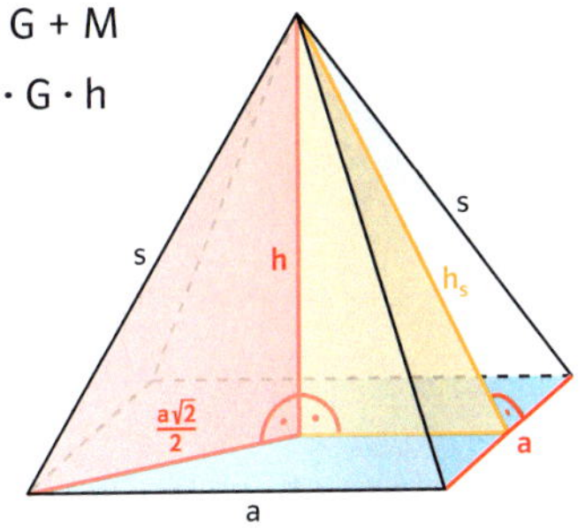

z. B. Quadratische Pyramide
Mantelfläche

$M = 2ah_a$

Oberfläche

$O = a^2 + 2ah_a$

Volumen

$V = \frac{1}{3}a^2h$

Zylinder

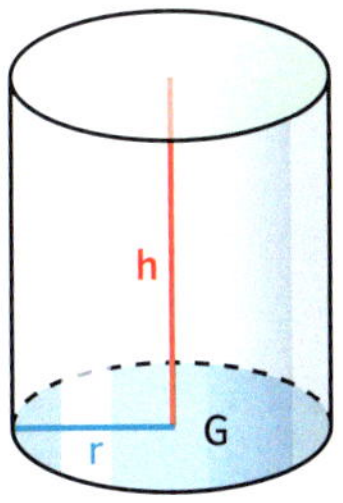

Netz eines Zylinders

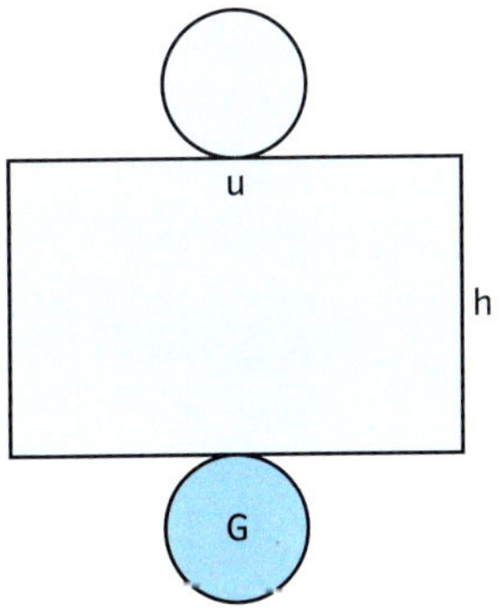

Volumen
$V = G \cdot h$
$V = \pi r^2 \cdot h$

Mantelfläche
$M = u \cdot h$
$M = 2\pi r \cdot h$

Oberfläche
$O = 2G + M$
$O = 2\pi r^2 + 2\pi r h$

Kegel

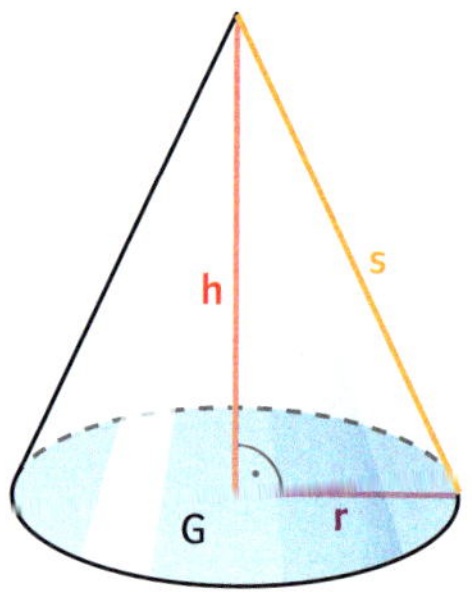

Netz des Kegels

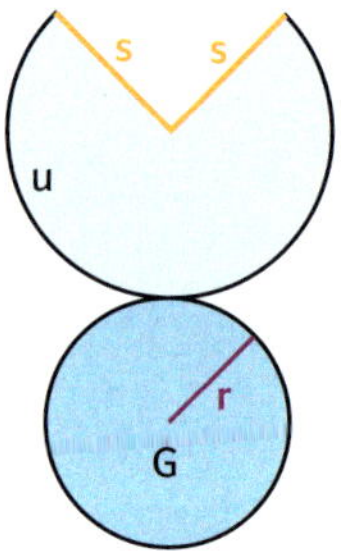

Mantelfläche

$M = \pi \cdot r \cdot s$

Oberfläche

$O = G + M$

$O = \pi r^2 + \pi r s$

Volumen

$V = \frac{1}{3} \cdot G \cdot h$

$V = \frac{1}{3} r^2 \pi h$

Kugel

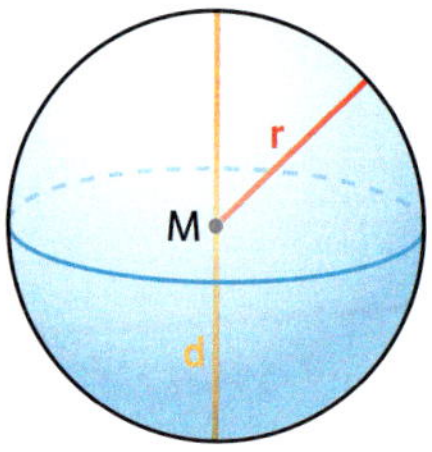

Volumen

$V = \frac{4}{3} \pi r^3$

Oberfläche

$O = 4 \pi r^2$

Grundbegriffe der Statistik

Urliste
Ungeordnete Zusammenstellung der beobachteten Ergebnisse

Ausgaben in einer Woche:
43 €; 25 €; 17 €; 32 €; 21 €; 45 €; 28 €; 68 €; 53 €

Rangliste
Nach Größe geordnete Urliste

Ausgaben in einer Woche:
17 €; 21 €; 25 €; 28 €; 32 €; 43 €; 45 €; 53 €; 68 €

Strichliste
Auflistung der möglichen Ergebnisse, Markierung des Auftretens eines Ergebnisses durch einen Strich

Münzwurf

Zahl	~~IIII~~ IIII
Wappen	~~IIII~~ ~~IIII~~ I

Häufigkeitsliste
Die Häufigkeitsliste zeigt an, wie oft jedes Ergebnis aufgetreten ist (**absolute Häufigkeit**) oder wie groß für jedes Ergebnis der Anteil der Versuche ist, bei denen dieses Ergebnis eintrat (**relative Häufigkeit**).

relative Häufigkeit $= \frac{\text{absolute Häufigkeit eines Wertes}}{\text{Gesamtzahl aller Werte}}$

Ergebnis	abs. H.	rel. H.
Zahl	9	$\frac{9}{20} = 45\,\%$
Wappen	11	$\frac{11}{20} = 55\,\%$

statistische Kennwerte

Gegeben eine Liste mit n Werten $x_1; x_2; \dots x_n$

Minimum (Min) — kleinster Wert der Rangliste

Maximum (Max) — größter Wert der Rangliste

Spannweite w — Differenz zwischen dem größten und dem kleinsten Wert der Urliste.
$w = \text{Max} - \text{Min}$

Mittelwert $\overline{m}$ (arithmetisches Mittel) — $\overline{m} = \frac{x_1 + x_2 + \dots + x_n}{n}$

Zentralwert z (Median)
Bestimmung des Zentralwertes:
Anzahl n ungerade — z ist der mittlere Wert der Rangliste.
Anzahl n gerade — z kann als arithmetisches Mittel der beiden in der Mitte der Rangliste stehenden Werte bestimmt werden.

Wahrscheinlichkeitsrechnung

Zufallsversuch

Bei einem Zufallsversuch tritt genau eines von mehreren **möglichen Ergebnissen** ein. Welches Ergebnis eintritt, ist nicht vorhersagbar.

Führen mehrere gleich wahrscheinliche Ergebnisse eines Zufallsversuchs zum Ziel, so nennt man diese Ergebnisse **günstige Ergebnisse**.

Wurf eines Würfels

mögliche Ergebnisse:
1; 2; 3; 4; 5; 6

Ereignis

Alle günstigen Ergebnisse eines Zufallsversuchs bilden ein **Ereignis**.

Die drei Ergebnisse 2; 4; 6 bilden das Ereignis „eine gerade Zahl würfeln".

Spezielle Ereignisse

Ein Ereignis, das bei keinem Versuch auftreten kann, heißt **unmögliches Ereignis**.

Würfeln einer Augenzahl größer als 6.

Ein Ereignis, das bei jedem Versuch auftritt, heißt **sicheres Ereignis**.

Eine der Augenzahlen von 1 bis 6 wird gewürfelt.

Laplace-Wahrscheinlichkeiten

Zufallsversuche, bei denen alle Ergebnisse gleich wahrscheinlich sind, heißen **Laplace-Versuche**.

Für die Wahrscheinlichkeit P eines Ereignisses gilt:

$$P = \frac{\text{Anzahl der günstigen Ergebnisse}}{\text{Anzahl der möglichen Ergebnisse}}$$

Ereignis: Die Augenzahl ist gerade.

$P = \frac{3}{6} = \frac{1}{2} = 50\,\%$

Einheiten von Größen

Länge

1 km = 1000 m → 1 m = 0,001 km
1 m = 10 dm → 1 dm = 0,1 m
1 dm = 10 cm → 1 cm = 0,1 dm
1 cm = 10 mm → 1 mm = 0,1 cm

Fläche

1 km² = 100 ha → 1 ha = 0,01 km²
1 ha = 100 a → 1 a = 0,01 ha
1 a = 100 m² → 1 m² = 0,01 a
1 m² = 100 dm² → 1 dm² = 0,01 m²
1 dm² = 100 cm² → 1 cm² = 0,01 dm²
1 cm² = 100 mm² → 1 mm² = 0,01 cm²

Rauminhalt oder Volumen

1 km³ = 1000 000 000 m³ → 1 m³ = 0,000 000 001 km³
1 m³ = 1000 dm³ → 1 dm³ = 0,001 m³
1 dm³ = 1000 cm³ → 1 cm³ = 0,001 dm³
1 cm³ = 1000 mm³ → 1 mm³ = 0,001 cm³

Besondere Raummaße

1 Hektoliter = 100 Liter → 1 Liter = 0,01 Hektoliter
1 Liter = 1 dm³ = 100 Zentiliter → 1 Zentiliter = 0,01 Liter
1 Zentiliter = 10 Milliliter = 10 cm³ → 1 Milliliter = 0,1 Zentiliter

Masse

1 t = 1000 kg → 1 kg = 0,001 t
1 kg = 1000 g → 1 g = 0,001 kg
1 g = 1000 mg → 1 mg = 0,001 g

Besondere Einheiten der Masse

1 Zentner = 50 kg
1 kg = 2 Pfund

Zeit

1 Jahr = 365 Tage
1 Tag = 24 h
1 h = 60 min
1 min = 60 s

Geschwindigkeit:

$1\frac{m}{s} = 3{,}6\frac{km}{h} \longrightarrow 1\frac{km}{h} \approx 0{,}28\frac{m}{s}$

Bruchteile und Vielfache von Einheiten

Vorsilbe	Exa (E)	Peta (P)	Tera (T)	Giga (G)	Mega (M)	Kilo (k)	Hekto (h)	Deka (da)
bedeutet	10^{18}	10^{15}	10^{12}	10^{9}	10^{6}	10^{3}	10^{2}	10^{1}

Vorsilbe	Dezi (d)	Zenti (c)	Milli (m)	Mikro (μ)	Nano (n)	Piko (p)	Femto (f)	Atto (a)
bedeutet	10^{-1}	10^{-2}	10^{-3}	10^{-6}	10^{-9}	10^{-12}	10^{-15}	10^{-18}

Umschlag Getty Images RF (Digital Vision/Manchan), München; **4.1** Klett-Archiv (Simianer & Blühdorn), Stuttgart; **4.2** Getty Images (Taxi/ Tony Anderson), München; **4.3** Alamy Images (mediacolor's), Abingdon, Oxon; **5.1** Getty Images RF (Chris Sattlberger), München; **5.2** Getty Images RF (Tetra images), München; **7.1** Getty Images RF (Stockbyte), München; **7.2; 7.4** plainpicture GmbH & Co. KG (Fancy), Hamburg; **7.3** plainpicture GmbH & Co. KG (Design Pics), Hamburg; **8.1** Getty Images (Absodels RM), München; **8.2** Getty Images RF (Asia Images Group), München; **9.1** Getty Images (Sean Ellis), München; **10.2** MEV Verlag GmbH, Augsburg; **11.2** Ullstein Bild GmbH (Imagebroker.net/ Werner Otto), Berlin; **11.4** Klett-Archiv, Stuttgart; **12.2** www.bilderbox.com, Thening; **14.3** Corbis (Tim McGuire), Düsseldorf; **15.1** iStockphoto (Color and CopySpace), Calgary, Alberta; **16.1** Werner Bachmeier Fotojournalist/Bildarchiv, Ebersberg; **16.2** Argus (Thomas Raupach), Hamburg; **18.2** vario images GmbH & Co.KG, Bonn; **19.1** Getty Images (Adam Jones), München; **19.2** Getty Images (Andy Crawford), München; **19.3** Getty Images (Joos Mind), München; **22.1** Getty Images (Gen Nishino), München; **22.2; 22.4; 22.5** Klett-Archiv (KOMA AMOK ®), Stuttgart; **23.1** Klett-Archiv, Stuttgart; **23.2** Dieter Gebhardt, Asperg; **23.3** Klett-Archiv (Simianer & Blühdorn), Stuttgart; **26.5** Klett-Archiv, Stuttgart; **27.1; 27.3; 27.5** Klett-Archiv, Stuttgart; **27.2; 27.4; 27.6** Klett-Archiv (Simianer & Blühdorn), Stuttgart; **28.2; 28.4** Klett-Archiv (Simianer & Blühdorn), Stuttgart; **29.2** Keystone (Jochen Zick), Hamburg; **29.3** Klett-Archiv, Stuttgart; **31.2** B. Braun Melsungen AG, Melsungen; **31.3** Fotolia LLC (elemental imaging), New York; **31.4; 31.5; 31.6; 31.7** Klett-Archiv (Simianer & Blühdorn), Stuttgart; **31.8** iStockphoto (Julia Chernikova), Calgary, Alberta; **32.1** Duales System Deutschland GmbH, Köln-Porz-Eil; **34.5** Wikimedia Foundation Inc. (Glenn Strong), St. Petersburg FL; **35.2** Getty Images (Richard Elliott), München; **35.3** Stefan Boness/IPON, Berlin; **35.4** Argus (Mike Schroeder), Hamburg; **36.1** laif (Horst Dieter Zinn), Köln; **40.1** Picture-Alliance (dpa Grafik), Frankfurt; **40.2** Fotolia LLC (Monkey Business), New York; **40.3** vario images GmbH & Co.KG (Photostock), Bonn; **41.2** Keystone (Jochen Zick), Hamburg; **42.1** Fotolia LLC (Thaut Images), New York; **44.1** Ullstein Bild GmbH (Imagebroker.net), Berlin; **45.1** Getty Images (Photographer's Choice/Ian Mckinnell), München; **45.2** Corbis RF (Tim Pannell), Düsseldorf; **45.3** Corbis (Wolfram Schroll/zefa), Düsseldorf; **45.4** Getty Images (Photolibrary/Oxford Scientific), München; **45.5** Getty Images (Taxi/Tony Anderson), München; **48.1** Corbis (Tim Kiusalaas), Düsseldorf; **48.2** Corbis RF (Tim Pannell), Düsseldorf; **49.1; 49.2** Astrofoto (Shigemi Numazawa), Sörth; **49.3** Klett-Archiv (Simianer & Blühdorn), Stuttgart; **49.4** Getty Images RF (Dorling Kindersley RF), München; **50.1** Alamy Images (Point-of-view), Abingdon, Oxon; **51.1** iStockphoto (Andrew Johnson), Calgary, Alberta; **52.2** Alamy Images (blickwinkel), Abingdon, Oxon; **53.1** FOCUS (SPL/Motta & Correr), Hamburg; **53.2** FOCUS (Oliver Meckes/EOS), Hamburg; **55.1** Mauritius Images (Phototake), Mittenwald; **55.2** FOCUS (Russell Kightley/SPL), Hamburg; **58.1** iStockphoto (Color and CopySpace), Calgary, Alberta; **58.2** Picture Press (Detlev van Ravenswaa), Hamburg; **59.1** Getty Images RF (Image Source), München; **59.2** Getty Images (Photonica/Laura Ciapponi), München; **59.4** Getty Images (Photonica/Sean Justice), München; **62.1** Klett-Archiv, Stuttgart; **62.2** Getty Images (The Image Bank/ Jerry Kobalenko), München; **62.3** Getty Images (First Light/Peter Carroll), München; **62.4** Corbis RF (ImageShop), Düsseldorf; **63.1** Getty Images (Photographer's Choice/Jeff Hunter), München; **63.2** Corel Corporation Deutschland, Unterschleissheim; **66.3** Alamy Images (mediacolor's), Abingdon, Oxon; **67.1** Ullstein Bild GmbH (Reuters), Berlin; **67.2** MEV Verlag GmbH, Augsburg; **68.1** ddp Deutscher Depeschendienst GmbH (ddp/Clemens Bilan), Berlin; **70.1** Deffte, Tim, Gladbeck; **70.2** iStockphoto (Martin Kawalski), Calgary, Alberta; **73.1** Picture-Alliance (dpa/epa/Andy Rain), Frankfurt; **74.1** Corbis (Roy Botterell), Düsseldorf; **75.2** Picture-Alliance (dpa-infografik), Frankfurt; **75.3** iwd - Informationsdienst des Instituts der deutschen Wirtschaft Köln, Nr. 10/2007 © Deutscher Instituts-Verlag, Köln.; **76.1** The Associated Press GmbH (Scott Manchester), Frankfurt am Main; **76.2** Picture-Alliance (Stefan Sauer), Frankfurt; **77.1** Deutscher Instituts-Verlag Köln (iwd-Informationsdienst des Instituts der deutschen Wirtschaft Köln, Nr. 48/2007, © Deutscher Instituts-Verlag, Köln), Köln; **78.1** Fotolia LLC (Netzer Johannes), New York; **78.3** Klett-Archiv, Stuttgart; **79.1** Getty Images RF (Andersen Ross), München; **79.2** Getty Images RF (Chris Sattlberger), München; **79.3** Getty Images (Jean Louis Batt), München; **82.1** Getty Images (altrendo images), München; **88.3** URW, Hamburg; **88.5** Bildagentur Huber, Fotoverlag (PictureFinders), Garmisch-Partenkirchen; **91.1** Getty Images (Peter Beavis), München; **91.2** Getty Images RF (Tetra images), München; **91.3** Getty Images (Willie Maldonado), München; **94.1; 94.2** Kreye, Eckardt, Bremen; **95.1** plainpicture GmbH & Co. KG (Lubitz + Dorner), Hamburg; **95.3** plainpicture GmbH & Co. KG (Stuke, K.), Hamburg; **96.2** Intro (Himsel), Berlin; **99.2** Deutsche Stiftung Weltbevölkerung, Hannover; **101.1** Klett-Archiv, Stuttgart; **101.2** Corbis (Zimmerman), Düsseldorf; **102.1** Imago Stock & People, Berlin; **107.1** Getty Images (John Giustina), München; **107.2** Getty Images (Jasper White), München; **107.3** Getty Images (Riser), München; **118.4** Dreamstime LLC (Bcnewell), Brentwood, TN; **121.1** Klett-Archiv (KD Busch Fotostudio GmbH), Stuttgart; **121.2** MEV Verlag GmbH, Augsburg; **122.2** Klett-Archiv (KOMA AMOK ®), Stuttgart; **122.3** Klett-Archiv (Mora Cira), Stuttgart; **122.4** Ullstein Bild GmbH (Simon Belcher), Berlin; **126.6; 126.7** RB-Deskkart Ralf Brennemann, Hamburg; **132.1** shutterstock (RF/Damir Karan), New York, NY; **135.1** Klett-Archiv (Jürgen Kalb), Stuttgart; **137.1** Getty Images (Dorling Kindersley), München; **137.2** Getty Images (altrendo images), München; **137.3** Getty Images (STOCK4B), München; **139.2** Deutsche Welthungerhilfe e.V., Bonn; **144.2** Klett-Archiv (Klaus Schultes), Stuttgart; **145.2** Action Press GmbH (Klaus Schultes), Hamburg

Nicht in allen Fällen war es uns möglich, den Rechteinhaber der Abbildungen ausfindig zu machen. Berechtigte Ansprüche werden selbstverständlich im Rahmen der üblichen Vereinbarungen abgegolten.